六個標準差的品質管制

六十小時學會實務應用的手冊

謝傑任　編著

推薦序

Preface

「六標準差 Six Sigma」是一種追求「止於至善」的經營管理思維與研究「最小變異」的工程科技方法。近年來，由於研究問題的資訊可即時監測，促使資訊量得以快速獲得及成長。運用統計工具與機率分配，使得關心問題者能有效了解變異的要因，掌握變異來源，進而控制變異大小，讓專案或產品能達到「止於至善」的境界。

「六標準差 Six Sigma」技術源自於美國摩托羅拉（Motorola）公司，該公司於 1987 年為降低流程不良率的品質目標而開始發展此項科技管理與工程整合技術，隨後，國外著名傳統的公司諸如奇異電子（General Electric）公司於 1995 年也開始導入此項技術；綜觀，「六標準差 Six Sigma」技術，曾為各個企業體帶來永續經營的競爭力，並成為全球追求卓越的標竿典範。

有鑑於國內產業升級正處在關鍵性階段，產業界對有關於改善產品品質的技術需求甚殷，本人服務於中山科學研究院，有機會從事品質保證工作，從基層服務至品保一級主管，涉獵品質管理與工程等改善技術，並兼任國立交通大學機械工程研究所之可靠度工程等教學，及在中華民國品質學會擔任可靠度委員會主任委員，此三合一之角色促使本人對推動國內改善品質等工程技術得以善盡棉薄心力。

本書作者謝傑任博士，他是一位文質彬彬、溫文儒雅、待人和藹、熱誠工作、教學認真的學者。我與謝博士是在 2006 年 9 月認識，當時明新科技大學為國內辦理醫療系統可靠度技術研討會，邀請我與會擔任講員。謝博士的學經歷均甚優異，尤其對他曾在美國奇異電子公司相關工作經歷，以及積極參與多項產學合作案，印象極為深刻，為此，國內中山科學研究院飛彈火箭研究所也曾邀請謝博士前去講授經驗。2007 年 6 月在主辦中華民國第七屆可靠度與維護度技術研討會時，謝博士擔任研討會籌備委員會副總幹事，使得研討會能圓滿成功。隨後，我邀請他擔任可靠度推行委員會委員並兼任執行秘書工作，協助推行國內各項可靠度與維護度工作。

謝博士將多年「六個標準差的品質管制」心得整理成冊，運用由淺入深的方式引導學習者在最短的時間內掌握美國奇異公司的品質手法精髓，本書內容兼具實用性且參考價值高，不僅適合國內大專校院作為「六個標準差的品質管制」的相關教材，也是一本對該手法有興趣業界人士的極佳參考書。本書將可提供國內大專院校「六標準差 Six Sigma」課題上之研究教學教材，以造就國內大專院校之「六標準差 Six Sigma」技術專長人才。本人甚覺與有榮焉並樂予為序。

2011.01.26

再版序與誌謝

Preface

本版次除了修正錯誤外，加入業界實例於習題中以便引導學員如何應用「六標準差」手法來解決實務性問題。同時為了配合學校教學，也在教學投影片中設計幾個生活化的問題，方便教師引導使用。在此非常感謝龍華科技大學工管系老師所提供之寶貴建議。

文中若有謬誤之處，祈望各位先進來信指教。如有修正，將公佈勘誤表在全華 / 科友圖書股份有限公司的官方網站。由於本書有擷取 Minitab® 18 螢幕上的操作步驟或翻譯部分案例資料，特此誌謝。並依規定將以下敘述剪貼於下：

謝傑任　謹識

於　國立虎尾科技大學動力機械工程系

自序

從民國八十八年起到美國奇異（General Electric Co. , USA）公司擔任國際研發專案計畫領導人，到九十二年返國為止，持續地與「六個標準差的品質管制」有著緊密的關聯。在開始進入世界知名的「奇異公司」（GE）工作之前，便對當時極為有名的集團執行長 Jack Welch 極為景仰，但直到進入奇異公司之後才有機會一睹「六個標準差的品質管制」的神秘殿堂。在受訓的初期，與現今國內大部分對「六個標準差的品質管制」有興趣的公司一樣，百樣工具，千頭萬緒，不知如何整合與運用。

但透過「做中學」的學習模式，配合適當「專案計畫」的引導下，了解如何對計劃進行系統化的思考。在回國之初，深知該手法對學生們而言必當頗為生疏，故決定將「六個標準差的品質管制」用「計劃引導教學」的方式教育學生，近年來更有機會至業界進行相關的訓練，因此特將心得與手法整理成冊，希冀能對「六個標準差的品質管制」有興趣之學生與公司能有所助益。作者建議學習者依照「DMAIC」章節逐步了解如何熟悉與相關運用工具，如果經費允許，可遵循奇異公司模式，購置軟體配合學習，以提高整體效率。

感謝中華民國品質學會可靠度委員會主任委員張起明博士撥冗題序，研究生魏幼華及黃佩婷協助打字與造表，妻子的體恤以及父母親平日的諄諄教誨，最後當然要感謝本書的使用者，作者才疏學淺，文中若有謬誤之處，祈望各位先進來信指教。

謝傑任　謹識

於 國立虎尾科技大學動力機械工程系

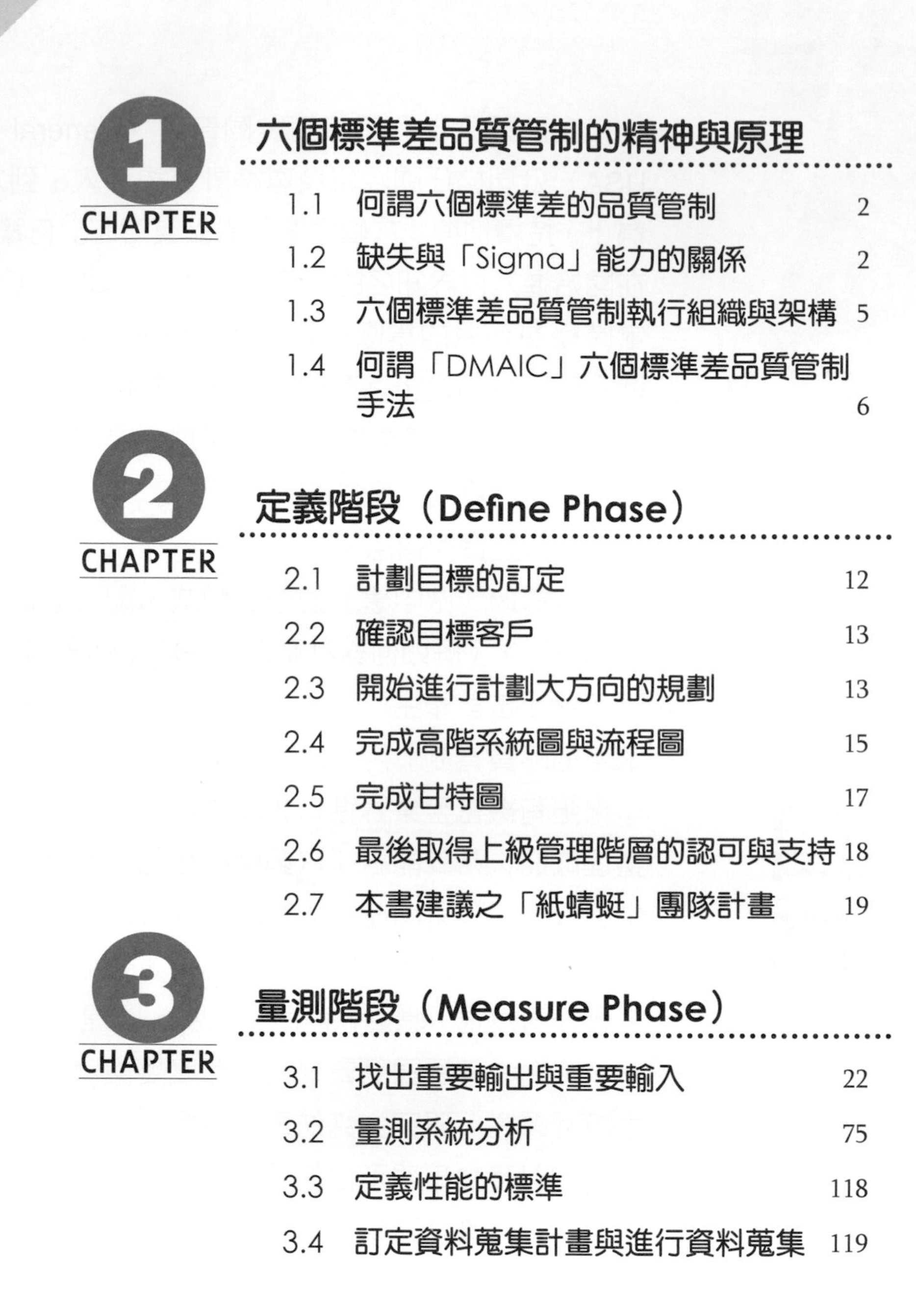

目錄

Contents

CHAPTER 1 六個標準差品質管制的精神與原理

CHAPTER 2 定義階段（Define Phase）

CHAPTER 3 量測階段（Measure Phase）

第 1 章

六個標準差品質管制的精神與原理

在正式進入「六個標準差品質管制」的手法之前，學習者須先了解有關該手法的基本精神與觀念，以及如何結合軟體、小組討論與共同執行「團隊計畫」方式來提升整體的學習效率。美國奇異（GE）公司訓練時推薦結合統計軟體（Minitab® Statistical Software）進行資料分析與演練，因此，如果可行，建議遵循類似的訓練方法。在本書中部分演練也配合「Excel」提供對應的相關操作。

訓練者（教師）可指定適合領域的「團隊計畫」或者可用 2.7 節建議的計畫讓學習者演練「六個標準差品質管制」的工具與手法。且在每一個重要階段完成後，讓「團隊」成員上台簡報藉此評估學習者的成效。

學習目標

1. 了解六個標準差的品質管制的基本精神與原理。
2. 缺失數目與「Sigma」能力的關係。
3. 六個標準差品質管制執行組織與架構。
4. 六個標準差品質管制中「DMAIC」代表的意義及執行要項。

1.1 何謂六個標準差的品質管制

「六個標準差品質管制」並非百分之百源自美國奇異公司（GE, General Electric Co.），但是奇異公司卻將它發揚光大。從 1995 年起，GE 開始全公司推行「六個標準差品質管制」，希望藉由「六個標準差品質管制」達到以下的目標：

1. 公司能快速成長，獲利增加，員工能直接參與並貢獻整個集團的理念。
2. 「品質」能成爲公司文化的一部份。

GE 在推行「六個標準差品質管制」時，希望能由顧客的需求出發，轉化由上而下，全公司積極推廣的行動。同時能滿足「廣義客戶」的需求。因此「六個標準差品質管制」主要聚焦在：

1. 客戶的需求（CTQ-Critical-to-Quality）。
2. 利用統計的手法分析資料並改善製程或設計。
3. 找出影響 CTQ（Critical-to-Quality）的重要輸入（Xs，inputs）。
4. 降低或減少缺失。
5. 提昇整體製程或設計能力。

1.2 缺失與「Sigma」能力的關係

「Sigma」能力（z-value）是一個統計上衡量製程或設計能力的單位，它與每單位的缺失（Defects-per-Unit）或發生失效或誤差的機率有類似的意義。當「Sigma」能力的值越高，代表製程或設計中的變異越小，因此產品良率也就越高。若同時考慮製程的動態（以平均值爲中心左右各 1.5 標準差的偏移），則缺失與「Sigma」能力（z-value）的關係，可用表 1-1 表示之：

表 1-1 「Sigma」能力與每百萬機會的缺失數對照表

「Sigma」能力（z-value）	PPM（每百萬機會的缺失數）
2	308,537
3	66,807
4	6,210
5	233
6	3.4

由表 1-1 可知「Sigma」能力與對應的 PPM 值並非呈現「線性」關係。當想從 2 個「Sigma」能力的製程或設計提昇到 4 個「Sigma」能力，將須要將 PPM 由 308,537 降低至 6,210，將近 50 倍的改進。因此如果沒有藉由適當的工具或手法，將十分難達到如此的目標。

在統計中，「Sigma」（標準差）代表各資料點相對應於整體平均值的「分散」程度，與前述之「Sigma」能力的意義有所不同。在製程或設計裡，當「Sigma」能力較高時代表製程或設計的平均值較接近規格的中心值且變異較低，也就是所生產的產品或設計出現問題（超出規格）的機率越低。以往的品管過程中，認爲 3 個「Sigma」能力便已足夠，近年來，各產業希望藉由減少人工，提高自動化的方式，將製程能力提昇至 4 個「Sigma」能力。但隨著競爭的白熱化，各公司大多希望可以將製程能力進一步提昇至 6 個「Sigma」。用表 1-2 的數字爲例（美國 1999 年國內的統計資料）：

表 1-2 「Sigma」能力與日常事件發生頻率對照表

3.8「Sigma」能力（99% 良率）	6「Sigma」能力（99.99966% 良率）
每小時有 20,000 個郵件遺失	每小時有 7 個郵件遺失
每週有 5,000 次的開刀失誤	每週有 1.7 次的開刀失誤
每月有 7 小時沒有電力	每 34 年有 1 小時沒有電力

由表 1-2 可知想要達到 6「Sigma」能力有一定的難度。那在眞實世界中，有無任何程序可以接近這麼高的標準呢？在美國本土的航空公司，大部分可以達到每服務百萬飛行人次低於 0.5 個人死亡率。但相對而言，行李的遺失率大約只有 3.5「Sigma」能力。

以往認爲只要提高檢驗率或測試的次數（即內部的查核）來篩選產品，便可降低不良品流至客戶手中。而新的品管觀念則是藉由提昇「Sigma」能力，適當的品管規劃，製程控制與員工的訓練，不僅可大幅減少「內部查核」的成本，也可減少客戶持有產品的整體成本與生產者因保固期維修的損失。

Motorola 與 Texas Instruments 有資料顯示，售出的產品中有 25~35% 實際上是虧本的。而其中最主要的原因是由於「品質」的問題。所以公司想要提昇獲利，必須回歸到根本，即提昇「Sigma」能力。

在正式進入「六個標準差品質管制」的手法之前，必須建立與釐清以下基本的觀念：

1. 所有選定的「輸出」（Y，outputs），必須是「可觀察」與「可量測」的。
2. 因人而產生的變異可透過適當的製程或設計來改善。
3. 永遠聚焦在會「重複產生」的「問題」製程或設計上。
4. 到底該聚焦在「輸出」（Ys）或「輸入」（Xs）？

   以往我們多聚焦在「輸出」（即最後的結果），現在也應該將焦點放在如何透過適當的管控「輸入」來達到穩定的「輸出」。一個簡單的例子：客戶要求成品物件的表面粗糙度（Y）需達到一定的程度，則可能的重要輸入（Xs）（管控的參數）可包含用來拋光物件的材質、拋光製程的相關參數等。

5. 當「Sigma」能力要求越高，所使用的資料需更完備且手法也越高。

   (1) 當想要達到3～4個「Sigma」能力的製程或設計：可用如檢核表（Check sheet）、柏拉圖（Pareto chart）、魚骨圖（Fishbone diagram）、散佈圖（Scatter plot）、與管制圖可能就已經足夠。

   (2) 當想要達到 4 個「Sigma」能力以上的製程或設計：須要充分利用「連續型」（Continuous type）的資料，再配合其他的統計手法或工具方可達成。

6. 需瞭解以下的基本名詞：
   (1) 重要品質特性（CTQ，Critical-to-Quality）：由客戶需求轉換至「可觀察」與「可量測」的重要輸出（Y）。
   (2) 機會（Opportunity）：任何無法滿足客戶需求的事件。
   (3) 缺失（Defect）：任何無法滿足客戶的需求均視爲缺失。
   (4) 每百萬機會的缺失數（DPMO，Defects Per Million Opportunities）。
   (5) 黑帶大師（MBB-Master Black Belt）：一個全職指導黑帶的導師。
   (6) 黑帶（BB-Black Belt）：一個全職指導綠帶導師，每年至少需完成 5~10 個品質計畫。
   (7) 綠帶（GB-Green Belt）：完成「六個標準差品質管制」受訓的人員，且通過「六個標準差品質管制」認證。每年至少需完成 2 個品質計畫。

1.3 六個標準差品質管制執行組織與架構

在 Motorola 初期導入「六個標準差品質管制」時，開始引用空手道的術語來代表在執行「六個標準差品質管制」過程中，團隊成員所扮演的不同角色。首先，在組織中不論在何種屬性的部門，「每一個成員」均需要接受「六個標準差品質管制」的相關訓練（不應只局限於品管部或工程部人員才需要受訓）。「六個標準差品質管制」執行時有三個重要的角色，分別爲：

1. 黑帶大師（MBB-Master Black Belt）。
2. 黑帶（BB-Black Belt）。
3. 綠帶（GB-Green Belt）。

一般人員在接受訓練後一年內，須通過「六個標準差品質管制」認證考試，至少完成 2 個品質相關計畫，且透過品質計畫對公司有一定的「財務」貢獻者，才可獲得「綠帶」的認證。

黑帶（BB-Black Belt）則是一個全職指導「綠帶」的導師，每年至少需完成 5~10 個品質計畫，且透過品質計畫對公司有一定的「財務」貢獻者，方可獲得「黑

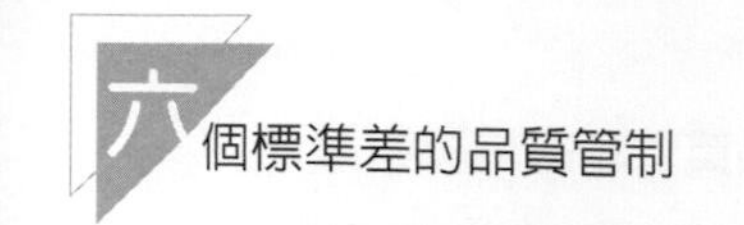

帶」的認證。一般而言，黑帶爲一個「功能性」的職務，黑帶的歷練不超過三年，即須回歸編制。在 GE 文化中，無「黑帶」的認證，不得擔任部門經理。

黑帶大師（MBB-Master Black Belt）是一個全職指導「黑帶」的導師，需主動規劃「品質」的相關課程，且透過指導「黑帶」的品質計畫，必須對公司有一定的「財務」貢獻者，即可獲得「黑帶大師」的認證。一般而言，黑帶大師也是一個「功能性」的職務，黑帶大師的歷練不超過三年，即須回歸編制。在 GE 文化中，無「黑帶大師」的認證，不得擔任部門總經理。在 GE 組織中，部門經理必定有一位全職的「黑帶」負責指導部門「綠帶」來尋找品質改進的計畫。部門總經理必定有一位全職的「黑帶大師」負責帶領部門「黑帶」來積極指導與整合計畫。

一個典型「六個標準差品質管制」執行組織架構如圖 1-1 所示：

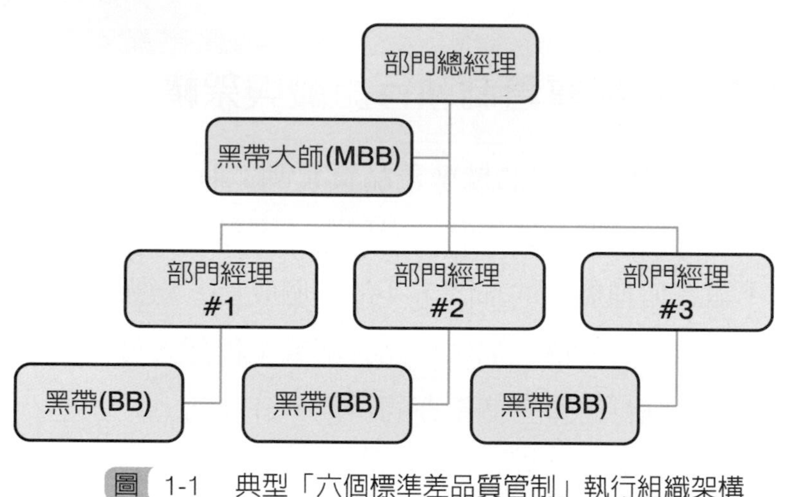

圖 1-1　典型「六個標準差品質管制」執行組織架構

1.4 何謂「DMAIC」六個標準差品質管制手法

「DMAIC」在「六個標準差品質管制」中分別代表以下的意義：

1. D：定義階段（Define phase）。
2. M：量測階段（Measure phase）。
3. A：分析階段（Analyze phase）。

4. I：改進階段（Improve phase）。
5. C：控制階段（Control phase）。

在 DMAIC 各階段中，藉由運用以下章節中不同的工具與手法，讓使用者可以用很嚴謹的方式完成「六個標準差品質管制」的計畫。這些工具與手法並非 GE 公司首創，但經由適當的整合與運用，可快速的找出「問題點」，並快速解決問題。

在「定義階段」，我們希望可達成以下之目標：

1. 計畫目標的訂定：找出一個想要改進的產品、製程或設計。
2. 確認目標客戶：藉由適當的工具，將客戶的需求轉換成可量測與可觀察的「品質特性」並找出可能影響這些「品質特性」的重要因子。
3. 開始進行計劃大方向的規劃，其中包含了：
   (1) 團隊成員的組成。
   (2) 計畫目標的確立。
   (3) 團隊成員職責的分配。
   (4) 所需資源的估計與取得。
   (5) 建立查核點。
4. 完成高階層的系統圖與流程圖。
5. 完成甘特圖。
6. 最後須取得上級管理人對該計劃的認可與支持。

在「量測階段」則需完成以下之目標：

1. 找出重要的輸出與重要輸入：可運用以下工具找出重要的輸出（Y）並設法找出可能影響（Y）的輸入因子（X）。
   (1) 柏拉圖。
   (2) 魚骨圖。
   (3) 品質機能展開圖（QFD）。
   (4) 失效模式與效應分析（FMEA）。
   (5) 流程圖。

(6) 散佈圖。

(7) 其他工具。

2. 進行量測系統分析（MSA）。

(1) 精密度（Precision）分析：Gage R&R 分析。

(2) 準確度（Accuracy）分析：線性、偏差、與穩定度分析。

3. 定義性能的標準。

4. 訂定資料收集計畫與進行資料收集。

在「分析階段」，進行以下項目：

1. 製程能力分析。

2. 利用標竿法定義性能目標。

3. 找出變異來源。

(1) 假設與檢定。

(2) 變異數分析。

在「改善階段」，我們希望可達成以下的目標：

1. 篩選重要輸入因子：田口式實驗計畫法與部分因子實驗計畫法的運用。

2. 如何找出輸入與輸出之對應關係式。

3. 統計公差分析。

4. 驗證實驗。

在「控制階段」，我們希望可確保「改進」會到「定位」且不會產生偏移，因此必須進行以下的項目：

1. 量測系統之驗證。

2. 量測製程能力。

3. 執行製程之控制計畫。

(1) 風險管理。

(2) 防誤策略。

(3) 統計流程管制（SPC）。

問題與討論

1. 列出「定義階段」希望達成之目標。
2. 列出「量測階段」希望達成之目標。
3. 列出「分析階段」希望達成之目標。
4. 列出「改進階段」希望達成之目標。
5. 列出「控制階段」希望達成之目標。
6. 「六個標準差品質管制」主要聚焦的項目為何？

第2章

定義階段（Define Phase）

在了解六個標準差品質管制的精神與原理後，本章教導學習者如何透過一些簡單的步驟將構思轉換成可行的提案，最後獲得上級管理人員的認可。在「定義階段」的最後，運用實例演練以便加深學習者的印象及提升學習效率。

學習目標

1. 如何訂定計畫目標。
2. 如何確認目標客戶。
3. 如何開始進行計劃大方向的規劃。
4. 如何完成高階系統圖與流程圖。
5. 如何完成甘特圖及相關事項。
6. 最後如何取得上級管理人對該計劃的認可與支持。

2.1 計劃目標的訂定

「計劃目標的訂定」將協助你找出一個想要改進的產品、製程或設計。一個好的計劃多具備以下幾個特性：

1. 有確切的目標與計劃規範：計劃本身的終極目標必須非常明確，且必須與團隊能力及考慮可用資源，過於龐大的計畫與計劃範疇易使團隊失焦。你可用以下的方式尋找計畫的方向：
   (1) 藉由 QFD（Quality Function Deployment）（詳見 3.1.3）。QFD 將客戶的要求轉換成技術上的需求，因此是一個不錯的來源。
   (2) 藉由客戶意見調查表與客戶對所使用產品的評分表。
   (3) 現有已執行完畢的專案計劃。觀察其不足或忽略之處。
   (4) 團隊的腦力激盪：可利用魚骨圖、柏拉圖等工具協助。
   (5) 藉由分析現有的流程：流程圖與系統圖可提供找出重要流程需要改進之處。
   (6) 透過與客戶的直接對談。
   (7) 透過分析財務報表或生產品質管制報表也可找出重要「少數」的影響的因子。
2. 與公司想要達成的整體目標關聯性要高：當計劃屬性與公司的整體目標較接近時，較容易取得資源並獲得上級管理人員的認同。
3. 完成計劃後客戶能夠有顯著的感覺：客戶的需求非常多，可藉由觀察客戶的意見調查表來找出客戶最在意的項次（Vital few），再針對這些項目研擬改進方案與進行計劃的規劃。
4. 最好能與其他相關計劃結合，達到更大的影響力。
5. 建議的行動或改進措施必須是「現地」（目前工作的單位）即可執行的。
6. 最好與自己的工作職務相關。

2.2 確認目標客戶

客戶可區分成狹義與廣義的客戶。狹義的客戶是指產品的最終使用者，而廣義的客戶，則是泛指受到你想要解決計劃所影響到的人。一旦確認客戶後，便較容易了解客戶的需求，再透過適當的工具便可將敘述性需求轉化成可度量的「品質特性」。其中一個可利用的工具即是，「產品 CTQ」（Critical to Quality for Products）樹狀圖如下：

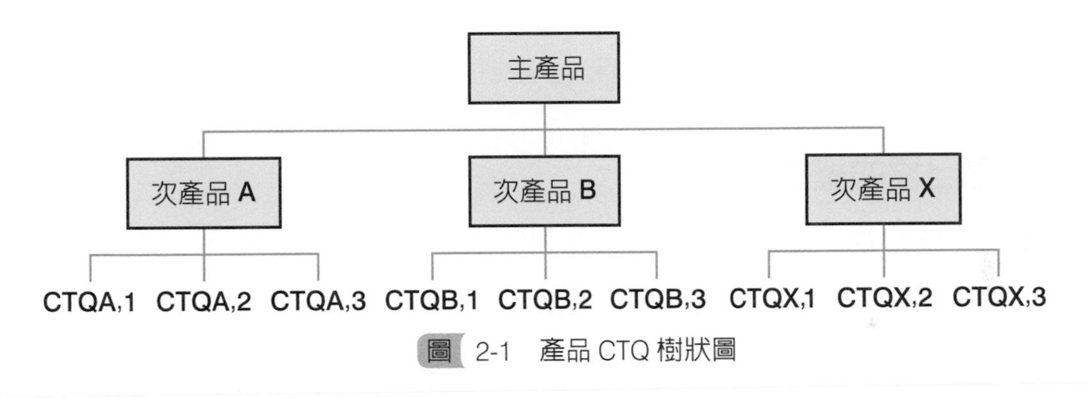

圖 2-1 產品 CTQ 樹狀圖

再從圖 2-1 中找出適合團隊執行的計劃，並將所謂的 CTQ，轉化成「可度量的品質特性」。例如，團隊想將次產品 A 中 CTQA,1 由原本的數值提升 2~3 倍（譬如鋰電池蓄電量）當成是狹義的客戶需求。

2.3 開始進行計劃大方向的規劃

進行計劃時，需有相關資訊的配合，因此你須先問自己以下幾個問題：

1. 爲何這個計劃值得進行？
2. 爲何現在進行很重要？
3. 如果不執行該計劃，會有什麼樣的不良後果？
4. 有沒有比現今想要進行計劃更重要的計劃須要進行？
5. 提案的這個計劃是否與整體公司的目標一致？

透過對上述問題的瞭解，確定執行該計畫執行的必要性之後，即可進行包括以下等工作：

一、團隊成員的組成

團隊的成員的組成：適當成員的選擇是計劃成功與否的關鍵，以下考慮因素，可協助你挑選合適的成員：

1. 確認這個程序、設計、或製程誰最熟悉？
2. 誰會被這個計劃影響到？
3. 誰能協助取得相關資料與資訊？

二、計畫目標的確立

透過這些思考，如果團隊認定該計劃值得進行，則可邁入下一個步驟。即開始進行討論「計劃的程序」與「目標的訂定」。

「計劃的程序」的考量包含：

1. 問題點在哪？
2. 何時，何地問題會產生？
3. 當問題產生時，影響的層面有多大？

「目標的訂定」，可遵循以下之思考方式：

1. 定義團隊想要達到的目標。
2. 用「行動」的詞語來訂定目標，例如：目標在「降低」不良率、「改進」製程、「提升」效率等。
3. 定義確切的「目標」與計劃該完成的時程。
4. 避免用負面的指責或預設立場。

三、團隊成員職責的分配

團隊成員的職責分配可依據成員的專長、可用時間與資源進行分配，參考表2-1。

表 2-1　成員專長與職責分配表

成員＼職責	Job I	Job II	Job III
A	V		V
B		V	
C		V	

透過表 2-1 成員可清楚了解自己的職責。

四、所需資源的估計與取得

所需資源的估計與取得：資源的估計包括人力、物件材料、量測等成本，並須獲得上層管理人員的支持。

五、建立查核點

最後團隊訂定適當的查核點來確保計劃的進行能符合團隊的期望。在訂定查核點時，可採用定時方式或定在計畫各階段結束前。

2.4　完成高階系統圖與流程圖

高階系統圖可快速呈現團隊想要解決的問題（圖 2-2），首先在中間方塊內填入團隊認定要解決的重要程序或設計的名稱（例如，智慧型手機產品開發案）。首先，由最右端「狹義或廣義的客戶 CTQ」開始，以智慧型手機產品開發案爲例，終端用戶對於該產品其中的一個重要 CTQ 可能是希望手機的電池續航力能越久越好（一般客戶需求多是敘述性質居多）。那下一步團隊就必須把這個重要 CTQ 轉換成「可量化」、「可量測」的「重要輸出」。例如，電池續航力足夠無線通話時間最長可達 W 小時、Internet 使用時間最長可達 X 小時、影片無線播放時間最長可達 Y 小時、或音訊無線播放時間最長可達 Z 小時等。這些量化指標的數值定義可參考市場調查結果、標竿競爭對手的規格、或透過團隊的討論等。

在有了量化的「重要輸出」後，須再找出可能影響這些「重要輸出」的「重要輸入」。以前例而言，爲達到較長電池續航力這個 CTQ，可能的「重要輸入」包含：電力管理系統的最佳化、使用低功耗線路設計、電池材料的選用或開發等。

最後考量這些「重要輸入」的「供應商或資料提供者」是否能持續提供可靠的「輸入」。由於在產生高階系統圖過程中，有些「輸入」與「輸出」有時很容易被忽略，這時便可透過完成與觀察流程圖（詳見 3.1.5）的協助來找出「重要輸入」與「重要輸出」。

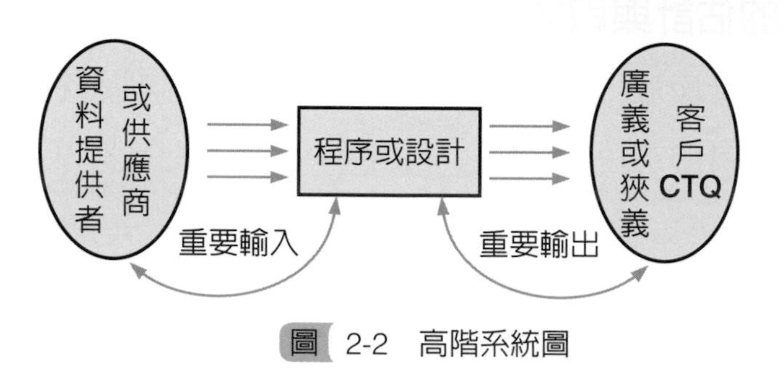

圖 2-2　高階系統圖

2.5 完成甘特圖

甘特圖可以將計畫中較重要的步驟、查核點與時間軸做聯結，故可快速呈現工作項目與執行時間的關係，一個甘特圖的例子，可見圖 2-3。

工作項目	九十九年度												
	1 月	2 月	3 月	4 月	5 月	6 月	7 月	8 月	9 月	10 月	11 月	12 月	備註
定義目標		★											
國際範圍搜尋與購置				★									
風力機組逆向工程					★								
機組動力分析						★							
機組有限元素分析							★						
機組可靠度評估								★					
驗證平台研發										★			
驗證平台測試											★		
技術報告撰寫												★	
結案報告												★	
累進百分比	8%	17%	25%	33%	42%	50%	58%	66%	75%	83%	91%	100%	

★：查核點

圖 2-3 甘特圖範例

2.6 最後取得上級管理階層的認可與支持

最後一個步驟則是取得上級管理階層的認可與支持。上級管理人員的支持可讓計畫執行時減少阻力，以便整合各部門之資源，並可凝聚團隊的向心力。在計劃完成後，須核算計畫執行對公司財務上有何正面的影響，以作爲後續延伸性計畫是否需要進行之評估。

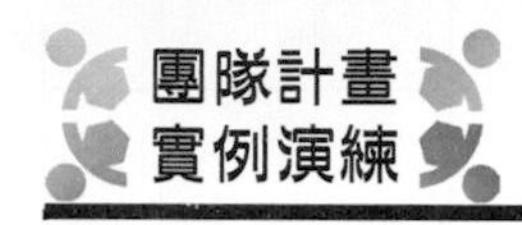

「定義階段」

為協助學習者了解如何執行「定義階段」，建議在了解之前的章節後，進行以下實例演練：

1. 實例敘述：你（妳）是一個某公司研發部經理，需要研發可在空中停留越久越好的紙蜻蜓。請利用「定義階段」所述的方法，組織一個研發團隊，針對這個計畫進行討論並上台發表團隊討論的結果。
2. 討論時間：1 個小時。
3. 進行步驟：
   (1) 將學員（生）每 3~4 人組一個團隊，針對此計畫進行討論。本書將利用此計畫貫穿整個「六個標準差的品質管制」的課程。
   (2) 針對以下要點產生「PowerPoint」投影片。
   ① 計畫目標的訂定。
   ② 目標客戶的確認。
   ③ 計劃大方向的規劃。
   ④ 完成高階層的系統圖與流程圖。
   ⑤ 完成甘特圖。
   ⑥ 設法取得上級管理人對該計劃的認可與支持。
   (3) 以各組簡報方式上台發表討論結果。
   (4) 上台簡報時間：一組建議不超過十五分鐘。
   (5) 講師可依照各組簡報表現給予建議及評分。

2.7 本書建議之「紙蜻蜓」團隊計畫

1. 團隊組合成員：3~4 人。
2. 紙蜻蜓設計限制條件：
   (1) 利用 A4 紙張，紙張種類及形狀不拘。
   (2) 由 2 公尺高度垂直下降且不得依靠任何動力源。
   (3) 必須在空中停留超過 2 秒以上。

問題與討論

1. 列出「定義階段」的執行要項。
2. 依團隊共同選定的一個計畫，試畫出該計畫之高階系統圖。
3. 依團隊共同選定的一個計畫，試畫出該計畫之甘特圖。

第3章

量測階段（Measure Phase）

在完成「定義階段」（Define phase）後，團隊找出需要改進的程序、製程或設計及確認目標「客戶」，並且可將客戶「需求」轉成可量測與觀察的「品質特性」。完成包括團隊成員與職責的分配、計畫目標、資源的估計與取得、建立查核點等計劃大方向的規劃。在完成「高階系統圖」與「流程圖」後，將這些重要步驟與時間的關聯利用「甘特圖」呈現，也取得上層管理人員的認可，因此團隊可以準備進入「量測階段」。本章節將針對「量測階段」的重要步驟進行說明。

學習目標

1. 找出重要的輸出與重要輸入：找出重要的輸出「Y」並設法找出可能影響「Y」的輸入因子「X」。
2. 量測系統分析（Measure System Aanalysis）：進行「量測系統」的驗證。
3. 定義性能的標準：開始定義輸出「Y」的標準與規格。
4. 訂定資料收集計畫與進行資料收集。

3.1 找出重要輸出與重要輸入

在這個章節將介紹數種工具來找出客戶需求的重要「品質特性」—「Y」，並利用這些工具找出對「Y」有影響的因子「X」。這些工具包含了柏拉圖（Pareto chart）、魚骨圖（Fishbone）、品質機能展開表（QFD-Quality Function Deployment）、失效模式與效應分析（FMEA-Failure Mode and Effect Analysis）、流程圖（Flowchart）、散佈圖（Scatter plot）與其他工具。

柏拉圖是透過圖示的方法，讓你可以很容易地在眾多問題中，找出「重點」項目。魚骨圖可快速的呈現各輸入因子對重要輸出「品質特性」（CTQ）的影響力與各因子之間的關聯程度，且提供一個可供團隊討論與聚焦的工具，並透過討論的方式得到某種程度的共識。品質機能展開表則藉由一系列的團隊討論與關係矩陣建構，將客戶的需求（What）轉換成設計需求（How），進而到製程的規劃與生產計畫。使用者透過失效模式與效應分析得以「事先」找出系統，設計或產品生產流程的缺失以避免失效的發生。流程圖適合用於快速簡潔地呈現想要討論的流程。

散佈圖用於呈現二個變數之間的關聯度，而這些變數可以是因子（Input，輸入 X）或是重要的「品質特性」（Output，輸出 Y），它藉由在 X-Y 平面上點的散佈狀況來判斷二變數之間的關聯性。

以下各節將針對各個工具做詳細之敘述，並提供「實例演練」來進一步加強對工具運用的熟練度。

3.1.1 柏拉圖（Pareto Chart）

柏拉圖（Pareto Chart）的名稱源自一位十九世紀末的義大利經濟學家 Vilfredo Pareto。他於 1897 年，藉由分析社會中國民所得分配發現，社會中百分之八十的資源集中在少數百分之二十的人手上。類似的現象也同樣發生在製程或流程上。也就是說，「少數重要」的問題（Vital few）對於製程或過程有極大的影響力。因此只要能找出並確切地掌握這些「Vital few」，即可解決大部份的問題。透過柏拉圖能協助你達到以下目的：

1. 將要解決的品質問題或缺失加以適當的分類、層別與分析。因此可以針對這些「Vital few」尋找解決方案。
2. 透過圖示的方法，你可以很容易地在眾多問題中，找出「重點」項目。

柏拉圖十分適合用在「量測」階段中找出重要的輸出品質特性（Output，Y）或使用在「控制」（Control）階段中檢討在經過「改進」（Improve）措施後，「Vital few」的變動，並提供進一步對品質改進的參考。

本節將說明如何繪製柏拉圖，並透過團隊之實例演練，如何運用柏拉圖找出少數重要（Vital few）的輸出品質特性。

3.1.1.1 一個典型的柏拉圖架構

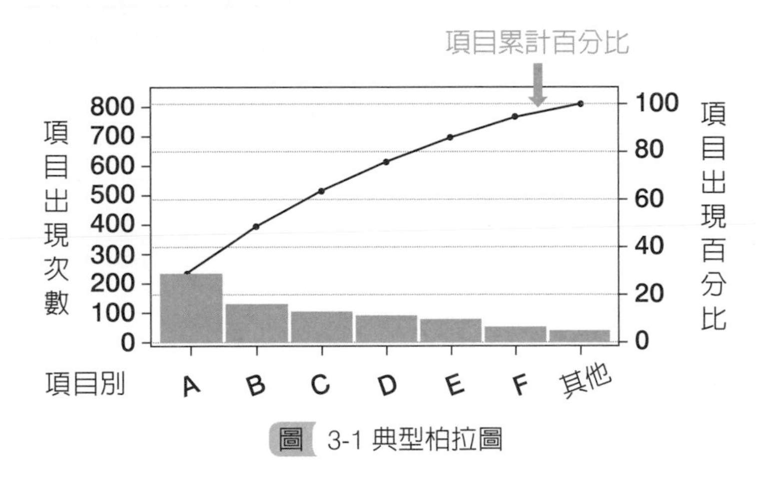

圖 3-1 典型柏拉圖

在橫軸部分爲「項目別」，在左方縱軸爲各「項目出現的次數」，右方縱軸則爲各「項目出現的百分比」，圖中上昇之折線則用來記錄「項目的累計百分比」，最終各項目之總累計百分比爲 100%。

3.1.1.2 產生柏拉圖的步驟

1. 定義所要討論的範疇，例如：客戶退貨或製程的問題等。
2. 條列出基本的分類項目，一般將總項目個數保持在七個（含）以下，多餘的項次可將其歸類爲「其他」項。
3. 決定蒐集資料的時間區間，如每週，每月等。所選定的區間，必須能夠有效地呈現要探討問題的核心。假如一個事件發生需要一個月的資料才有可能完整的呈現，如果你只採用一個星期的資料進行分析，那所得的結果則無法解決實際的問題。

4. 針對所鎖定的問題，進行資料的搜集，並可利用表 3-1 記錄資料：

表 3-1　缺失項目記錄表

缺失項目	項目出現次數	項目出現百分比 %	項目累計百分比 %
A	a	P_a	P_a
B	b	P_b	P_a+P_b
C	c	P_c	$P_a+P_b+P_c$
D	d	P_d	$P_a+P_b+P_c+P_d$
E	e	P_e	$P_a+P_b+P_c+P_d+P_e$
F	f	P_f	$P_a+P_b+P_c+P_d+P_e+P_f$
其他	q	P_q	100%
總和	$a+b+c+\ldots\ldots+q$	100%	

其中

$$P_a=\frac{a}{a+b+c+d+\cdots+q}\times 100\%$$

$$P_b=\frac{b}{a+b+c+d+\cdots+q}\times 100\%$$

$$\vdots$$

$$P_q=\frac{q}{a+b+c+d+\cdots+q}\times 100\%$$

5. 依「出現次數」的多寡由高排至低，「其他項目」不論其總次數是否高於其餘項目，須置放於最後一項。

6. 依本節前述的柏拉圖架構製作柏拉圖，並給定柏拉圖一個適當的標題。

3.1.1.3 如何運用柏拉圖的結果

1. 柏拉圖所找出的「少數重要」（Vital few）的品質特性（Y）可成為魚骨圖的「魚頭」，故可以進一步運用「魚骨圖」來找出影響這個品質特性（Y）的重要因子（X_S）。
2. 柏拉圖中的品質特性（Y），有時包含的範圍較廣，團隊可再一步將此品質特性 Y（例如下圖中之 Y_1）更進一步區分為 Y_{1a}、Y_{1b}、Y_{1c} 等，這個區分的步驟可一直將 Y 分類至可以有確切行動方案的等級為止。

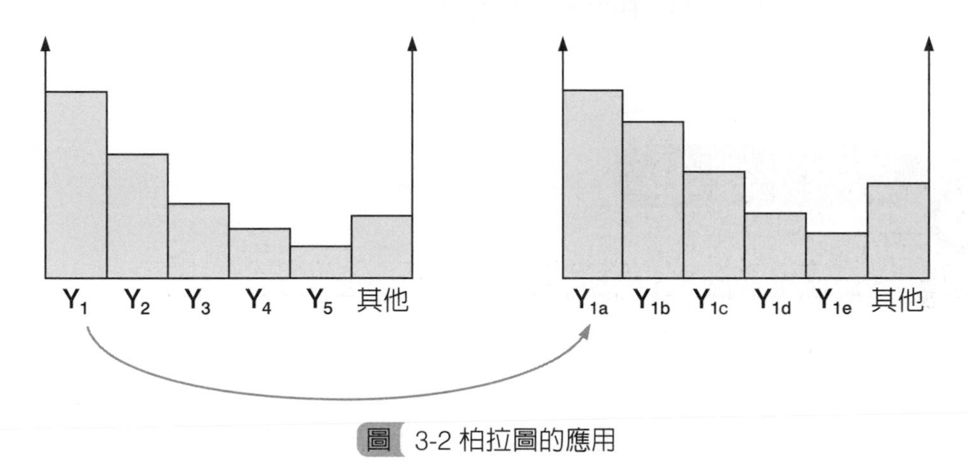

圖 3-2 柏拉圖的應用

實例演練 1a

1. 你（妳）在一個十分競爭的商圈開了一間外送比薩加盟店，為了持續改進服務品質，你（妳）要求外送人員在每次外送比薩後，請客戶針對服務品質部份進行意見調查。在蒐集一個月的資料後，召開一個會議並運用「柏拉圖」找出客戶對該店外送服務品質的評估結果。
2. 討論時間：30 分鐘。
3. 進行步驟：

   (1) 組一個 3~4 人團隊，選定一人為組長，一人為紀錄，討論並模擬客戶對於外送服務品質可能會有哪些不滿意之外，其中包括不滿意的事項如：外送速度太慢、外送電話打不通、比薩不夠熱不夠脆等，並分別模擬各項目客戶抱怨的次數。

(2) 依柏拉圖建議的步驟，繪製柏拉圖。

(3) 以各組簡報方式上台發表討論結果。

(4) 上台簡報時間：一組以不超過十分鐘為原則。

(5) 講師可依照各組簡報表現給予建議及評分。

Minitab 中與「柏拉圖」相關的操作如下：

實例演練 1b

你由生產線收集如圖 3-3 的缺失種類及發生次數資料，利用 Minitab 畫出「柏拉圖」。

	A	B
1	缺失種類	發生次數
2	d1	15
3	d2	24
4	d3	56
5	d4	63
6	d5	5
7	d6	7
8	d7	35
9	d8	33

圖 3-3

1. 首先開啟 Minitab 軟體，並打開隨書所附之 Excel 資料檔中「第三章」工作表。將 A 與 B 行資料，複製到 Minitab 中。

2. 開啓模組，見圖 3-4。

Minitab - Untitled
File Edit Data Calc Stat Graph Editor Tools Window Help
Session
Welcome to Minitab, p
Basic Statistics
Regression
ANOVA
DOE
Control Charts
Quality Tools
Reliability/Survival
Multivariate
Time Series
Tables
Nonparametrics
EDA
Power and Sample Size
Run Chart...
Pareto Chart...
Cause-and-Effect...
Individual Distribution Identification...
Johnson Transformation...
Capability Analysis
Capability Sixpack
Gage Study

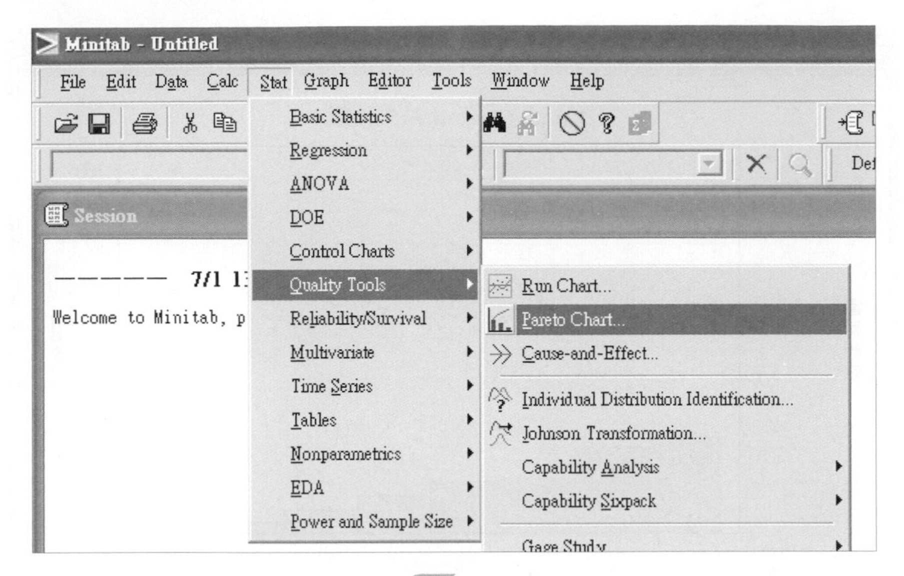

圖 3-4

3. 選擇資料。如在「Combine remaining…」之處塡入某個數值代表當總累計百分比達到某個百比後，所有其他未呈現的缺失均歸類爲同一種缺失，見圖 3-5。若輸入「95」，代表當總累計百分比達到 95% 後，所有其他未呈現的缺失均歸爲同一種缺失。

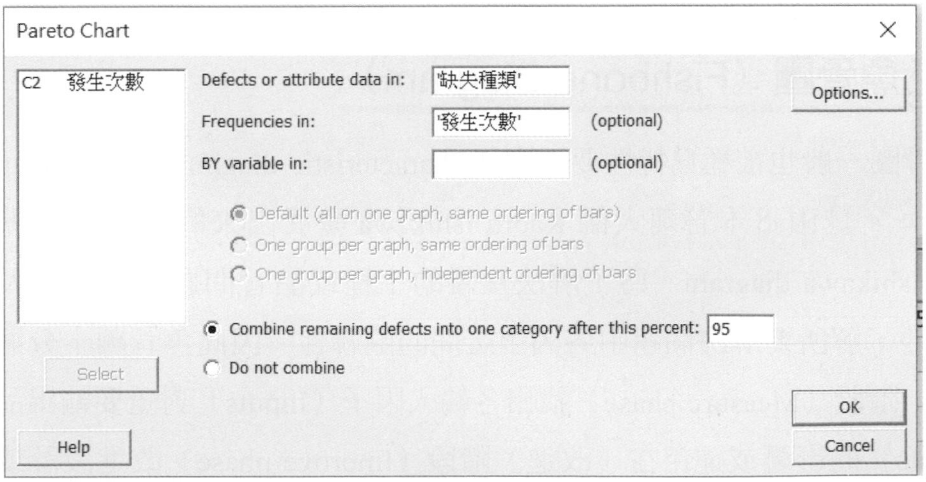

Pareto Chart
C2 發生次數
Defects or attribute data in: '缺失種類'
Frequencies in: '發生次數' (optional)
BY variable in: (optional)
Default (all on one graph, same ordering of bars)
One group per graph, same ordering of bars
One group per graph, independent ordering of bars
Combine remaining defects into one category after this percent: 95
Do not combine
Options...
Select
Help
OK
Cancel

圖 3-5

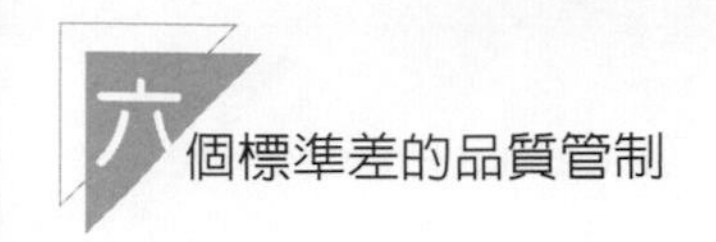

4. 結果見圖 3-6。

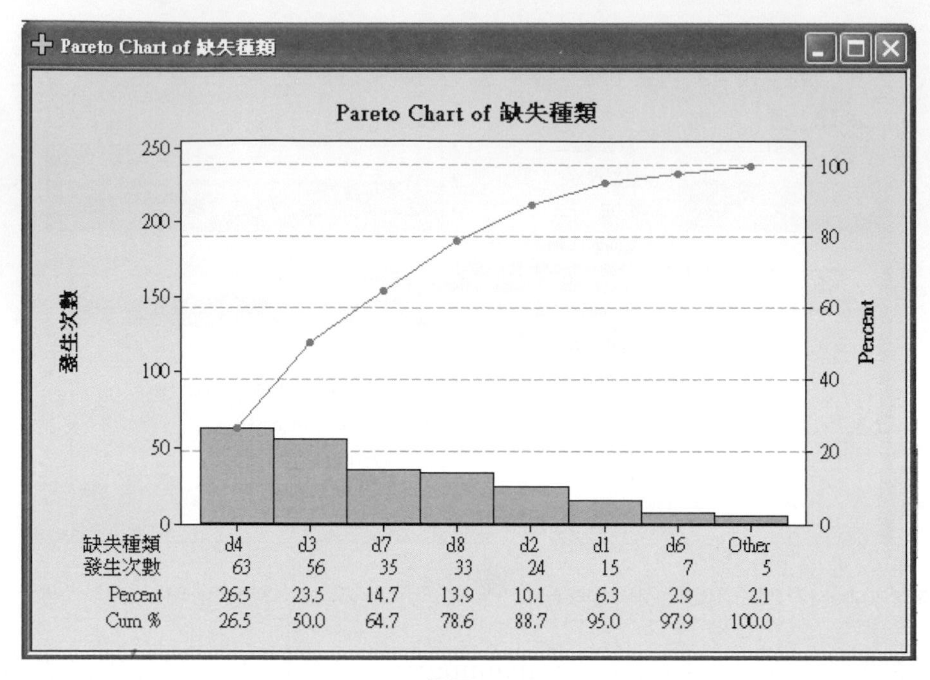

圖 3-6

3.1.2 魚骨圖（Fishbone Diagram）

魚骨圖一般也被稱爲特性要因圖（Characteristic diagram 或 Cause-and-effect diagram）。是由日本管理大師 Kaoru Ishikawa 發展出來的，因此魚骨圖也被稱爲叫 Ishikawa diagram。爲了解決複雜的工程或品管問題，負責的人員必須能確切地了解所要解決問題中各因子之間的關聯性。因此魚骨圖十分適合用在「量測」階段（Measure phase）找出各輸入因子（Inputs）對重要輸出品質特性（Outputs）的影響或運用在「改進」階段（Improve phase）改進設計或製程。透過運用魚骨圖，你可以達到以下二種效果：

1. 快速的呈現各輸入因子（Inputs）對重要輸出品質特性（Outputs）的影響力與各因子之間的關聯程度。

2. 提供一個可供團隊討論與聚焦的工具，並透過討論的方式得到某種程度的共識。

本章節藉由案例演練並透過團隊討論的方式找出一個「好用」的魚骨圖，因此學習者可實際體認魚骨圖的產生步驟。

3.1.2.1 一個典型「好用」魚骨圖的架構

圖 3-7 中，區塊 A 爲魚骨圖本體，區塊 B 用來記錄魚骨圖討論團隊人員，討論時間與地點及魚骨圖的版本。最後區塊 C（優先矩陣）則用來呈現各要因建議執行的先後順序。

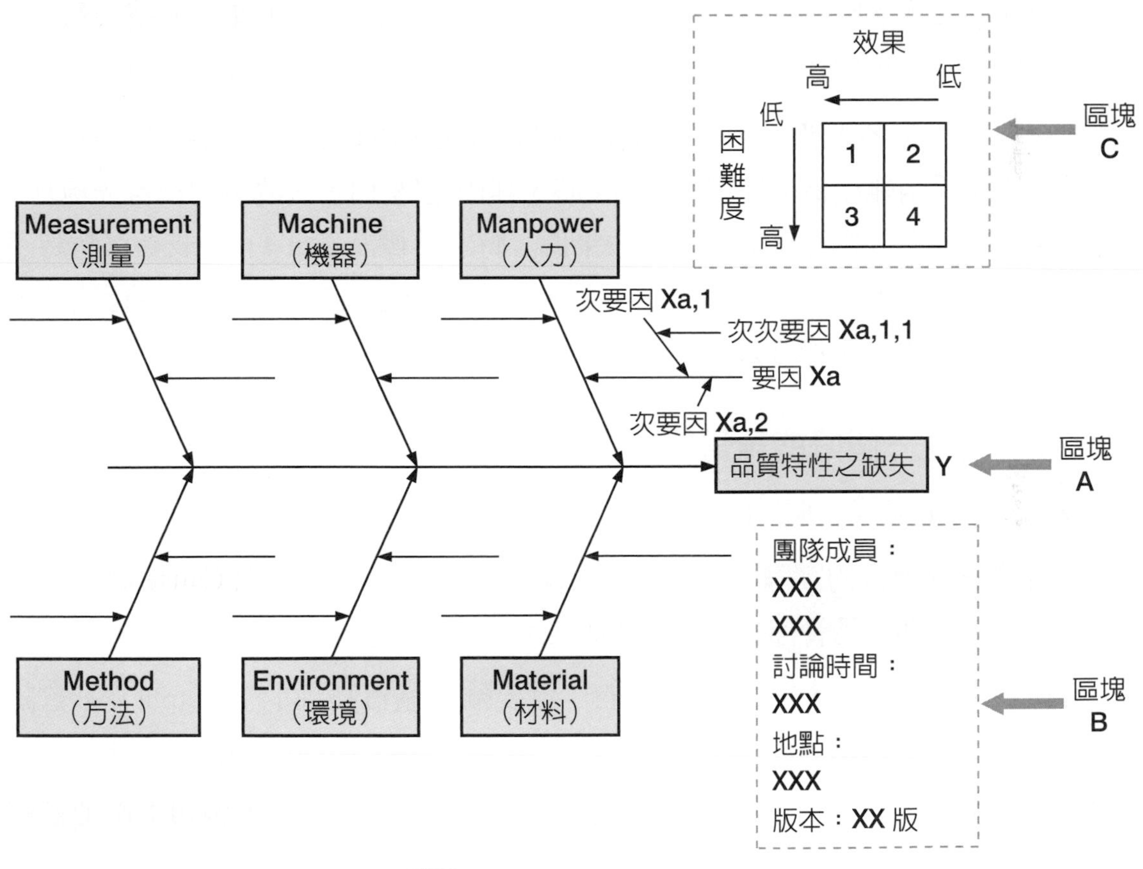

圖 3-7 典型魚骨圖的架構

各區塊詳述如下：

1. 區塊 A

「品質特性」的選擇建議可以由柏拉圖、流程圖中找出或直接由團隊指定討論之議題。團隊可遵循以下步驟完成魚骨圖本體：

(1) 步驟一：將「品質特性」（Y）的「缺失」放在魚頭。

(2) 步驟二：建議由人力（Manpower）、機器（Machine）、量測（Measurement）、方法（Method）、材料（Material）、及環境（Environment）5M1E六大方向思考這些事項對「品質特性」的影響。

(3) 步驟三：透過團隊討論方式找出要因（X_a）、次要因（$X_{a,1}$）、次次要因（$X_{a,1,1}$）等。討論過程中，團隊成員均可自由思考與發言，且應避免互相批評。

2. 區塊B

魚骨圖本身可能隨著處理問題的進度而「演化」，因此需確實紀錄魚骨圖討論時之人、時、地與版本，以便於在順利解決問題後可產生完整的報告。

3. 區塊C（優先矩陣）

主要在找出各影響因子後，方便團隊成員決定處理各因子之優先順序。當該因子「困難度低」且「效果高」時，其標記爲「1」，故可列爲優先處理；相反地，若「困難度高」且「效果低」時，其標記爲「4」，成員可暫時不須有立即行動。運用這種評分系統，成員可迅速針對主要因子進行改善，故可大大提高工作之效率！

3.1.2.2 產生一個好的魚骨圖所需之要項

要有效率地完成一個好的魚骨圖，須有以下幾個要素：

1. 組織一個適合的團隊，任何與要討論議題有直接相關的人均可邀請。一般包括工程部、品管部、業務、製造部等，其中須包括一位主席與一位紀錄。
2. 找出「一個」團隊同意要討論的「重要輸出品質特性」（Output），會議時間儘量不超過60分鐘。
3. 每一個魚骨圖只討論一個「重要輸出品質特性」的缺失，例如：電池續航力不足。
4. 對每一個「要因」（Cause）的敘述須明確，例如：在材料方面——材料選擇錯誤。
5. 找出的「要因」，最好能清楚地被量化。

針對上述各要素進行簡要說明如下：

1. 組織一個適合的團隊

   魚骨圖的完成有賴於一個團隊，個人獨立完成的魚骨圖，常會有所偏頗或遺漏，故不建議。透過一個團隊所完成的魚骨圖因包括各領域人的意見，也較具有應用上的價值。

2. 找出「一個」團隊同意要討論的「重要輸出品質特性」

   可透過柏拉圖、流程圖中找出要討論的「重要輸出品質特性」或可直接由團隊指定討論之重要品質特性（Vital few），成爲魚骨圖中討論的議題。

3. 每一個魚骨圖只討論一個「重要輸出品質特性」

   爲了避免團隊在討論時失焦，團隊每次只討論一個重要的品質特性。

4. 對每一個「要因」的敘述須明確

   建議使用以下的敘述或思考方式：

   「因爲 X_a 要因不足（不正確、不良……），導致 Y 之缺失（良率低……）」。

   「因爲 $X_{a,1}$（次要因）之問題，導致 X_a 要因之缺失（不正確、不良……）」。

5. 找出的「要因」，最好能清楚地被量化

   由於找出的要因，最終須要被解決，因此須有適當的方式來量測或評估。至於「要因」須要分叉至幾個次支節，則因所討論的問題而定。基本上，建議分支到團隊可以有確切行動方案的層次爲止。

3.1.2.3 如何運用魚骨圖的結果

當團隊完成魚骨圖後，該如何有效地運用討論出來的結果呢？一般建議團隊可有以下之行動：

1. 建立成資料庫，使團隊了解並運用所討論結果。
2. 所得之結果，可成爲「資料蒐集」之依據，並可透過進一步的資料蒐集與分析驗證結果來確認討論所得之要因與品質特性間是否眞有關聯性。
3. 魚骨圖可隨著資料收集與分析，進行修正與演化。
4. 如果在討論魚骨圖後，團隊認爲要透過魚骨圖來解決「立即」的設計或品質問題，可採用以下之表格來追蹤與管理待辦事項：

表 3-2　行動方案規畫表

優先矩陣評分	待辦事項	預計行動方案	負責人員	已完成事項	完成日期	備註

一般採取行動時，以優先矩陣評分為「1」的優先，「4」的最後。

5. 當經過確認因子與品質特性之關係後，這些重要的影響因子（Xs），常可被用來做爲實驗計劃法（Design of experiments）控制因子（Controlled factors）或雜訊因子（Noise factors）的選擇依據。在第五章將有更多有關實驗計劃法的敘述與演練。

實例演練 2

爲協助學習者了解魚骨圖的實際操作，建議在了解之前的章節後，進行以下實例演練：

1. 你（妳）是一個比薩店的店經理，在運用「柏拉圖」分析外送客戶之滿意度調查表時發現，有百分之三十五的外送客戶覺得當他們拿到外送比薩時覺得「比薩不夠熱不夠脆」。你（妳）身爲一個店經理，有責任要解決此問題，於是召開一個會議來並利用魚骨圖尋找解決方案。
2. 討論時間：1 個小時。
3. 進行步驟
   (1) 組一個 3~4 人團隊，1 人爲組長，1 人爲紀錄，針對此問題，利用魚骨圖（如圖 3-7 所示）找出可能的原因。其中魚頭放「比薩不夠熱不夠脆」。
   (2) 產生一個完整的魚骨圖，魚骨圖須具備有主要因、次要因、與次次要因等。
   (3) 利用「優先矩陣」決定各要因的優先度，優先度僅須標示在「團隊可以有確切行動方案」的支節（魚骨圖中最細的支節）。

(4) 產生一個表格用以追蹤各工作項目之進度並指定負責人員等事項（參考表 3-2）。

(5) 以各組簡報方式上台發表討論結果。

(6) 上台簡報時間：一組建議不超過十分鐘。

(7) 講師可依照各組簡報表現給予建議及評分。

3.1.3 品質機能展開表（Quality Function Deployment）

品質機能展開表（Quality Function Deployment，QFD）工具可協助使用者將重心集中在客戶的需求上，也可運用在改進現有的程序。藉由 QFD 一系列的團隊討論與關係矩陣建構，便可由客戶的需求（What）轉換成設計需求（How）的重點，進而到製程的規劃與生產計畫。因此 QFD 工具十分適合用於在計畫初期找出計畫的範疇，或用於「量測」與「改進」階段。

本節透過實例演練藉由團隊的方式找出一個適當的「品質機能展開表」，學習者可實際體認產生品質機能展開表的基本步驟。

3.1.3.1 典型的 QFD

如圖 3-8，其中包括了四大部分：1. 客戶需求與需求權重區、2. 技術需求與關聯區、3. 關係矩陣評分區及 4. 技術需求評比區。客戶需求與需求權重直接來自客戶之需求，技術需求與關聯區則是團隊針對客戶需求所提出之解決建議及顯現各技術需求之間的關聯性。關係矩陣評分區用來評估與連結客戶需求與技術需求的關聯性，當關聯性越高時，評分越高。技術需求評比區用來呈現各技術需求之間的相對重要性，分數越高代表對客戶而言，執行該項技術較為重要。

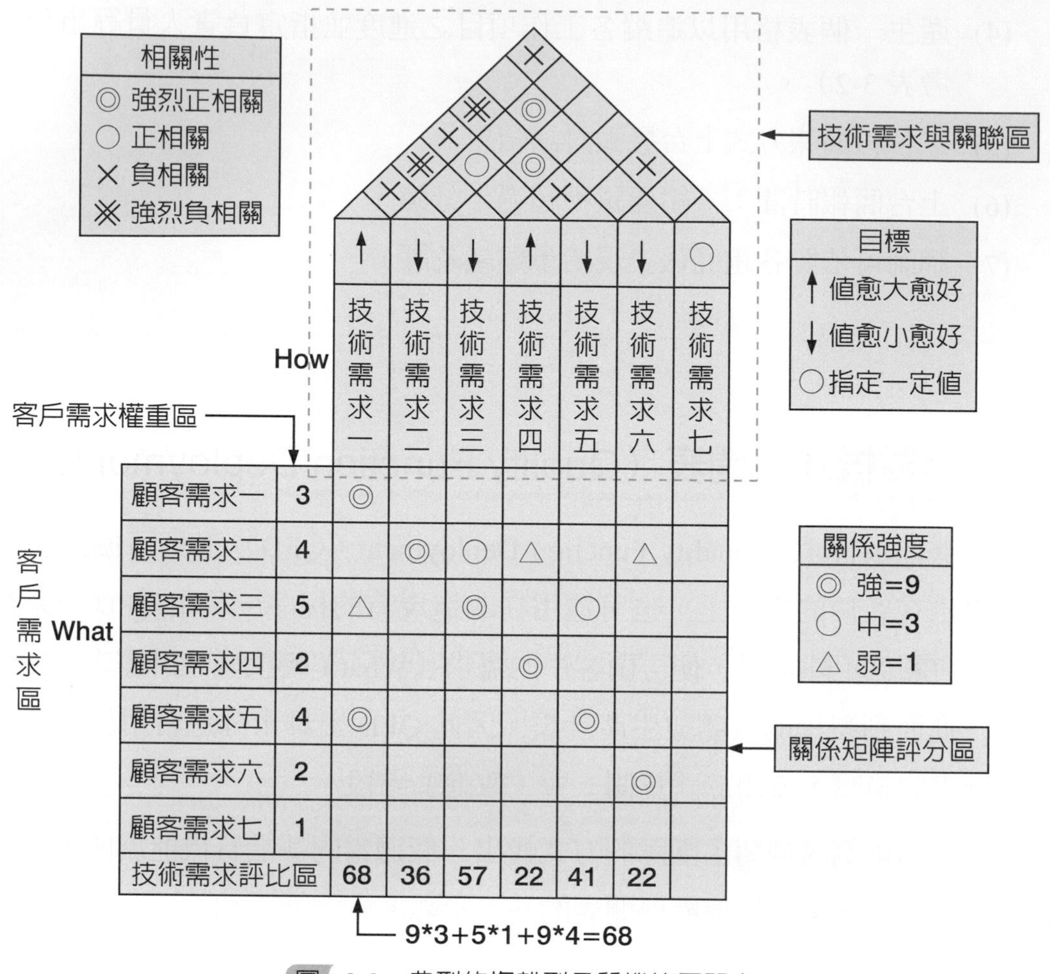

圖 3-8 典型的複雜型品質機能展開表

3.1.3.2 建構 QFD 的步驟包括

1. 討論議題的訂定。
2. 組織一個適合的團隊並訂定團隊規範。
3. 定義或了解客戶的期望或需求（What）。
4. 尋找可滿足客戶需求之技術上要求（How）。
5. 建立一個簡單的簡化型 QFD，見圖 3-9。
6. 檢視討論的結果。
7. 對技術需求之重要性進行排序。
8. 完成技術需求與關聯區。

9. 準備建構下一階段或一系列的 QFD。

客戶需求權重區

How

What	客戶需求權重區	技術需求一	技術需求二	技術需求三	技術需求四	技術需求五	技術需求六	技術需求七
顧客需求一	3	◎						
顧客需求二	4		◎	○	△		△	
顧客需求三	5	△		◎		○		
顧客需求四	2				◎			
顧客需求五	4	◎				◎		
顧客需求六	2						◎	
顧客需求七	1							

關係強度
◎ 強=9
○ 中=3
△ 弱=1

圖 3-9 簡化型 QFD

各步驟的工作細項敘述如下：

1. 討論議題之議定

了解計畫的目標並訂定出討論的議題。透過這些討論使可判定是否應用「簡化型的 QFD」或「複雜型的 QFD」。

(1) 簡化型的 QFD 的使用時機：若客戶需求與解決大方向已被定義清楚，但技術上面需求並不十分明確，使用簡化型的 QFD 即可。

(2) 複雜型的 QFD 的使用時機，若目標本身具挑戰性且技術需求之間互有衝突或交互作用，完整複雜型的 QFD 便是適合的工具。

2. 組織一個適合的團隊並訂定團隊規範

團隊的成員與成員所在單位主管需認同與配合計畫的需求，並選定會議主席，訂定團隊開會時間與會議相關規範。可能的成員包含：會被結果影響或必須執行計畫的人。選定適當的團隊成員對計畫成敗有決定性的影響。

3. 定義或了解客戶的期望與需求

   (1) 客戶的期望與需求可來自客戶的市場調查或透過團隊腦力激盪的方式取得。如果客戶的需求項目非常多，可透過「群組化」的方式將類似的項目歸類並簡化之。

   (2) 雖然客戶的需求都很重要，但仍然有程度之別，因此必須針對不同的客戶需求予以不同的權重值。「5」代表最重要，「1」代表相對來講，較不重要。

   (3) 將結果與客戶或與客戶較貼近的人討論（如直接面對客戶的業務人員等），來確認團隊的共識是否有需要修正之處。

   (4) 在確認後，使可對結果放入「客戶需求與需求權重區」。

4. 尋找可滿足客戶需求之技術上要求

   團隊可透過逆向思考的方式找出如何能滿足客戶的需求，例如運用魚骨圖。在魚頭部分放上「顧客 xx 需求無法滿足」，再運用前述之魚骨圖腦力激盪的手法，找出「無法滿足客戶的原因」（Cause），再將這些「原因」塡入「技術需求區」中。由於由腦力激盪所得之「原因」相當多，因此需篩選出「重要的少數原因」（Vital few）。篩選出的「少數重要原因」，必須是與客戶需求相關並且是「可控制」與「可量測」的量化數值。

5. 建立一個簡化型 QFD，如圖 3-9 所示。並針對之間的關係度給予評分。如果關係度高給予「9」分（或用符號◎代表）；若關係度中等則給予「3」分（或用符號○代表）；如果關係度相當弱，則給予「1」分（或用符號△代表）。用「1」，「3」，「9」的評分方式是爲了希望能很快地突顯「重要的少數」（Vital few）。

   當進行評分過程中，注意以下幾個要點：

   (1) 避免在每一個「技術需求」均與顧客需求有關聯如圖 3-10 所示。

   (2) 避免在「關係矩陣區」中只有弱或中度關聯而無強關聯的評分方式。

   (3) 在「關係矩陣區」要留至少二分之一的空白。

		技術需求一	技術需求二	技術需求三	技術需求四	技術需求五	技術需求六	技術需求七
顧客需求一	3	◎	△	○	○	△	◎	◎
顧客需求二	4							
顧客需求三	5							
顧客需求四	2							
顧客需求五	4							
顧客需求六	2							
顧客需求七	1							

圖 3-10

如果在評分過程中發現某些「技術需求」並沒有對應任何客戶的需求，如圖 3-11 所示，代表這些「技術需求」可能對顧客而言，在現階段並不重要，或者現有技術領先顧客或市場需求。客戶尚未瞭解，業務人員或可選定該項「技術」進行市場的推廣。

		技術需求一	技術需求二	技術需求三	技術需求四	技術需求五	技術需求六	技術需求七
顧客需求一	3	◎						
顧客需求二	4		◎	○	△		△	
顧客需求三	5	△		◎		○		
顧客需求四	2				◎			
顧客需求五	4	◎				◎		
顧客需求六	2						◎	
顧客需求七	1							

空白

圖 3-11

類似的狀況，如果其中某些顧客的需求沒有任何技術可滿足，如圖 3-12 所示。

		技術需求一	技術需求二	技術需求三	技術需求四	技術需求五	技術需求六	技術需求七
顧客需求一	3	◎						
顧客需求二	4		◎	○	△		△	
顧客需求三	5	△		◎		○		
顧客需求四	2				◎			
顧客需求五	4	◎				◎		
顧客需求六	2						◎	
顧客需求七	1							

空白

圖 3-12

這表示某些個客戶需求，是現今技術無法滿足客戶的需求，團隊必須找出其他適當的技術以滿足客戶。

6. 檢視討論的結果

   確認所列之技術需求能充分滿足顧客的要求，並檢視關係矩陣的評分是否恰當。

7. 對技術需求之重要性進行排序

   分別針對每一個技術需求進行評分。評分方式可參考圖 3-8。例如「技術需求一」爲例，其總和由以下方式求得：

   將客戶需求權重值乘以對應「技術需求一」之關係強度，再將所得之值相加。因爲顧客需求一與技術需求之關係強度爲「9」，且顧客需求的權重值爲 3，故針對此項可得 3×9=27；同理顧客需求三權重值爲 5，而與技術需求一之關係強度爲「1」，故可將 5×1=5，最後，顧客需求五之權重值爲「4」，配合與技術需求一之關係強度「9」，試算其乘積爲 36。因此在「技術需求評比區」中的分數爲 9×3+5×1+9×4=68，見圖 3-8。

運用相同的方式可分別對每個技術需求進行評分。所得之分數即可用來評定技術需求的「相對」重要性，分數越高，優先度越高。代表必須集中較多的資源將該項技術做好。

因為在大多數的情況下，我們有資源上的限制條件，所以也可以用此工具對技術需求的必要性取捨。

8. 完成技術需求與關聯區

在這個階段，透過團隊討論的方式來決定技術需求與關聯區中每一個需求的目標及需求之間的相關性（參考圖 3-8 中「技術需求與關聯區」）。首先決定每一個需求的目標，如果該「需求」值愈大愈好，用符號「↑」代表；相反地，若該「需求」值愈小愈好，則用符號「↓」示之，但是如果希望該「需求」接近一定值，可用符號「○」表示。

其次，需決定各需求時間的相關性。在圖 3-8 中頂端類似屋頂形狀的方框區是用來標示需求間的相關性。如果其中某一個需求增加或降低時，另一個需求也同時增加或降低，且關聯性很高，可用符號「◎」表示；若關聯性一般可用符號「○」表示。相反地，如果一個需求增加或降低時，另一個需求往相反的方向移動且關聯性很高，用符號「※」代表；類似的情形，但關聯性一般則用符號「×」示之。空白（未填入以上之符號）則代表二需求間無任何關聯。

如果使用「簡單型 QFD」，關聯性的評分則可以省略不做。

9. 準備建構下一階段或一系列的 QFD

如果將顧客需求視為「Y」，而技術需求視為「X」，在完成技術需求重要性的排序後（見步驟 7），可取出「重要的少數」（Vital few）技術需求成為下一個 QFD 的「Y」, 而在下一階段的 QFD 中其客戶需求權重區的權重值，則依照其在上一階段中的相對重要性（分數越高，重要性越高）給予「1」至「5」的權重。上一階段中愈高的「相對重要性」，在下一階段的 QFD 中給予愈高的「客戶權重」值。那些沒有被選進下一階段的 QFD 的技術需求可藉由其他的工具解決，而被選入的「重要少數」則要仔細檢視它們，確認他們符合三個特徵值：1. 它們必須是「可量測」、2.「可控制」、3. 同時要與討論的品質特性有關聯。

我們可利用一系列的 QFD 來協助產品的規劃、設計的籌劃、製程設計、到最後生產計畫，見圖 3-13。

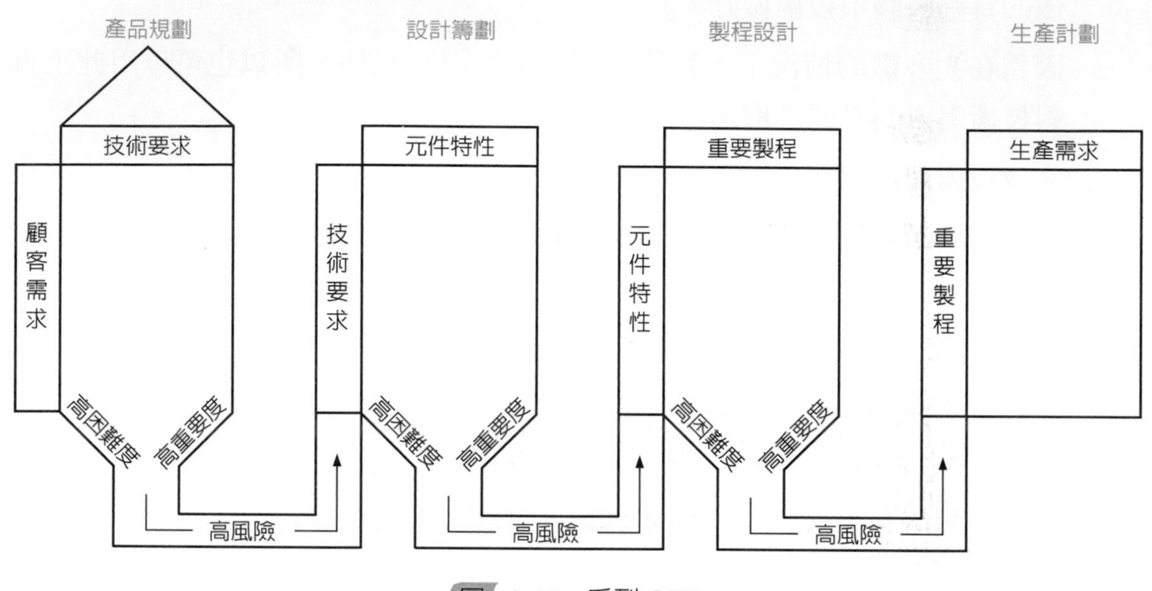

圖 3-13　系列 QFD

生活實例演練

為協助學習者了解 QFD 在生活案例的實際應用，可進行以下演練：

1. 你（妳）已經畢業，準備要去業界工作。目前已經通過幾間公司的面試，並且告知你工作的內容、公司福利、待遇、工作地點、升遷管道等訊息，但是你仍無法決定要選定哪間公司。於是你（妳）邀請親朋好友一起來進行討論。最後決定用 QFD 工具來協助你（妳）做決定。
2. 討論時間：1 個小時。
3. 進行步驟
   (1) 將你（妳）覺得選擇公司時會考量的重要項目放在圖 3-8 的「客戶需求區」，並依照你認定重要度（1~5）填入「客戶需求權重區」。
   (2) 把公司 A、B、C、D 等公司放在「技術需求區」。
   (3) 分別針對各公司進行評分，填在「關係矩陣評分區」。
   (4) 計算各公司得分，「技術需求評比區」分數最高的公司即為首選。

類似手法也可用在購屋的選擇。

3.1.4 失效模式與效應分析

失效模式與效應分析（Failure Mode and Effect Analysis，FMEA）在 IATF（International Automotive Task Force）16949 中被列爲五大核心工具之一，因此在汽車相關產業被廣爲運用。

透過失效模式與效應分析（FMEA），使用者得以「事先」找出系統、設計或產品生產流程缺失，並經由管控機制來避免失效的發生。藉由結合適當工具如流程圖、魚骨圖等可找出可能的失效模式（Failure modes）。並在「失效模式」（Failure modes）被找出來後，可進一步找出造成這些「失效」的「原因」（Causes），並設法在這些「原因」可能對系統，設計或產品產生影響前，予以防制與改善。

FMEA 適合用於找出關鍵的因子（Vital few），或在「控制」階段中找出解決方案。本節透過團隊的實例演練找出一個適當的「失效模式與效應分析」表，學習者可實際體認產生 FMEA 的基本步驟。

3.1.4.1 失效模式與效應分析表類型與完成 FMEA 的重要步驟

一個典型的「失效模式與效應分析」表格項目如表 3-3 所示：

表 3-3　失效模式與效應分析表

<table>
<tr><td colspan="16">失效模式與效應分析表</td></tr>
<tr><td colspan="5">FMEA 類型 :</td><td colspan="6">項目名稱 / 描述 :</td><td colspan="5"></td></tr>
<tr><td colspan="5">負責人 :</td><td colspan="6">計畫名稱 :</td><td colspan="5">版本 :</td></tr>
<tr><td colspan="11">成員 :</td><td colspan="5">採取行動方案後之風險評估</td></tr>
<tr><td>製程或設計程序</td><td>失效模式</td><td>失效效應</td><td>嚴重度</td><td>造成失效的原因</td><td>發生頻率</td><td>現今管控預防措施</td><td>可偵測度</td><td>風險優先係數</td><td>建議行動方案</td><td>預計完成日期 & 行動方案負責人</td><td>已採取行動</td><td>嚴重度</td><td>發生頻率</td><td>可偵測度</td><td>風險優先係數</td></tr>
<tr><td></td><td></td><td></td><td></td><td></td><td></td><td></td><td></td><td></td><td></td><td></td><td></td><td></td><td></td><td></td><td></td></tr>
</table>

在正式進行產生 FMEA 表示之前，有三個名詞在 FMEA 表中非常重要。

1. 失效模式（Failure modes）：任何無法滿足客戶需求或規格的系統、設計或產品都是失效模式。
2. 效應（Effects）：當失效發生時，未有效預防，對客戶產生之直接或間接影響。這裡所謂之「客戶」可以是直接的終端使用者或廣義的客戶（即下一階段接手該製程或設計的團隊）。
3. 原因（Causes）：指的是導致「失效」的原因。

3.1.4.2 FMEA 的類型

FMEA 依使用的用途，大致可分三種：

1. 系統 FMEA（System FMEA，SFMEA）：用以分析在「概念設計階段」的系統或子系統。
2. 設計 FMEA（Design FMEA，DFMEA）：用於在設計接近完成，但尚未正式進入生產階段。
3. 製程 FMEA（Process FMEA，PFMEA）：用在生產製程的分析。

3.1.4.3 完成一個 FMEA 的重要步驟

要完成一個重要的 FMEA 可依循以下之步驟：

1. 準備階段

   在進行 SFMEA 時，爲了能正確地找出可能之失效模式，可以參考「高階系統圖」（2.4 節）。當客戶的需求「重要輸出」出現不符規格、「重要輸入」無法適當管控、或「供應商或資料提供者」不能持續提供可靠的「輸入」，則便可視爲「失效模式」。

   爲了要找出 DFMEA 的失效模式，可以由圖 2-1（產品 CTQ 樹狀圖）出發。當設計系統之各子系統的 CTQ 無法達到客戶需求，便可視爲失效模式。由於系統日益複雜，因此子系統之間的交互作用也不可忽略。可能的交互作用可能包含：直接接觸（如齒輪對）、非直接接觸（如無線信號、輻射）、資料或資訊流的傳遞、質量的流動轉換、熱流動轉換、電流、邏輯流或子系統與周圍環境、與人爲互動（人機介面）等。一般系統常見之失效模式可參考 RAC（Reliability Analysis Center）出版的 FMD-91（Failure Mode/Mechanism Distributions 1991）。

PFMEA 的失效模式，一般則由流程圖（見 3.1.5）出發。首先將流程用流程圖方式呈現。當各站（流程區塊）的「輸入」端無法適當管控、或「輸出」端無法達到預期的標準，便視爲失效模式。討論時建議可在「人、機、法、料、環、量」（人力、機器、方法、材料、環境、量測）等方向進行討論。

2. 進行 FMEA 的分析

在前階段所找出的任何「失效模式」，在此階段，我們需要找出所有可能「失效原因」。在此我們可利用「魚骨圖」來協助找出可能的「失效原因」。

首先將在前一節中找到的「失效模式」放置在「魚頭」的位置，再針對人力、材料、量測、環境、方法與機器等大方向進行魚骨圖的討論，見圖 3-14。

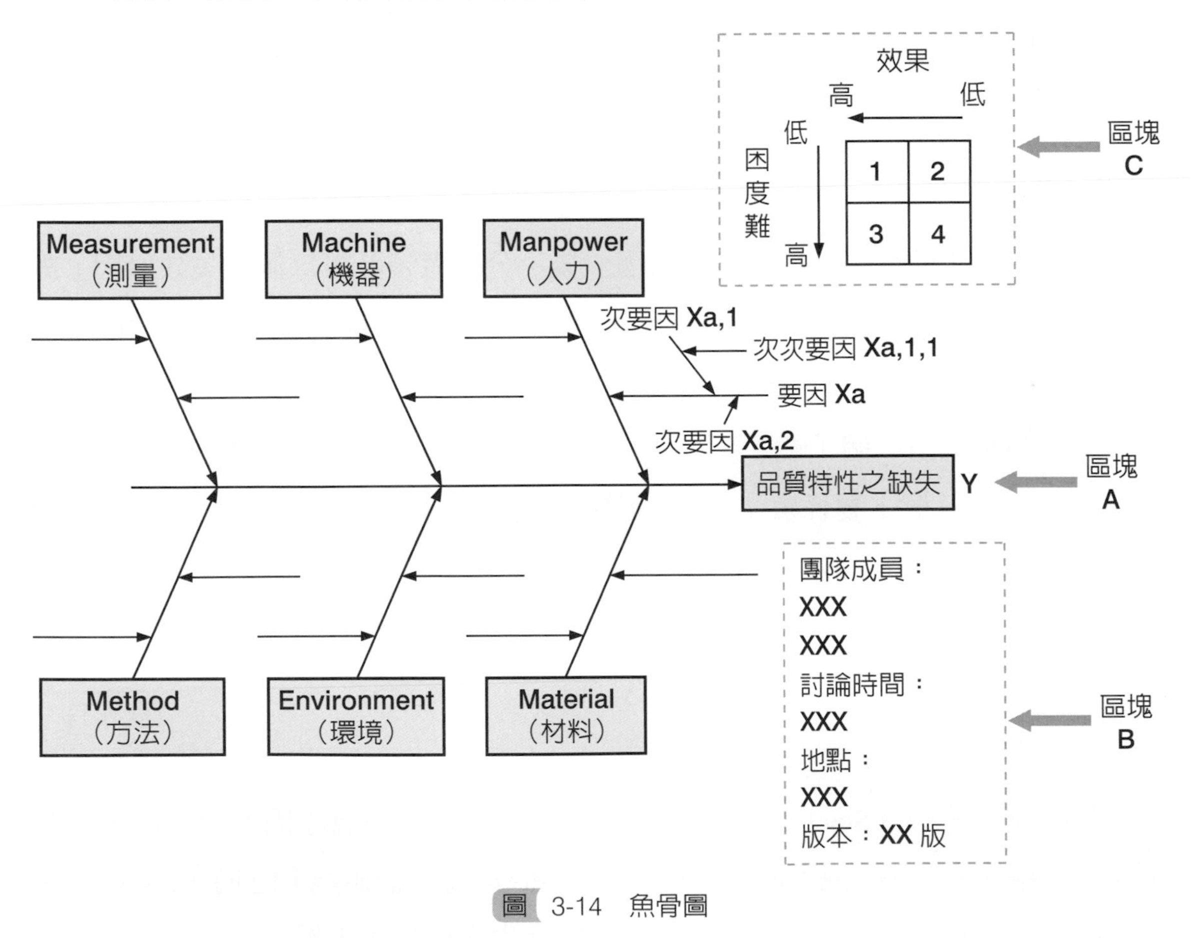

圖 3-14 魚骨圖

換言之，每一個「失效模式」均可產生一個相對應的魚骨圖，最後再將魚骨圖所找出之潛在「失效原因」填入 FMEA 表中的「造成失效的原因」空格內即可（參考表 3-4）。因此每一個「失效模式」可能有很多個「造成失效的原因」。

表 3-4　FMEA 表

失效模式與效應分析表															
FMEA 類型：					項目名稱 / 描述：										
負責人：					計畫名稱：						版本：				
成員：											採取行動方案後之風險評估				
製程或設計程序	失效模式	失效效應	嚴重度	造成失效的原因	發生頻率	現今管控預防措施	可偵測度	風險優先係數	建議行動方案	預計完成日期&行動方案負責人	已採取行動	嚴重度	發生頻率	可偵測度	風險優先係數

在找出「失效模式」與「失效原因」後，分析者須針對每個「失效原因」對「失效模式」所產生的「風險」給予適當的評估。如果風險高，則必須有配合之行動方案，以降低該「失效原因」所產生的風險。

風險的高低由一個「風險優先係數」（Risk Priority Number，RPN）來決定；而此係數則由三個主要係數決定：1. 嚴重度係數（Severity rating，Sev），2. 發生頻率係數（Occurrence rating，Occ）與 3. 可偵測度係數（Detectivity rating，Det）。這三個主要係數均由「1」至「10」；且風險係數的計算由式 3-1 決定：

$$RPN = Sev \times Occ \times Det \quad \text{(式 3-1)}$$

當嚴重度係數（Sev）值為「10」時代表當這個「失效原因」存在時，客戶可能遭受極大的風險，或可能違反相關之法規。但若這個值為「1」時，表亦該「失效原因」發生時，客戶可能不會注意到或所產生之後果並不嚴重。

類似地，當發生頻率係數（Occ）值爲「10」時，表示該「失效原因」可能常發生，或發生在保固期內。而當該值爲「1」時，代表發生的可能性較低。

至於可偵測度係數（Det），當該值爲「1」時，表示該「失效原因」很容易被發覺或有適當的機制或感測器可偵測到；而當該值爲「10」時表示該「失效原因」無法被有效地偵測出，例如：一氧化碳這種氣體無色無臭無味，如果沒有適當儀器是無法有效偵測到；所以如果系統中「沒有」裝設量測儀器，可偵測度係數則爲「10」，代表風險高。

這三個係數的分級與評分方式可來至：現今應用產業的一般規範、客戶的直接要求、或執行團隊討論出的共同認知。不論所使用的評分方式爲何，一般須經過客戶的同意，以免與客戶的要求相左。一個參考的評分方式，請參考表 3-5：

表 3-5　FMEA 參考評分表

評分	Sev	Occ	Det
10	顧客暴露在危險中。系統無預警失效或於違反政府法規下運行。	依保固資料顯示失效一定會發生。	目前有之機制完全無法有效偵測出。
9	顧客暴露在危險中。系統有預警失效或於違反政府法規下運行。	依保固資料顯示失效幾乎一定會發生。	目前有之機制非常可能無法有效偵測出。
8	顧客有非常高的不滿意度。系統失效但不致產生危險或違反政府法規。	高失效率且無提供解決方案等文件。	目前有之機制可能無法有效偵測出。
7	顧客有高的不滿意度。元件等級失效但未完全喪失功能。生產力受影響。	相對高的失效率且有提供解決方案等文件。	目前有之機制有極小可能，可被偵測出。
6	保固期限須進行維修或製造部、組裝部門有抱怨反應。	一般高的失效率且無提供解決方案等文件。	目前有之機制有些可能，可被偵測出。
5	客戶產能受影響或客戶對使用產品時覺得不自在。	普通失效率但有提供解決方案等文件。	目前有之機制中度可能，可被偵測出。
4	客戶對產品性能降低不滿。	失效偶而發生。	目前有之機制很有可能，可被偵測出。

3	客戶因產品的性能的稍微降低產生不滿。	低失效率且無提供解決方案等文件。	目前有之機制有機會可偵測出。
2	客戶因此受到困擾。	低失效率但有提供解決方案等文件。	目前有之機制幾乎確定可被偵測出。
1	客戶無察覺或產品性能下降不顯著。	發生之機率微乎其微。	目前有之機制一定可被偵測出。

由於 Sev、Occ、Det 這三個主要係數值的範圍為「1」至「10」，因此 RPN 值的範圍為 1 至 1000。當一個「失效原因」計算所得的 RPN 愈高，代表該項「失效原因」具有較高的風險，因此須要較完備的預防措施或行動方案，以避免「失效模式」的發生。相反地，如果 RPN 值低，團隊可暫時不需要有立即的改進方案。因此透過 FMEA，團隊可將資源與人力集中在風險較高的項目，來預防「失效模式」的發生。

3. 利用 FMEA 之分析結果，進行改進方案

進行 FMEA 分析的目的在於透過這個工具找出適當的行動方案。RPN 愈高的項目，須找出更完備的行動以降低對所探討事件的影響。團隊應將注意力集中在這些高風險項次（高 RPN），組織適當人員，並指定須完成改進方案的時程。同時在完成改進方案後，應針對「失效原因」，「再次」進行風險評估。當進行再次風險評估時，特別注意「Sev」的數值，在改進方案的前後，其評分一般不會產生變動，只有「Occ」或「Det」的評分會有異動。如果行動方案有效果，RPN 值應下降。相反地，如果所提議之行動方案導致 RPN 不降反升，則團隊須另外找尋可行且有效的方法來降低 RPN。

以汽車產業為例，福特汽車（Ford）建議產生 DFMEA 與 PFMEA 過程中，如果 Sev 值達到 9（含）以上，或當 Sev 值介於 5~8，且 Occ 值介於 4~10 時，便須有適當的行動方案或管制措施以進行避險。

實例演練 3

1. 你（妳）預計要開一家比薩店，請利用 FMEA 找出你（妳）可能遭遇的風險。
2. 討論時間：2 小時。
3. 進行步驟：
   (1) 組一 3~4 人團隊，1 人爲組長，1 人爲紀錄。
   (2) 先利用「高階系統圖」、「產品 CTQ 樹狀圖」或「流程圖」找出可能之失效模式。
   (3) 至少針對其中 2 項「失效模式」進行「魚骨圖」分析，即將「失效模式」放在「魚頭」，將任何可能的「失效原因」寫在「魚骨」上，但先不必針對「失效原因」進行如「魚骨圖」章節中所述之優先順序來評比。
   (4) 遵循 FMEA 的步驟完成 FMEA 表。
   (5) 以各組簡報方式上台發表討論結果。

3.1.5 流程圖（Flowchart）

流程圖（Flowchart）適合用於快速簡潔地呈現想要討論的流程。因此團隊可利用流程圖達到以下的目的：

1. 可檢驗流程中是否有多餘或無用的步驟。
2. 可用於找出需要改進的流程或步驟。
3. 使團隊聚焦在討論的流程，並經由討論過程來修正與認同該流程圖。
4. 可用於分配工作，並呈現不同團隊之關聯性。

流程圖在六個標準差的管制手法中，適合用於「量測」與「分析」階段。

本節在使學習者了解流程圖的種類與流程圖常用的符號以及如何建構與使用流程圖。

3.1.5.1 常用之流程圖種類

常用之流程圖種類，包括方塊式流程圖（Top-down flowchart）、詳細流程圖（Detailed flowchart）與派工流程圖（Deployment flowchart）。

方塊式流程圖，多用於快速地呈現所討論流程中主要的主步驟與次要步驟。詳細流程圖，則是被用於檢視所討論流程的細節部份。而派工流程圖則適合用來分派所討論流程的責任歸屬。因此「方塊式流程圖」可用於執行計劃初期，「詳細流程圖」可用於計畫細部的規劃，而「派工流程圖」則使用在分配工作階段。

3.1.5.2 流程圖常用的符號

常用之流程圖符號如表 3-6：

表 3-6　流程圖常用符號表

符號形狀	用途	符號形狀	用途
	起 / 終點		流程線
或	製程或製作		儲存
	判斷		運送
	輸入 / 輸出		

部分公司有時也會自行設計流程圖符號來使用，只要經由團隊同意並標準化，即可使用於公司內。

3.1.5.3 方塊式流程圖（Top-down Flowchart）

這類型的流程圖用來呈現流程中較主要的步驟與次要步驟。建構的步驟如下：

1. 條列出不超出六個主要的基本步驟，見圖 3-15。
2. 將這些步驟放入以下之方塊中。在寫入的過程中，將最先發生的置於最左邊，最後發生放在最右邊。

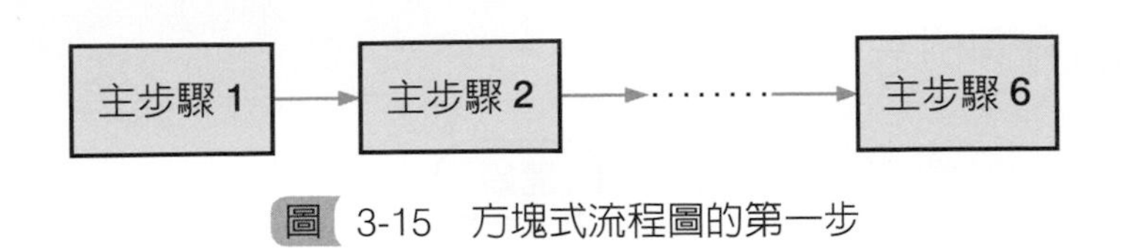

圖 3-15　方塊式流程圖的第一步

在每個「主步驟」之下，依發生的先後順序，寫入不超過六個的次要步驟，見圖 3-16。

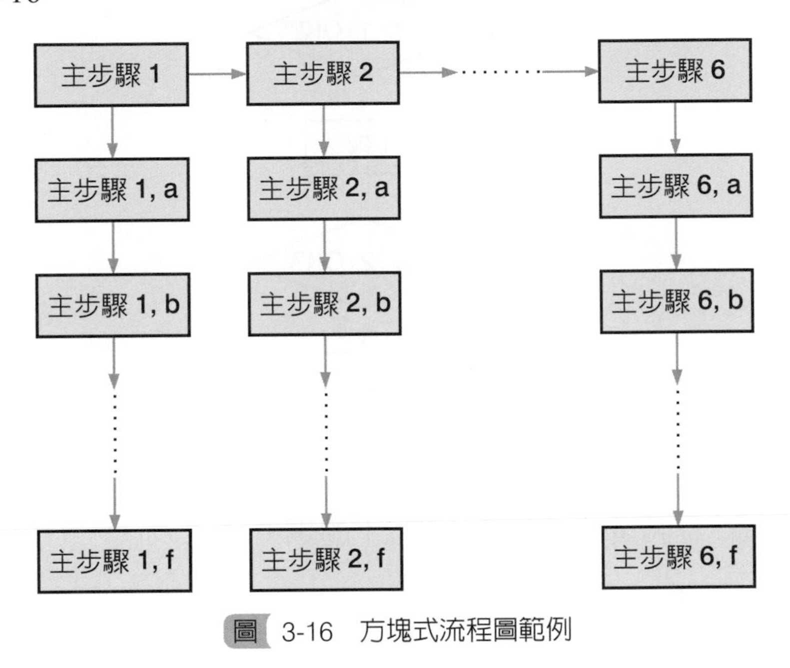

圖 3-16　方塊式流程圖範例

在完成方塊式流程圖後，團隊可討論以下的事項：

(1) 所列之事項中是否有多餘或不需要的步驟。

(2) 檢討是否可改進現今所列之步驟來改進製程能力或降低誤差發生的機率。

3.1.5.4 詳細流程圖（Detailed Flowchart）

在完成方塊式流程圖後，如果團隊須探討更加詳細的步驟，可考慮採用詳細流程圖。透過這種流程圖，團隊可更了解每個步驟的細節，並藉此將多餘或無用的步驟進行取捨。詳細流程圖的建構方式如下：

1. 運用前述常用之流程圖符號，配合「方塊式流程圖」（如果團隊已完成），對各個步驟進行討論，並用「流程線」，連接各相關的步驟。
2. 重覆檢視，直至團隊達成共識。

一個詳細流程圖例子，見圖 3-17。

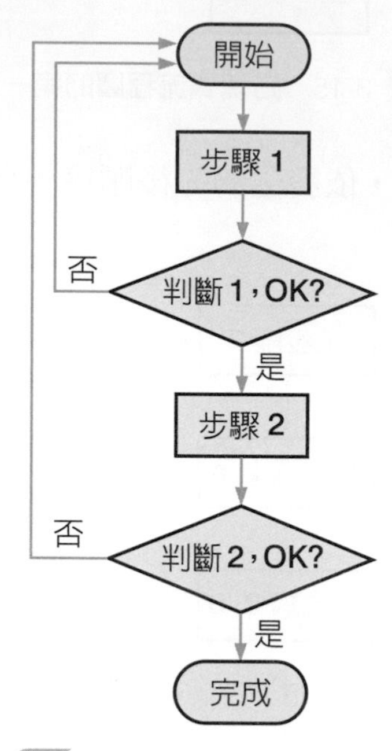

圖 3-17 詳細流程圖範例

當完成詳細流程圖後，團隊可討論以下的事項：

1. 所有步驟是否順序正確？
2. 有沒有多餘或不需要的步驟？
3. 有沒有任何方式可改進現有的流程？

3.1.5.5 派工流程圖（Deployment Flowchart）

派工流程圖用來呈現各流程細項與對應人員職責的關係。其建構方式如下：

1. 先完成詳細流程圖或「簡化型」的詳細流程圖備用。
2. 將所討論流程的相關人員置於頂端，見圖 3-18。

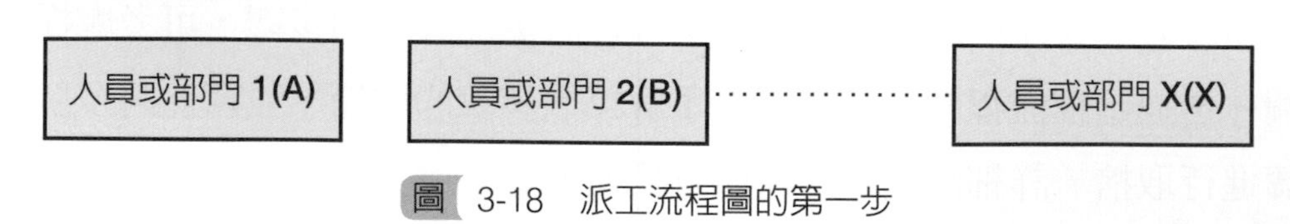

圖 3-18 派工流程圖的第一步

3. 將詳細流程圖或簡化型的詳細流程圖中的細項與上述的負責人或單位用以下的方式完成關聯。如圖 3-19 所示：

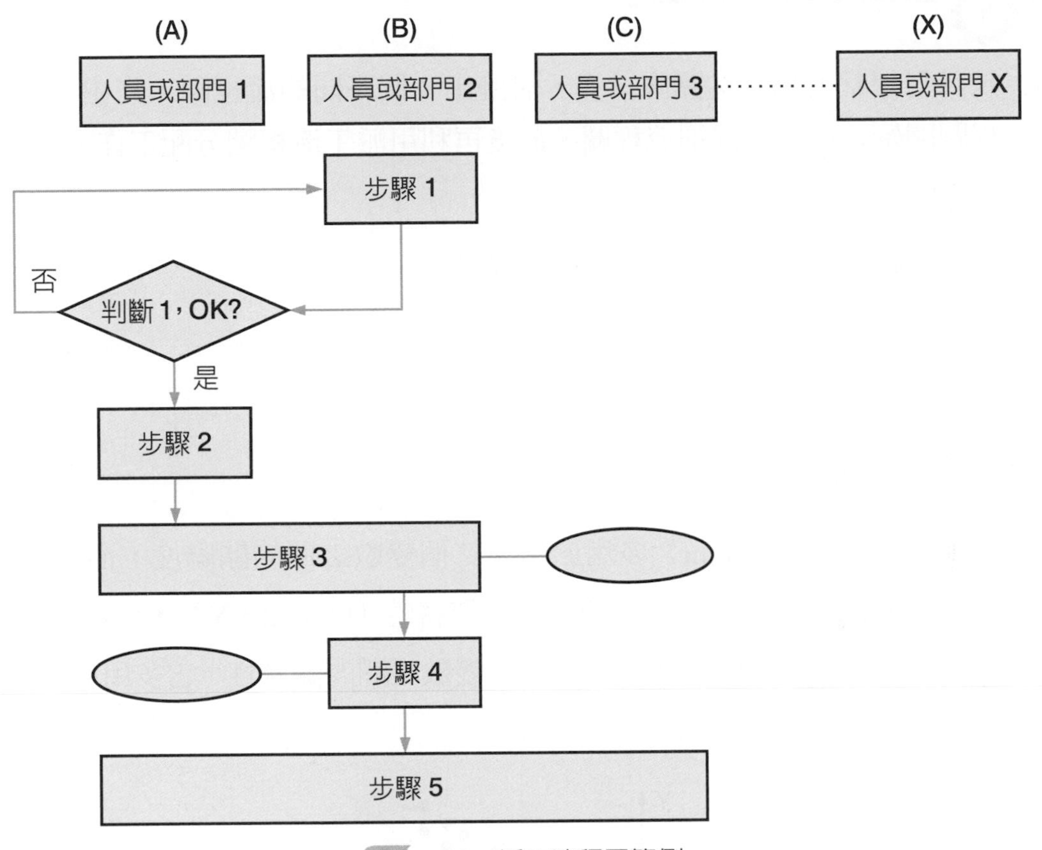

圖 3-19　派工流程圖範例

圖 3-19 中代表步驟 1 由 (B) 爲主要負責單位，判斷 1 與步驟 2 則由 (A) 負責，步驟 3 由 (A) 與 (B) 爲「主要」負責單位，(C) 爲「次要」負責單位（以⬭示之）；(B) 爲步驟 4 之主要負責單位，(A) 爲「次要」負責單位，而步驟 5 則由 (A)、(B)、(C) 三個單位負責。

透過派工流程圖，團隊可達到以下的目的：

1. 可檢討是否安排適當的單位去負責適當的工作事項。
2. 職責的分配是否恰當。
3. 各單位在工作是否有適當的協調機制。

實例演練 4

1. 試針對課堂所指定的團隊計畫，討論出 3 個不同的流程圖。先由方塊式流程圖開始，再產生詳細流程圖，最後再利用派工流程圖分配工作。
2. 討論時間：2 小時。
3. 完成討論後，再依各組方式上發表成果。

3.1.6 散佈圖

散佈圖（Scatter diagram）多用於呈現二個變數之間的關聯度，而這些變數可以是因子（Input，輸入 X）或是重要的品質特性（Output，Y），它藉由在 X-Y 平面上點的散佈狀況（如圖 3-20）來判斷二變數之間的關聯性。它多用於「量測」（Measure）與「分析」（Analyze）階段。

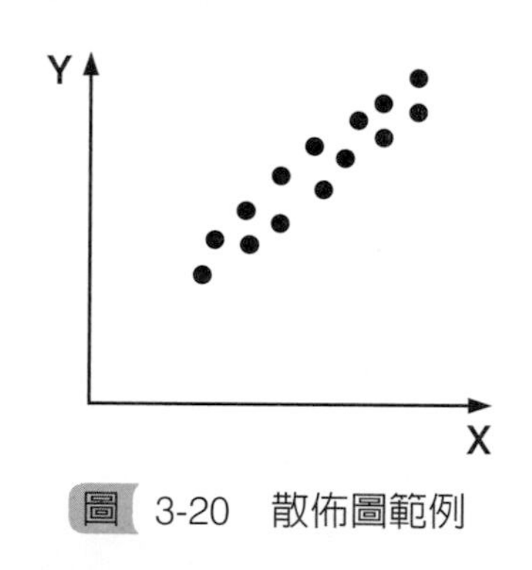

圖 3-20 散佈圖範例

透過散佈圖，你可以達到以下結果：

1. 測試二變數的關聯性。例如，如果你懷疑在魚骨圖中所討論得到的「輸入因子（Input，X）」與「重要輸出品質特性（Output，Y）」「可能」有關聯，你便可以使用散佈圖來檢驗此假設。
2. 藉由散佈圖，你可檢查收集之資料是否有離群值（Outlier）。並可作爲剔除之重要依據。

3. 散佈圖也可以做爲「實驗設計」規劃的前置篩選工具。在進行實驗計劃法（Design of experiments）之前，可利用散佈圖檢查二輸入因子（Inputs）之間是否有關聯。如果確認二輸入因子間確實有關聯性，在設計實驗時，僅須將其中的一個因子排入實驗規劃中，以節省實驗次數及時間成本。它也可以用來檢查「輸入因子」與「重要輸出品質特性（Output，Y）」間是否有關聯。如果並無明顯的關聯性，代表該輸出品質特性對該因子的變化並不敏感，故在實驗規劃時，「可能」可以忽略。有關實驗計劃法等相關觀念，將於第五章再予以詳述。

本節教導如何產生散佈圖，學習如何透過散佈圖判斷變數間是否有關聯性，並建立迴歸分析（Regression analysis）的基本觀念。

3.1.6.1 一些典型的散佈圖

一些典型的散佈圖，如圖 3-21 所示：

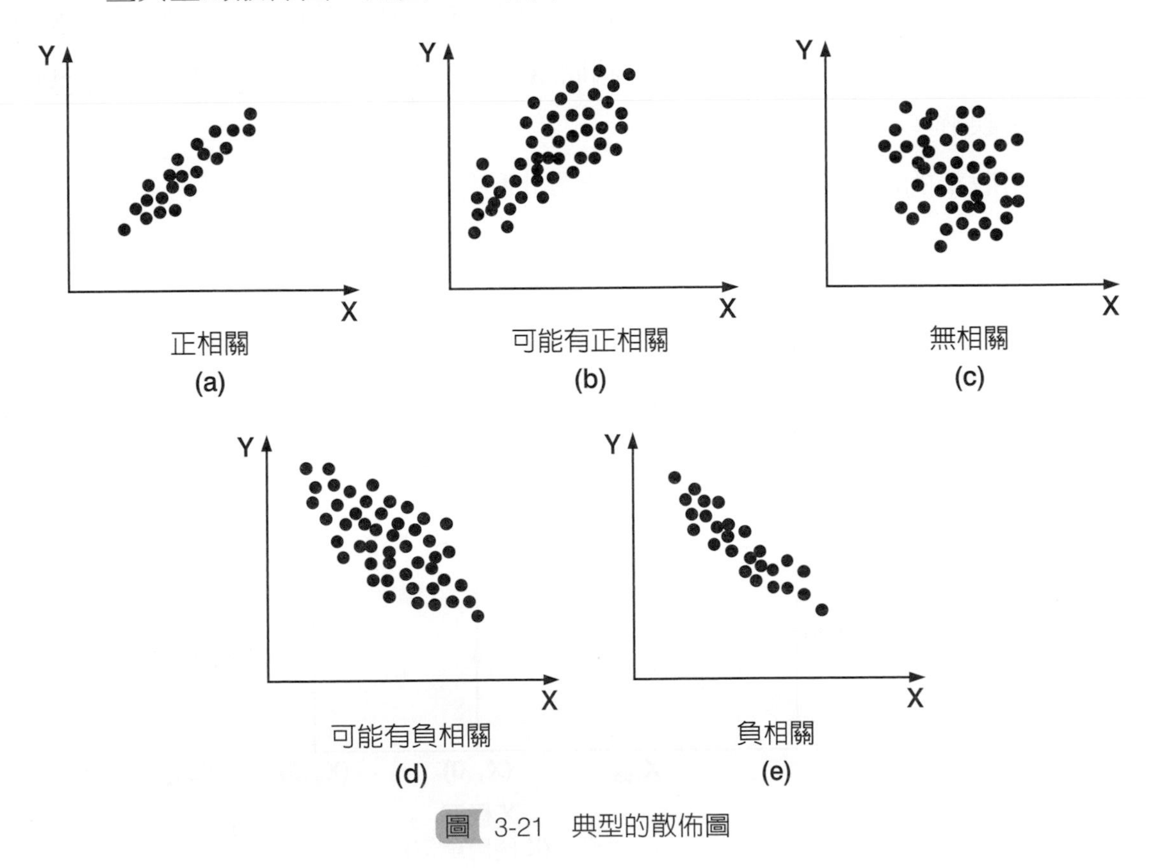

圖 3-21 典型的散佈圖

產生散佈圖的步驟如下：

1. 選定二個想要觀察的因子，且所選定之因子必須能夠被準確的量測。因此在進行量測之前，建議先進行「量測系統分析 MSA（Measurement System Analysis）」（將於 3.2 節詳述）。
2. 收集 30 組以上之資料。收集資料時須注意以下事項：
   (1) 二因子量測值須發生在同一時間點，或在相同其他管控條件所收集的數值。
   (2) 為了方便日後需要可能做資料的層別或分類，收集過程中，建議紀錄所有與實驗相關的事項，例如：生產的機器、操作人員、操作的地點、操作的環境等。
3. 找出數據之最大值與最小值。例如 X 最大值與最小值分別為 X_{max} 與 X_{min}；而 Y 之最大值與最小值則為 Y_{max} 與 Y_{min}。
4. 畫出橫軸 X 與縱軸 Y。如果 X 與 Y 之間有「因果關係」，則將「因」置於 X 軸，「果」放在 Y 軸。製圖時 X 與 Y 之尺度需相等以避免在解釋時產生誤解。
5. 將所收集的成對資料畫在圖上。重覆此動作。

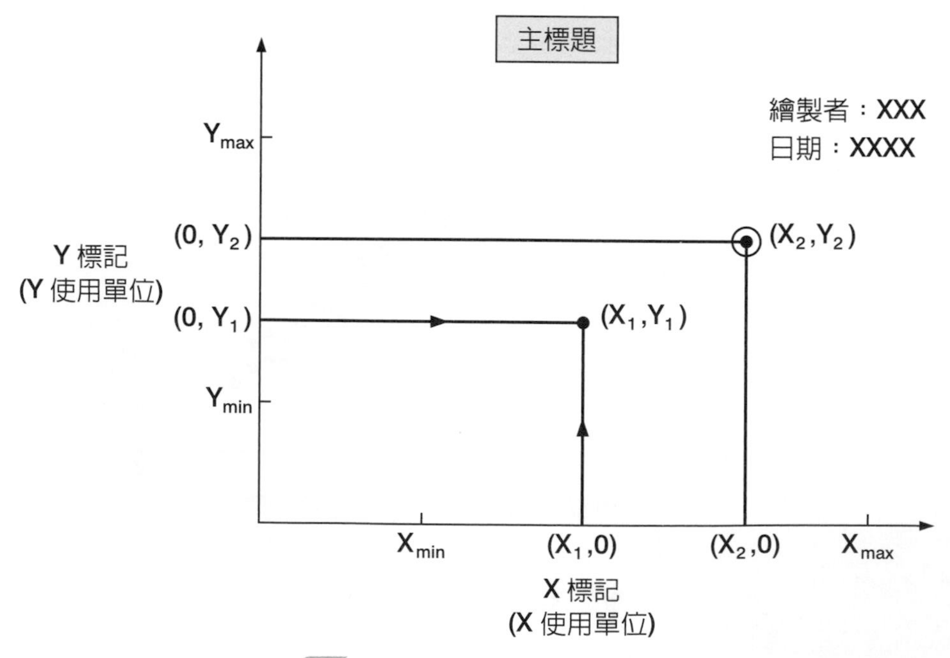

圖 3-22 散佈圖的製圖步驟

如圖 3-22，直到將所有資料呈現在圖上爲止。如果有「重疊」的點，則在該點上用圓圈做記號。例如圖 3-22 中（X2,Y2）點共發生 2 次。

6. 給定 X 軸與 Y 軸之標記與使用的量測單位。並給定主標題，繪製者姓名與繪製日期。

3.1.6.2 如何運用散佈圖之結果

1. 如圖 3-21（a）至（e）圖所示，當完成散佈圖後，便可依據圖中呈現的狀態大致了解二因子的「關聯度」，當關聯度高時，代表當一因子變動時，會影響到另一因子。茲就典型散佈圖進行判讀：
   (1) a 圖：正相關，代表當 X 增加時，Y 也隨之增加且趨勢十分明顯。
   (2) b 圖：可能有正相關。即 X 增加時，Y 也增加但增大的趨勢不顯著。可能還有其他的因子在影響 Y。
   (3) c 圖：無相關。表示 X 與 Y 之間看不出有何「線性相關」。
   (4) d 圖：可能有負相關。當 X 增加時，Y 反而降低，但趨勢不明顯。
   (5) e 圖：負相關。即 X 增加時，Y 反而減少，且趨勢十分明顯。

   在散佈圖進行判讀時，需注意離群值（Outlier）之處理，當散佈圖中有類似如圖 3-23 之異常點時，不可以任意忽略這些點。分析者需調查該點產生的原因。

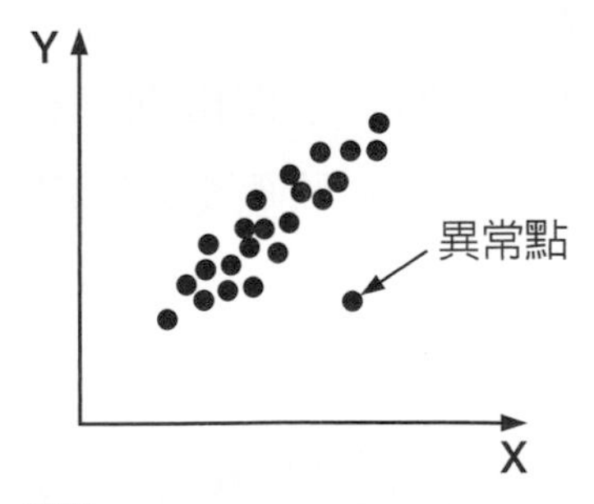

圖 3-23　散佈圖出現異常點

離群值的產生有可能是：資料輸入錯誤、實驗進行中儀器異常、或其他不相干的樣本混入等。如果查明爲異常原因，異常點始可刪除。否則，該點仍須列入考量。

2. 小心「層別」的陷阱

(1) 有時將所有資料混合觀察時，在散佈圖中呈現有高的關聯度，而對資料進行層別後，其關聯度都消失，如圖 3-24 所示。

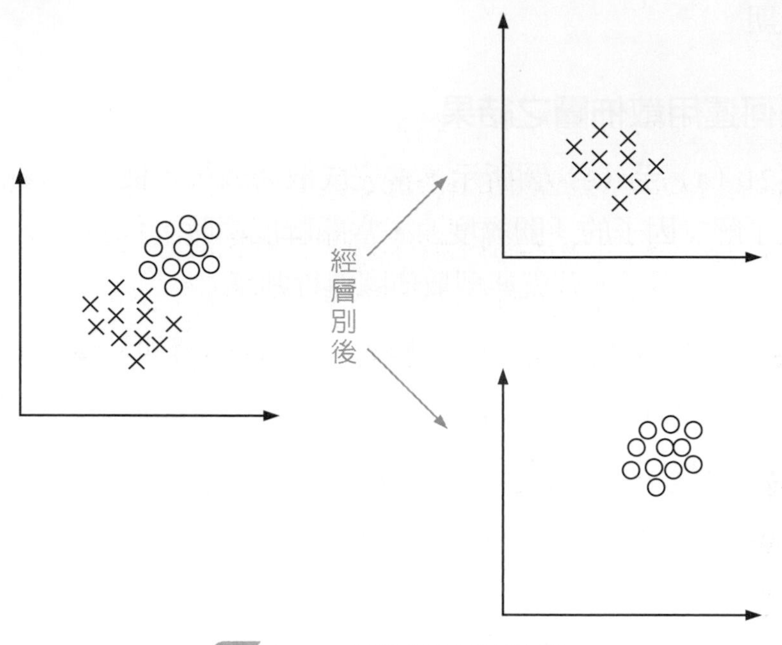

圖 3-24　散佈圖的層別效應

(2) 相對地，有時同時觀察全部資料時，在散佈圖中無法呈現明顯的關聯度，但在經過層別後，反而可發現二變數的關聯度，請見圖 3-25：

因此爲了避免陷入「層別」產生的誤判，在利用散佈圖進行分析時，需注意將所需要觀察的資料包含如：工作班別、材料批次、加工機器、資料收集的總時程等，在收集與分析前即應該清楚定義。

既有之經驗可協助分辨散佈圖所得之結果是否合理，但應避免過度地相信自己的直覺。有時依據現有之經驗認定二變數應無任何關聯，但散佈圖中卻出現有相關，這時須加以檢視「假相關」爲何存在。

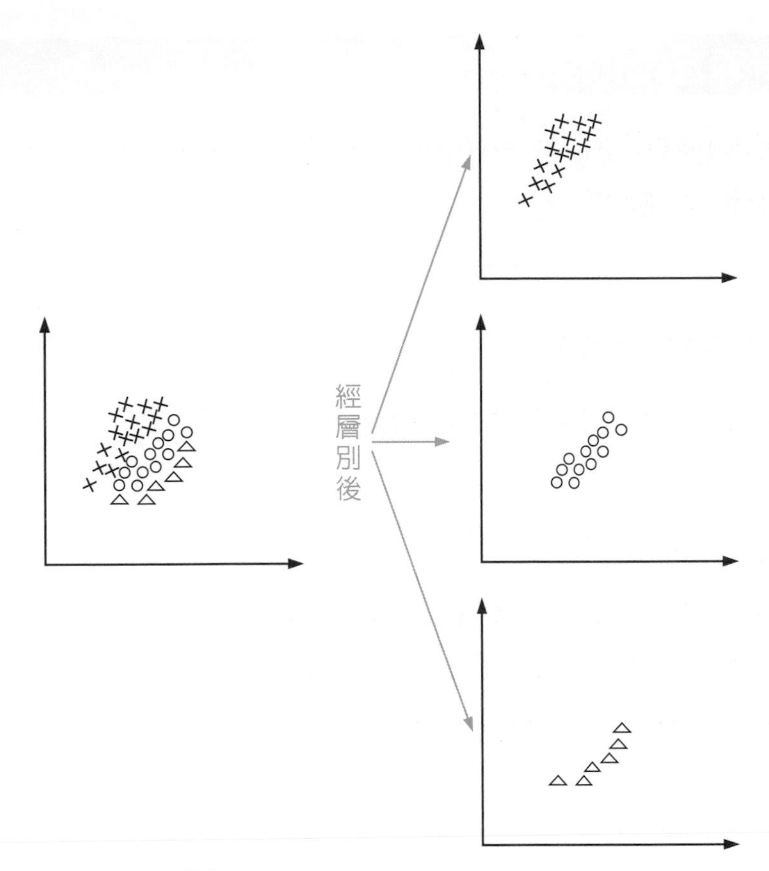

圖 3-25 散佈圖的另一種層別效應

3. 進行散佈圖之相關檢定方式：

一般有二種方式來檢視散佈圖中二變數的關聯度：(1) 利用「符號檢定表」，(2) 利用「Pearson 積差相關係數（Pearson's product moment correlation coefficient）」的計算來斷定二變數的關聯度。

(1) 利用「符號檢定表」判定散佈圖中二變數是否有關聯：

① 首先依前述步驟製作散佈圖。

② 將變數一（Xi）與變數二（Yi）由小排到大。

小 大

X_1，X_2，．．．．．．．X_i，．．．．．．．X_n

Y_1，Y_2，．．．．．．．Y_i，．．．．．．．Y_n

分別找出 X 與 Y 之中位數，中位數之計算方式如下：

中位數之計算方式

1. 當 n 爲奇數時，X 與 Y 之中位數爲位於 $\frac{(n+1)}{2}$ 所對應的數字。
   例如排序後之數爲

   1，3，④，6，8

   共有 5 個資料，因此 n=5，而中位數則是位在 $\frac{(n+1)}{2}=3$ 這個位子的數值，因此以上數列之中位數爲「4」。

2. n 爲偶數時，則中位數則是將 $\left(\frac{n}{2}\right)$ 與 $\left(\frac{n}{2}+1\right)$ 所在位置的數值求其平均值。

   例如以下數列：

   1，②，⑦，9

   共有 4 個資料，因此 n=4，中位數則可由 $\frac{n}{2}=2$ 與 $\left(\frac{n}{2}+1\right)=3$，所在位置點的平均值求得。中位數即爲 4.5。

   平均值 $=\left(\frac{2+7}{2}\right)=4.5$

③ 散佈圖的判別方式如下：

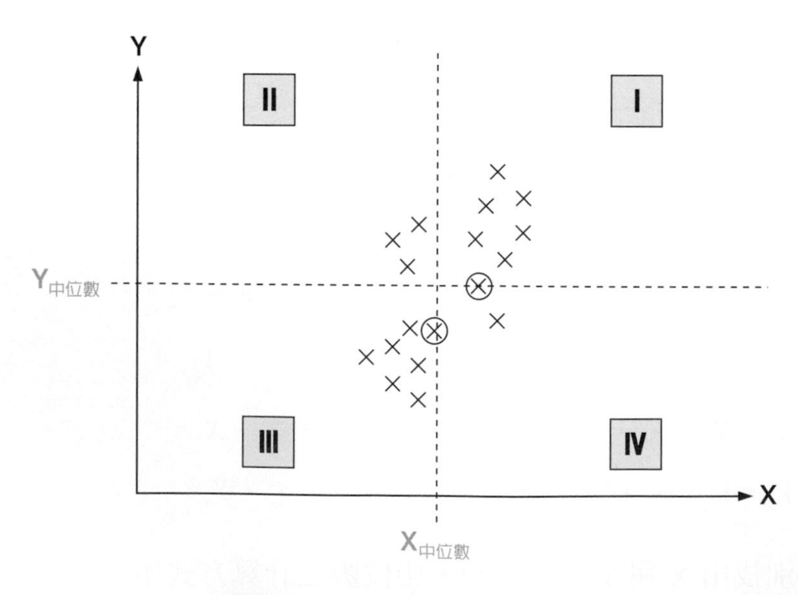

圖 3-26　散佈圖的判別方式

在圖 3-26 中以通過 X 中位數與 Y 中位數分別劃水平與垂直線。這二條線將資料點畫分成 I 、II、III、IV四個象限，分別計算位在各象限的資料點個數，假設各象限資料點個數分別爲 n（I）、n（II）、n（III）、n（IV）；且共有 q 個點位在 X 中位數與 Y 中位數的線上。

④ 將位在第（I）與第（III）象限之點數相加

將位在第（II）與第（IV）象限之點數相加

分別爲

$n_{13}=n_{(I)}+n_{(III)}$

$n_{24}=n_{(II)}+n_{(IV)}$

總點數 $n=n_{13}+n_{24}$

$=n_{(I)}+n_{(III)}+n_{(II)}+n_{(IV)}$

其中總點數「不得」包括位在 X 中位數與 Y 中位數的 q 點。

⑤ 選定顯著水準 α（代表當你做決定時，有可能會犯錯的百分比）。如果顯著水準爲 1%，代表你對於該散佈圖斷定二變數的關聯度有可能 99% 是正確的。一般顯著水準多爲 1% 或 5%。

⑥ 配合總點數 n，查下列之符號表得到一個數值「J」。

表 3-7 判定表

n \ α	1%	5%	n \ α	1%	5%	n \ α	1%	5%
8	0	0	36	9	11	64	21	23
9	0	1	37	10	12	65	21	24
10	0	1	38	10	12	66	22	24
11	0	1	39	11	12	67	22	25
12	1	2	40	11	13	68	22	25
13	1	2	41	11	13	69	23	25
14	1	2	42	12	14	70	23	26
15	2	3	43	12	14	71	24	26
16	2	3	44	13	15	72	24	27
17	2	4	45	13	15	73	25	27
18	3	4	46	13	15	74	25	28
19	3	4	47	14	16	75	25	28
20	3	5	48	14	16	76	26	28

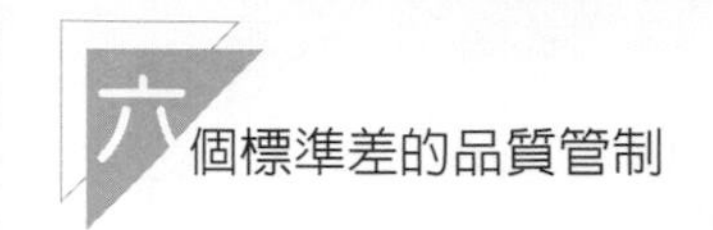

21	4	5	49	15	17	77	26	29
22	4	5	50	15	17	78	27	29
23	4	6	51	15	18	79	27	30
24	5	6	52	16	18	80	28	30
25	5	7	53	16	18	81	28	31
26	6	7	54	17	19	82	28	31
27	6	7	55	17	19	83	29	32
28	6	8	56	17	20	84	29	32
29	7	8	57	18	20	85	30	32
30	7	9	58	18	21	86	30	33
31	7	9	59	19	21	87	31	33
32	8	9	60	19	21	88	31	34
33	8	10	61	20	22	89	31	34
34	9	10	62	20	22	90	32	35
35	9	11	63	20	23			

若 $J > n_{(I)}+n_{(III)}$，表示二變數有負相關。

若 $J > n_{(II)}+n_{(IV)}$，表示二變數有正相關。

(2) 利用「Pearson」積差相關係數來斷定二變數的關聯度：

相關係數可式 3-2 求得：

$$r=\frac{\sum_{i=1}^{n}\left(X_i-\overline{X}\right)\left(Y_i-\overline{Y}\right)}{\sqrt{\left(\sum_{i=1}^{n}\left(X_i-\overline{X}\right)^2\right)*\left(\sum_{i=1}^{n}\left(Y_i-\overline{Y}\right)^2\right)}}=\frac{S_{XY}}{\sqrt{S_{XX}*S_{YY}}} \quad \text{（式 3-2）}$$

n： 總樣本數

(X_i, Y_i)：為散佈圖中成對的二變數值

$\overline{X}$ ：樣本 X_i 的樣本平均值

$\overline{Y}$ ：樣本 Y_i 的樣本平均值

r之數值會介於 -1 與 1 之間，也就是說 $-1 \leqq r \leqq +1$

當 $r=1$ 時，表示二變數為「完全正相關」

當 $r=-1$ 時，表示二變數為「完全負相關」

當 $r=0$ 時，表示二變數不具「線性」相關性

表 3-8　相關係數值與關聯度的關係表

相關係數值	相關強度
1.0	完全正相關
0.8 ~ 1.0	非常強正相關
0.6 ~ 0.8	強正相關
0.4 ~ 0.6	中度正相關
0.2 ~ 0.4	弱正相關
0 ~ 0.2	非常弱正相關
0	零相關
0 ~ -0.2	非常弱負相關
-0.2 ~ -0.4	弱負相關
-0.4 ~ -0.6	中度負相關
-0.6 ~ -0.8	強負相關
-0.8 ~ -1.0	非常強負相關
-1.0	完全負相關

相關係數本身提供了變數之間的關聯度強度的指標，如果須進一步建立所謂 X（因），Y（果）的明確預測模型（方程式），則須透過迴歸分析（regression analysis）的方式來達成目的（見 5.2 節）。

爲協助學習者了解散佈圖之實際操作，建議在閱讀完本章節後，進行以下實例演練：

植物學家由種植物地收集到植物之直徑、高度與重量之數據，共 20 筆（如下表）他認爲植物的估計體積（$\pi \times$ 直徑 $^2 \times$ 高度 /4）與重量可能有關聯性。於是便決定先用散佈圖來觀察資料之型態，並利用「符號表」與「相關係數」的方式來檢驗他的敘述。

表 3-9　實驗結果

樣本編號	直徑	高度	體積	重量	種植地點
1	2.23	3.76	14.69	0.17	1
2	2.12	3.15	11.12	0.15	1
3	1.06	1.85	1.63	0.02	1
4	2.12	3.64	12.85	0.16	1
5	2.99	4.64	32.85	0.37	1
6	4.01	5.25	66.30	0.73	1
7	2.41	4.07	18.57	0.22	1
8	2.75	4.72	28.03	0.3	1
9	2.2	4.17	15.85	0.19	1
10	4.09	5.73	75.28	0.78	1
11	3.62	5.1	52.49	0.6	2
12	4.77	5.54	99.00	1.11	2
13	1.39	2.4	3.64	0.04	2
14	2.89	4.48	29.39	0.32	2
15	3.9	4.84	57.82	0.07	2
16	1.52	2.9	5.26	0.07	2
17	4.51	5.27	84.19	0.79	2
18	1.18	2.2	2.41	0.03	2
19	3.17	4.93	38.91	0.44	2
20	3.33	4.89	42.59	0.52	2

解析

「符號表」解法請自行練習。

以下運用 Minitab 產生散佈圖及求得相關係數：

1. 開啓 Minitab 軟體，並打開隨書所附之 Excel 資料檔中「第三章」工作表中「第三章」工作表。將 C 至 H 行資料，複製到 Minitab 中，見圖 3-27。

	C	D	E	F	G	H
1	樣本編號	直徑	高度	體積	重量	種植地點
2	1	2.23	3.76	14.69	0.17	1
3	2	2.12	3.15	11.12	0.15	1
4	3	1.06	1.85	1.63	0.02	1
5	4	2.12	3.64	12.85	0.16	1
6	5	2.99	4.64	32.85	0.37	1
7	6	4.01	5.25	66.3	0.73	1
8	7	2.41	4.07	18.57	0.22	1
9	8	2.75	4.72	28.03	0.3	1
10	9	2.2	4.17	15.85	0.19	1
11	10	4.09	5.73	75.28	0.78	1
12	11	3.62	5.1	52.49	0.6	2
13	12	4.77	5.54	99	1.11	2
14	13	1.39	2.4	3.64	0.04	2
15	14	2.89	4.48	29.39	0.32	2
16	15	3.9	4.84	57.82	0.07	2
17	16	1.52	2.9	5.26	0.07	2
18	17	4.51	5.27	84.19	0.79	2
19	18	1.18	2.2	2.41	0.03	2
20	19	3.17	4.93	38.91	0.44	2
21	20	3.33	4.89	42.59	0.52	2

圖 3-27

2. 開啓模組，見圖 3-28。

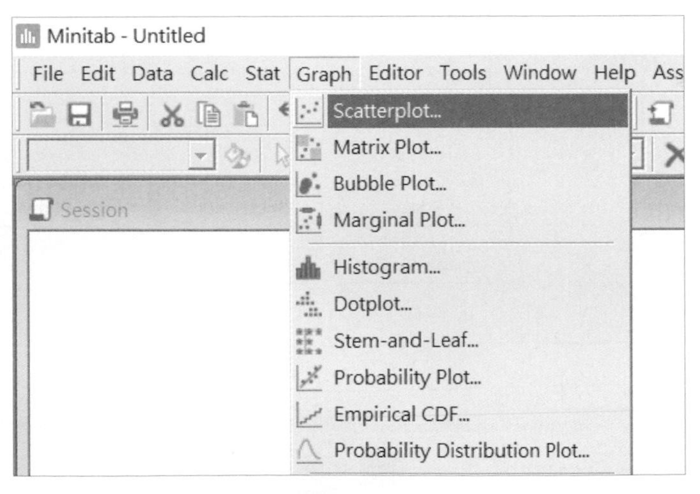

圖 3-28

3. 選擇「Simple」後點擊「OK」，見圖 3-29。

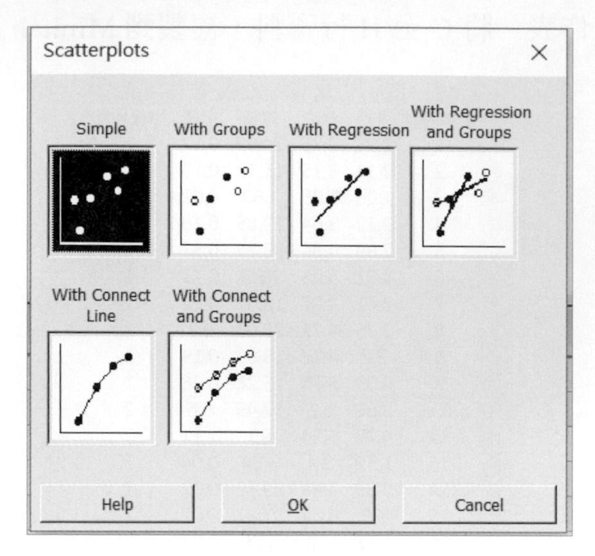

圖 3-29

4. 輸入資料後點擊「OK」，見圖 3-30。

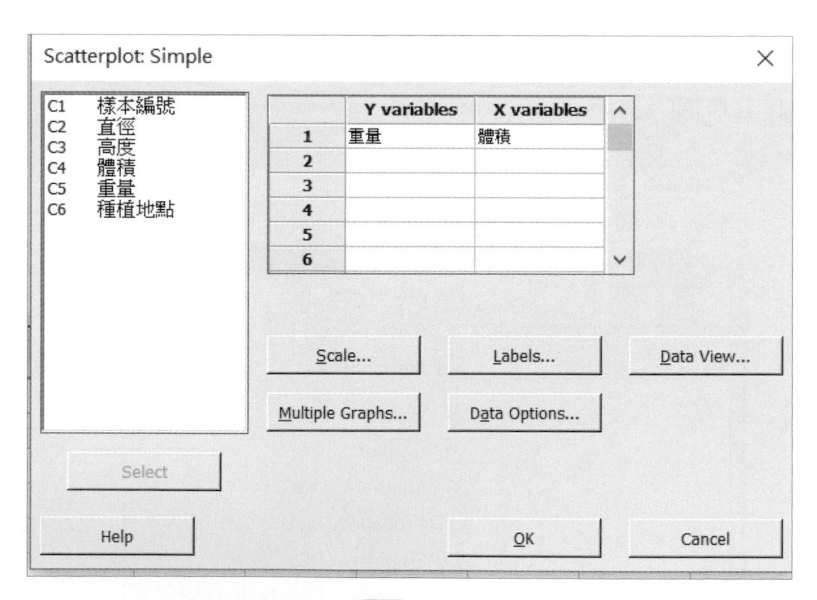

圖 3-30

5. 散佈圖之輸出結果，見圖3-31，有觀察到可能的「離群值」，故須仔細檢查，該值產生的原因。

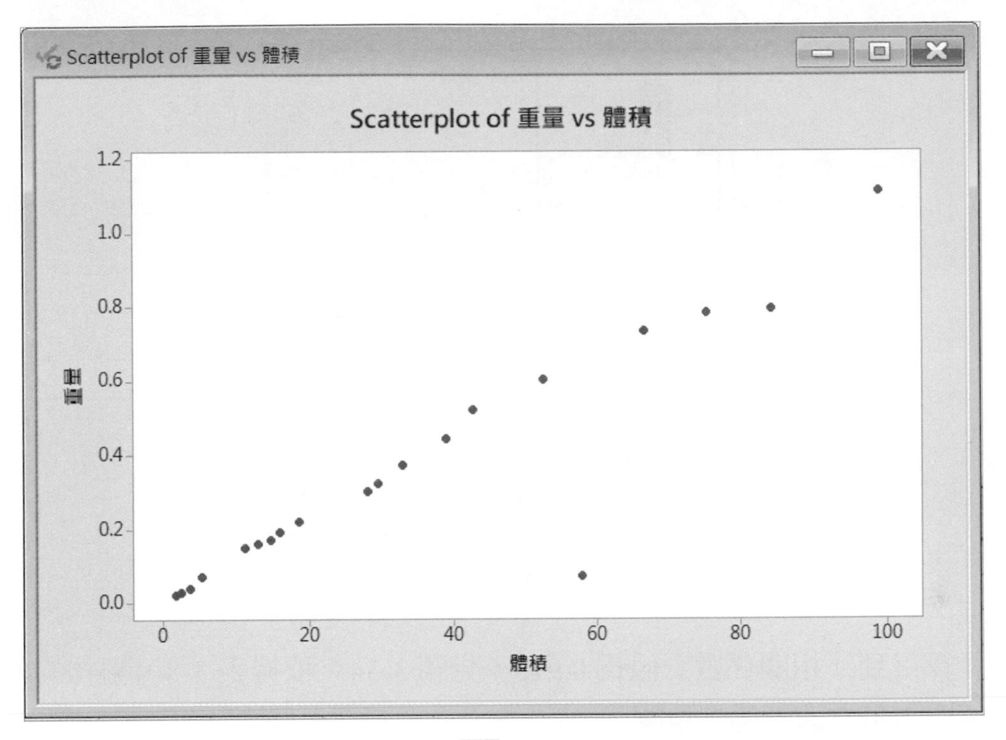

圖 3-31

6. 開啓計算「相關係數」模組，見圖 3-32。

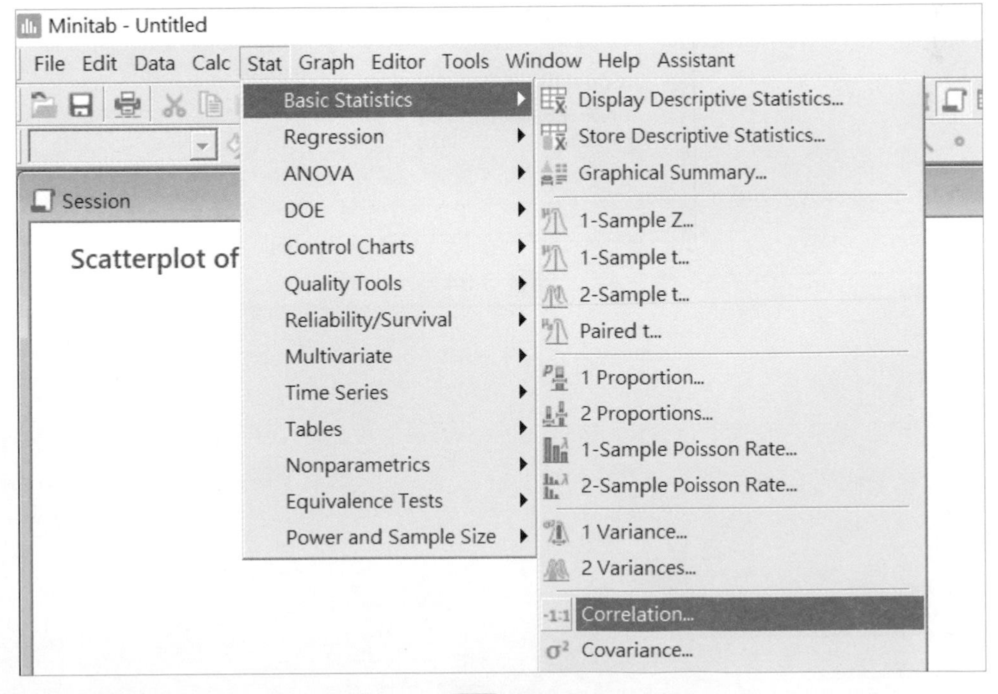

圖 3-32

7. 輸入資料後點擊「OK」，見圖 3-33。

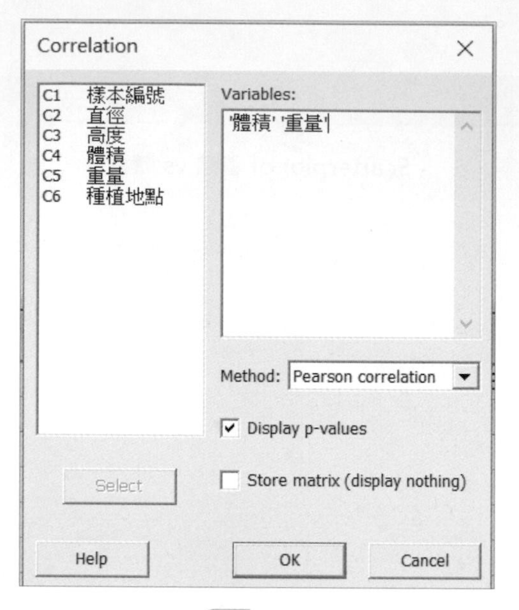

圖 3-33

8. 計算得到「相關係數」值爲 0.913，見圖 3-34，依據表 3-8，植物的估計體積與重量有非常強正相關。

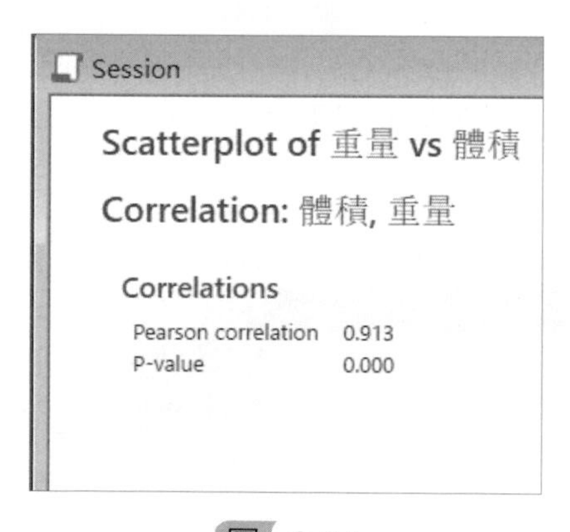

圖 3-34

以下運用 Excel 產生散佈圖及求得相關係數：

1. 在工作表中輸入資料，見圖 3-35。

	A	B	C	D	E	F
1				體積	重量	
2				14.69	0.17	
3				11.12	0.15	
4				1.63	0.02	
5				12.85	0.16	
6				32.58	0.37	
7				66.30	0.73	
8				18.57	0.22	
9				28.03	0.3	
10				15.85	0.19	
11				75.28	0.78	
12				52.49	0.6	
13				99.00	1.11	
14				3.64	0.04	
15				29.39	0.32	
16				57.82	0.07	
17				5.26	0.07	
18				84.19	0.79	
19				2.41	0.03	
20				38.91	0.44	
21				42.59	0.52	
22						

圖 3-35

2. 開始製圖，見圖 3-36。

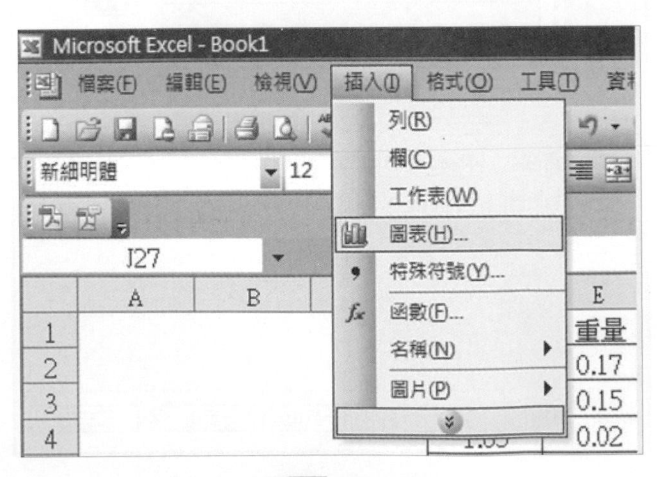

圖 3-36

3. 選擇「XY 散佈圖」，點擊「下一步」，見圖 3-37。

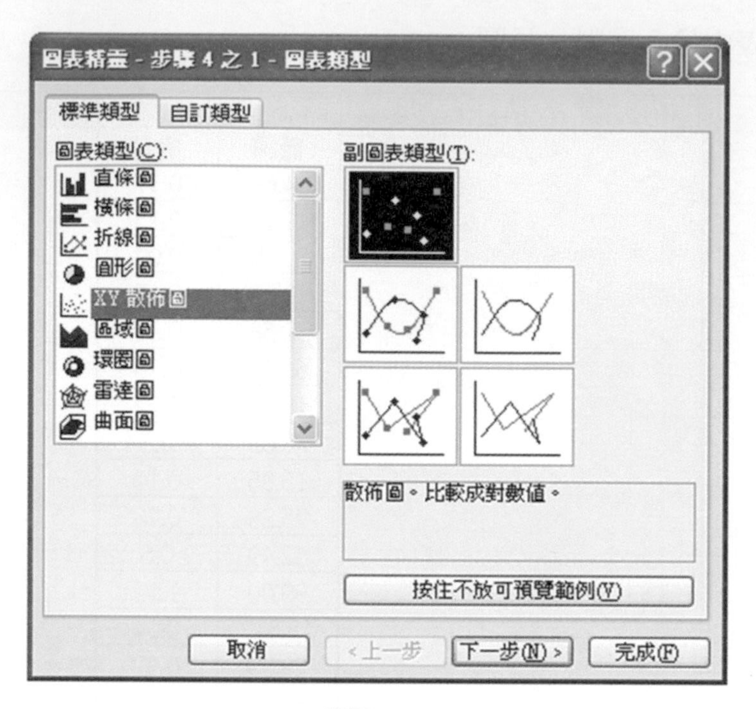

圖 3-37

4. 選擇「資料範圍」，見圖 3-38。

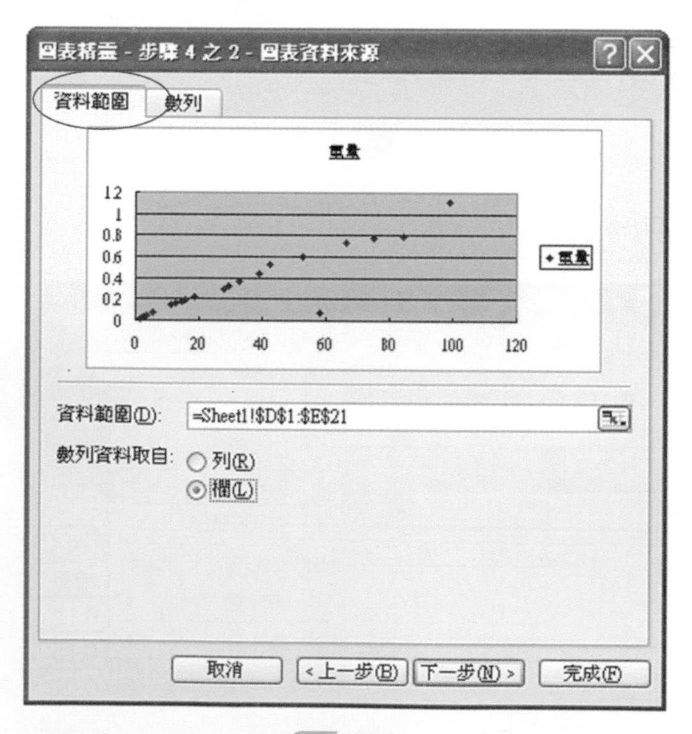

圖 3-38

5. 選擇「數列」，點擊「下一步」，見圖 3-39。

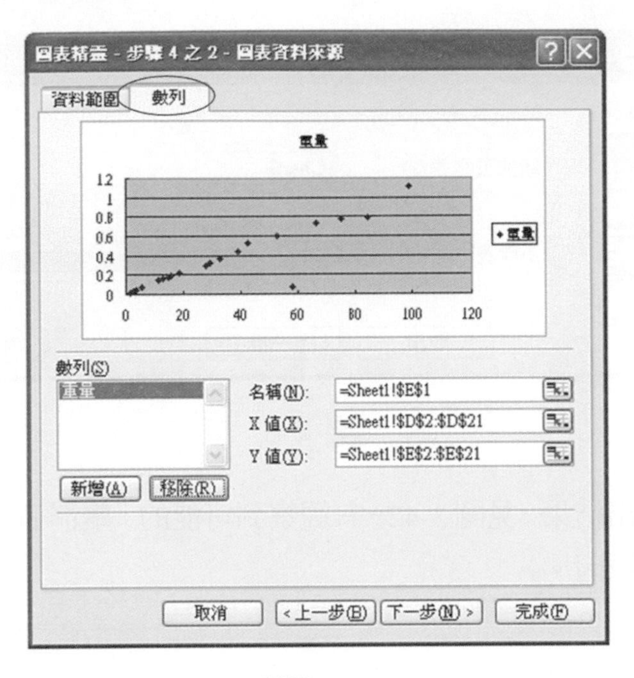

圖 3-39

6. 選擇「標題」，輸入資料後點擊「下一步」，見圖 3-40。

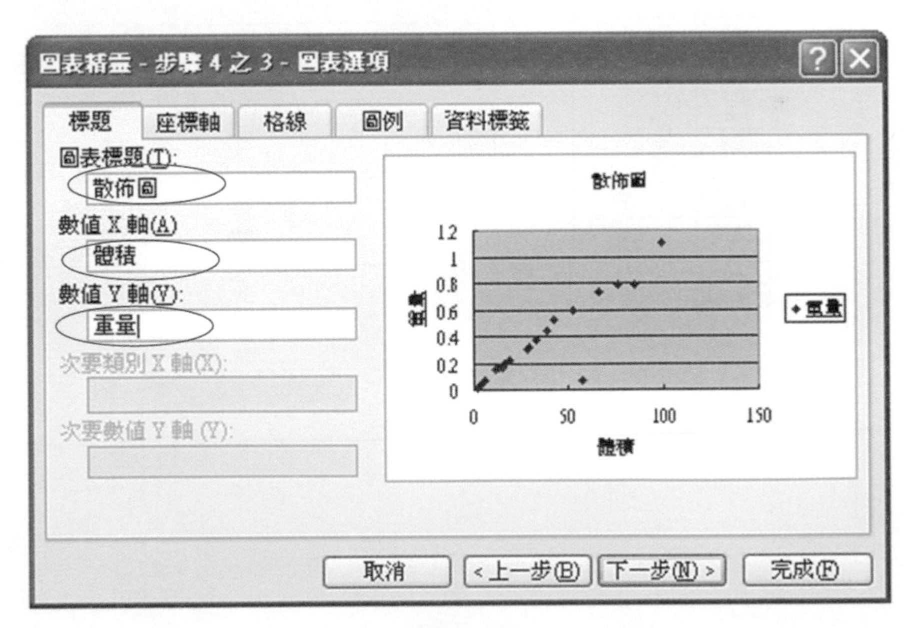

圖 3-40

7. 點擊「完成」，見圖 3-41。

圖 3-41

8. 散佈圖之輸出結果，見圖3-42，有觀察到可能的「離群值」，故須仔細檢查，該值產生的原因。

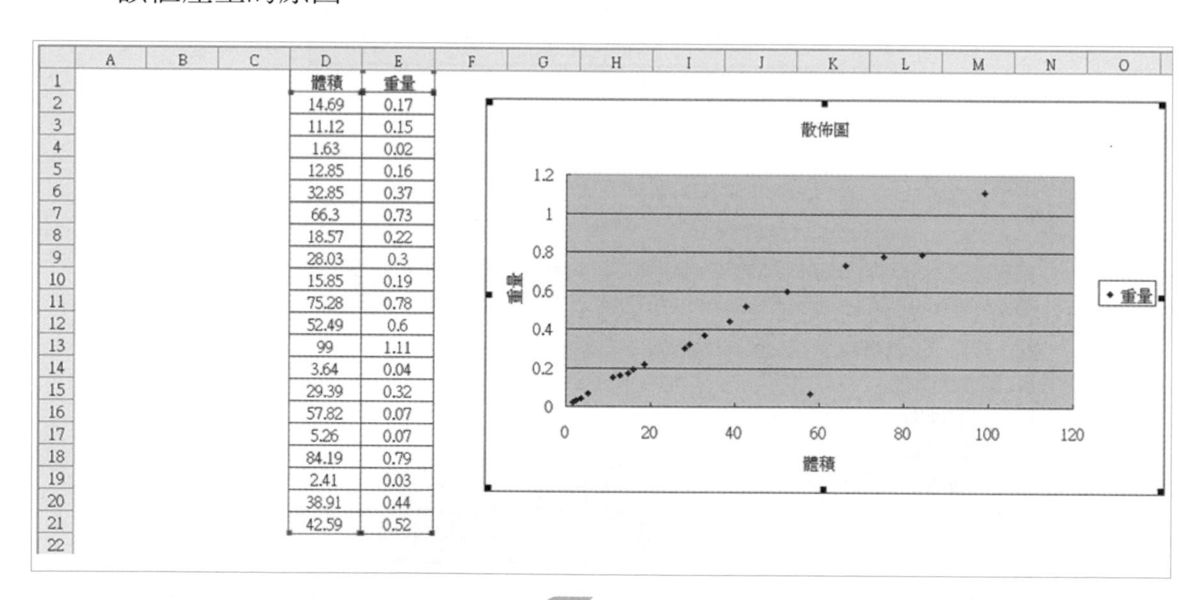

	D	E
1	體積	重量
2	14.69	0.17
3	11.12	0.15
4	1.63	0.02
5	12.85	0.16
6	32.85	0.37
7	66.3	0.73
8	18.57	0.22
9	28.03	0.3
10	15.85	0.19
11	75.28	0.78
12	52.49	0.6
13	99	1.11
14	3.64	0.04
15	29.39	0.32
16	57.82	0.07
17	5.26	0.07
18	84.19	0.79
19	2.41	0.03
20	38.91	0.44
21	42.59	0.52

圖 3-42

9. 運用公式計算「相關係數」，見圖 3-43，所得結果與 Minitab 相同。

D23 fx =CORREL(D2:D21,E2:E21)

	A	B	C	D	E	F
1				體積	重量	
2				14.69	0.17	
3				11.12	0.15	
4				1.63	0.02	
5				12.85	0.16	
6				32.85	0.37	
7				66.3	0.73	
8				18.57	0.22	
9				28.03	0.3	
10				15.85	0.19	
11				75.28	0.78	
12				52.49	0.6	
13				99	1.11	
14				3.64	0.04	
15				29.39	0.32	
16				57.82	0.07	
17				5.26	0.07	
18				84.19	0.79	
19				2.41	0.03	
20				38.91	0.44	
21				42.59	0.52	
22						
23			相關係數=	0.912913		
24						

圖 3-43

3.1.7 其他工具

以下敘述一些較爲常用的其他工具，例如關聯圖（Interrelationship graph）、檢查表（Check sheet）、阻助力分析圖（Force field analysis）等，這些工具的目的，主要也是爲了找出「輸入」與「輸出」之間的關係。

3.1.7.1 關聯圖之產生與應用

關聯圖可以讓使用者可以有系統的找出、分析或分類出重要之「輸入」與「輸出」。建構關聯圖之步驟簡述如下：

1. 組織一個 4~6 人對所討論議題熟悉的團隊。
2. 由團隊列出 5~25 項的步驟或程序，將這些程序寫在紙上，並黏貼在白板上。爲方便團隊討論與觀察，可將它們以圓型的方式放置，如圖 3-44 所示。

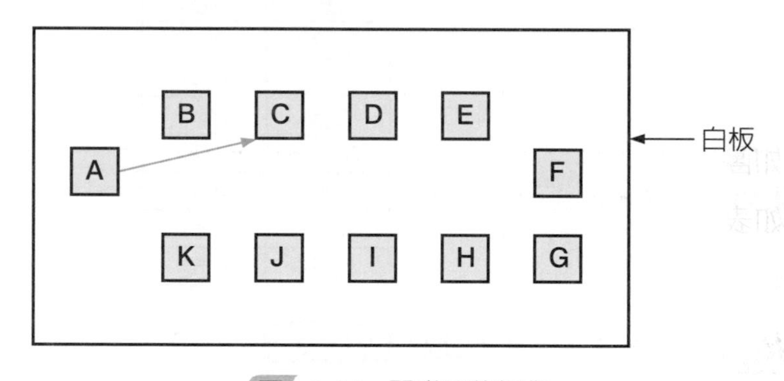

圖 3-44 關聯圖的操作

3. 開始找出各項次的關聯性，例如圖 3-44 中 A 項的成果或結果會影響到 C 項，則把箭頭的起點放在 A 終點則放在 C。
4. 重複以上的步驟，直至團隊滿意討論之結果。
5. 開始統計各項次有幾個箭頭起點與幾個箭頭終點，見圖 3-45 中的「×」項次是「3」個箭頭的終點，「5」個箭頭的起始點。

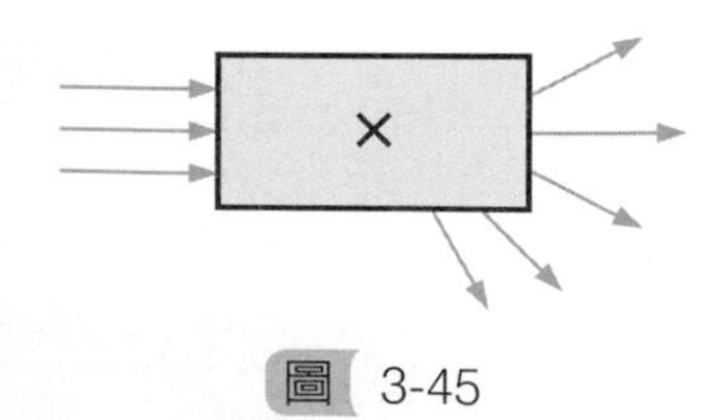

圖 3-45

其代表的意義是：「×」項目是「3」個其他項目所產生的結果，且是「5」個項目的驅動始點。

6. 統計出之各項次箭頭始點與終點的個數後，當該項次箭頭「起始點」數愈高，代表他是重要的驅動力；當該項次箭頭「終點數」愈多，則代表它是重要的結果。
7. 最後較重要「起點」項次或「終點」項次可用顯目的顏色或用較粗的線在外框上註記。

在完成討論後，團隊始可針對較重要的項次，進行改善。一個重要的起點代表必須投入較多的資源來管控該項次，而一個重要的終點，團隊則須用各種方法或手段，確保該項次的結果可滿足客戶的需求。

3.1.7.2 檢查表之產生與應用

檢查表可用來檢視現今或以往的資料，並以表列的方式呈現。在團隊經討論確定所要蒐集或觀察的事件、條件，與收集的期間長短之後，便可進行資料的紀錄與統計。例如團隊有興趣的事件是一個月內生產之不良品發生的部位與次數的統計，可產生如表 3-10 之表格。

表 3-10

不良品部位	第一週	第二週	第三週	第四週	總計
A	4	2	5	1	12
B	2	1	1	5	9
C	1	2	4	1	8
D	5	5	7	6	23

在收集過程須注意下列事項：

1. 收集的期間是否夠長？某些缺失，在短時間內並不會發生，因此須先確認收集的期間。
2. 收集人員的量測能力是否足夠？人員須通過相關的訓練或認證以確保資料的正確性。
3. 量測系統是否正確？在進行收集資料前，須先進行量測系統分析（見 3.2 章節）。

3.1.7.3 阻助力分析圖之產生與應用

阻助力圖主要在找出一個討論的議題項目中，有哪些「正向」的助力，有哪些是「負向」的阻力。希望可透過團隊的方式設法增加助力的強度，而針對阻力找出相對應的行動方案，以降低對計劃推行的阻力。

產生阻助力分析圖的步驟如下：

1. 首先在白板頂端列出團隊討論之議題。
2. 分別將助力與阻力分別再中心線的二側，如圖 3-46。

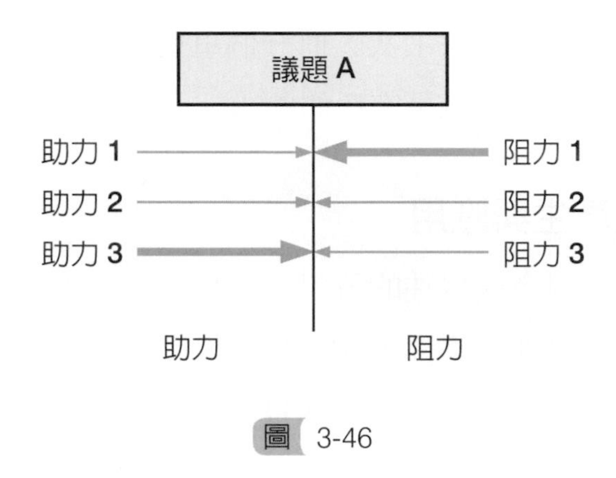

圖 3-46

圖 3-46 中，箭頭線變粗，代表強度較強，所以「助力 3」與「阻力 1」強度較強，其餘強度一般強。

3. 針對所列出之阻力，可產生以下之行動方案表（表 3-11）來降低它們對計劃產生的負面影響力，當阻力強度愈強，行動方案應愈完備。

表 3-11　行動方案表

阻力項目	強度	預計行動方案	負責人員	備註

3.2 量測系統分析

量測系統分析（Measurement System Analysis）用來分析量測系統的變異。如果使用量測系統來進行評估所生產物件或系統品質的優劣，而當量測系統本身有極大的變異時，品管人員或工程人員在判斷上則冒著極大的風險。這包含二種類型的風險：「α 型的風險」與「β 型的風險」。「α 型的風險」是指當物件或系統本身是好的，但由於量測系統的誤判而成為不良品，對生產者而言，會因此導致損失。相對地，「β 型的風險」則是量測系統誤將不良品，錯判為良品而流至客戶手中，導致客戶對該產品的生產者產生負面印象。因此在收集資料之前，建議先進行量測系統分析，來避免以上風險的產生。透過本章節，學習者可瞭解如何正確地進行量測系統分析及如何利用 Minitab® 的操作快速判斷量測系統是否可接受。

量測系統分析在 IATF（International Automotive Task Force）16949 中也被列為五大核心工具之一，因此在汽車相關產業被廣為運用。任何重要的「品質特性」的數值在被認可前，均要事先確認用來量測該「品質特性」的量測系統是可接受的。

3.2.1 有關量測系統分析的一些基本觀念

大致上量測系統分析可分成二大部分：一部分稱為「精密度」分析（Precision analysis），又稱為 Gage R&R 分析，另一部份稱為「準確度」分析（Accuracy analysis）。

其中 Gage R&R 分析在於檢查量測系統的精密度。類似地，準確度分析則在驗證量測系統之準確度。精密度與準確度的觀念可用圖 3-47 概述之。假設有人射飛鏢，而黑點代表他所射中的位置，射在愈中央部位分數愈高，也就是「準確度」越高。

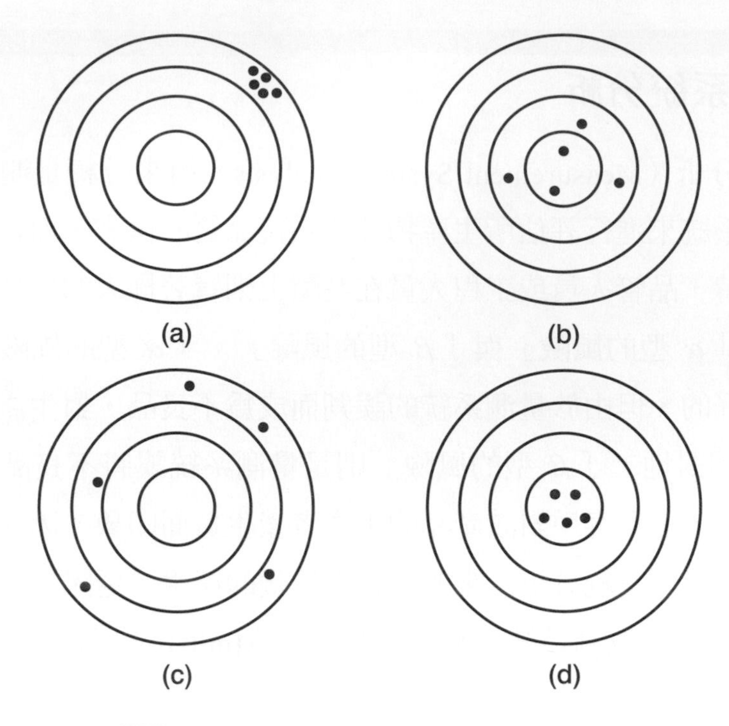

圖 3-47 「精密度」與「準確度」的比較

(a) 圖中，代表該次的射擊爲「高精密度」（High precision），但是「準確度」並不佳。(b) 圖中，則代表此次射擊爲「高準確度」，因爲大都命中在中心點附近，但「精密度」則不太好（因射擊點較分散）。(c) 圖，射擊點分散且不集中在中心點附近，因此該次射擊，爲低精密度，且低準確度。相對地，(d) 圖，射出點多集中在中心點附近，且十分密集，因此，該次射擊爲高精密度且高準確度。由以上的觀念可知，精密度與準確度在量測系統分析中有不同的意涵。

3.2.2 精密度分析（Gage R&R 分析）概念

如果使用一個量測系統來量測「同一規格」的零件，所量測之數值不可能一致，因爲生產線上，各類型變異會進入生產流程。換言之，所得之量測數值會有「變異」（Variation），而量測值整體的變異來源可用圖 3-48 表示：

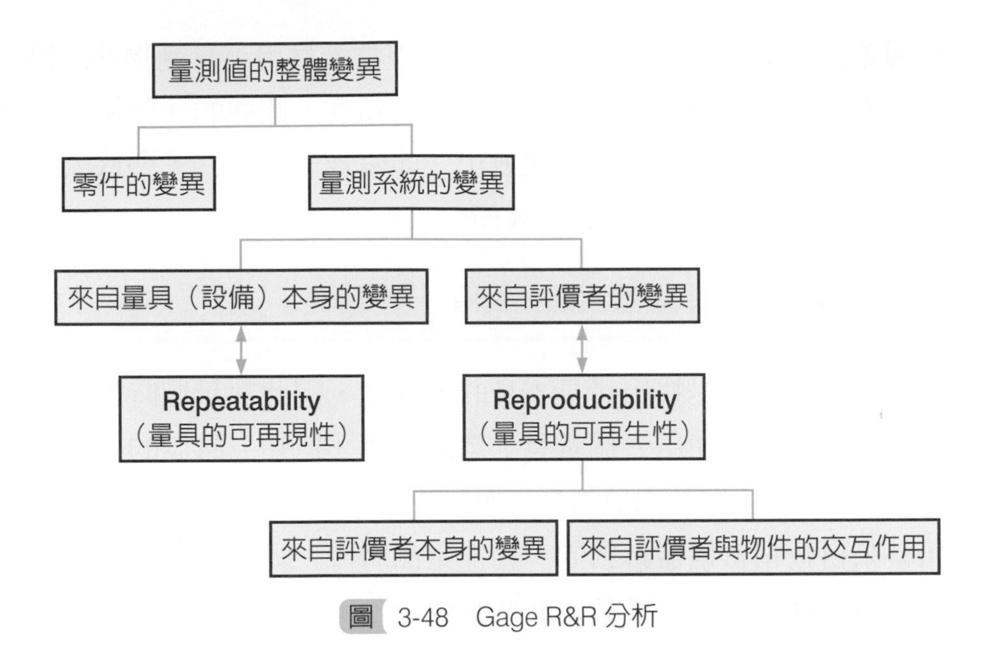

圖 3-48　Gage R&R 分析

因此 Gage R&R 分析中的 R&R 分別代表可再現性（Repeatability）或稱做可重覆性，與可再生性（Reproducibility）。

1. 可再現性：當一個作業員使用「相同的量具」（設備）來量測「相同」物件的「相同品質特性」（例如：物件的直徑）數次，來評估量測數據的差異，因此有可稱爲「量具本身的變異」（Gage variation）。
2. 可再生性：當「不同」作業員，用「相同的量具」（設備）來量測「相同的物件」的「相同品質特性」數次時，所得到各作業員平均量測值之間的差異，故又稱爲「來自評價者的變異」（Operator variation）。而來自評價者的變異又可細分爲「來自評價者本身的變異」與「來自評價者與物件交互作用」所產生的變異。

3.2.3　準確度分析概念

欲進行準確度分析，須先準備一個或數個已知標準尺寸的物件（例如，精密塊規）準確度分析可分成三大部分：1. 量具偏差值分析（Bias analysis）、2. 量具的線性分析（Linearity analysis）與 3. 量具穩定性分析。

1. 量具偏差值分析（Bias analysis）：在檢查當量具用來量測物件所得之平均量測值與此物件「眞值」的差異（如果是高度，此處的「眞值」就是已知尺寸的高度塊規），之間的差異愈小（即偏差值愈小），則代表此量具之準確度愈好。偏差值（Bias）定義如式 3-3：

偏差值＝平均量測值－眞值（參考值）　（式 3-3）

由於我們有興趣的是找出量具本身的準確度，因此在量測時需固定一位熟練的操作員，固定使用一個量具，量測一個「已知」眞值的「品質特性」數次，進而求得所有量測值的平均值，再利用上式求出偏差值。「眞值」（參考值）來自較精密儀器針對同一物件量測所得。另外一個常被使用的指標值爲「偏差百分比」，其定義如式 3-4：

% 偏差 = 偏差值 / 製程變異（或公差）×100%　（式 3-4）

2. 量具線性分析

目的在檢查量具在可操作的範圍內其「偏差值」是否一致。一般我們希望在可操作範圍內有「均匀」的「偏差值」。例如有一量測溫度的溫度計，它的可量測範圍爲 100 度至 300 度，一個具良好線性的溫度計，在 100 度至 300 度的範圍內，我們希望它的「偏差值」是愈接近愈好，即「偏差值」不會隨著操作的溫度而有太大的差異。

3. 量具的穩定度分析

用於檢查同一量具在量測同一物件，但在「不同時間點」平均量測值的差異。其差異值愈小代表量具的穩定度愈高。其定義如式 3-5：

穩定度 = ∣第一個時間點量測的平均量測值－第二個時間點量測的平均量測值∣　（式 3-5）

3.2.4 精密度分析（Gage R&R 分析）

在進行 Gage R&R 之前，量具本身的刻度須至少是「特性公差」範圍的十分之一，以確保量具本身具有基本的鑑別力。例如有一物件的直徑規格上限爲（A+a），直徑的規格下限爲（A-a），則公差範圍如式 3-6：

$$公差範圍 = |(A+a) - (A-a)| = 2a \quad (式\ 3\text{-}6)$$

則量具本身的刻度的解析度至少應爲公差範圍值的十分之一，即式 3-7：

$$\frac{2a}{10} = \frac{a}{5} \quad (式\ 3\text{-}7)$$

在確認量具的基本鑑別力足夠後，即可準備進行 Gage R&R 的分析。分析的步驟如下：

1. 隨機選取幾位量具評價者。
2. 隨機選取相同規格的零件 5~10 個。
3. 每一個評價者必須量測每一個相同規格的零件至少 2 次。

由圖 3-48 得知所量測零件的數值不可能爲單一值，一定有變異。此現象可用式 3-8 表示。

$$\begin{aligned}\sigma^2_{總變異} &= \sigma^2_{零件本身的變異} + \sigma^2_{量測系統變異} \\ &= \sigma^2_{零件本身的變異} + \sigma^2_{量具（設備）本身變異} + \sigma^2_{評價者變異} \\ &= \sigma^2_{parts} + \sigma^2_{repeatabilility} + \sigma^2_{reproducibility} \quad (式\ 3\text{-}8)\end{aligned}$$

再將所量得之數值填入表 3-12 中計算。

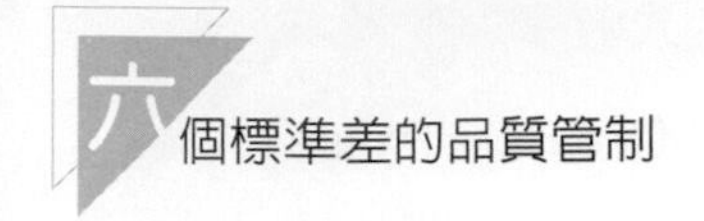

表 3-12　量具重複性與再現性數據收集表

量具重複性和再現性數據收集表											
評價者/試驗次數	零件編號										平均值
	1	2	3	4	5	6	7	8	9	10	
A 1											
2											
3											
① 平均值											$\overline{X}_a =$ ②
① 全距											$\overline{R}_a =$ ③
B 1											
2											
3											
④ 平均值											$\overline{X}_b =$ ⑤
④ 全距											$\overline{R}_b =$ ⑥
C 1											
2											
3											
⑦ 平均值											$\overline{X}_c =$ ⑧
⑦ 全距											$\overline{R}_c =$ ⑨
零件平均值											$\overline{\overline{X}} =$ $R_p =$
([$\overline{R}_a =$　]+[$\overline{R}_b =$　]+[$\overline{R}_c =$　]) /[評價者人數=　] =											$\overline{\overline{R}}$
$\overline{X}_{DIFF}$ = [最大值 $\overline{X}$ =　] − [最小值 $\overline{X}$ =　] =											$\overline{X}_{DIFF} =$
*UCL_R = [$\overline{\overline{R}}$ =　] × [D_4 =　] =											
*LCL_R = [$\overline{\overline{R}}$ =　] × [D_3 =　] =											

*2 次測量時 $D_3 = 0$，$D_4 = 3.27$，3 次測量時 $D_3 = 0$，$D_4 = 2.58$。圈出那些超出控制限的點，查明其原因並採取矯正措施。重複以相同的評價者使用相同的量具讀取這些值；或剔除這些數值；並從其餘的觀測值中重新平均和計算 $\overline{\overline{R}}$ 以及其限值。

註：________________________

表 3-12 中各區的解釋如下（以 3 位評價者量測 10 個零件爲例）：

①、④與⑦區：分別求出每位評價者量測每零件的平均值與全距。

全距的定義如下：全距＝資料群中最大值－資料群中最小值。

②、⑤與⑧區：分別求出每位評價者對所有量測零件的平均值。

③、⑥與⑨區：分別求出每位評價者對所有量測零件的平均全距。

$\overline{\overline{R}}$：將③、⑥與⑨區求得之各評價者的「平均全距」求得平均值。

$\overline{X}_{Diff}$ ：$\overline{X}_{Diff} = \max(\overline{X}_a, \overline{X}_b, \overline{X}_c) - \min(\overline{X}_a, \overline{X}_b, \overline{X}_c)$

$\overline{\overline{X}}$：$\overline{\overline{X}} = \left(\overline{X}_a + \overline{X}_b + \overline{X}_c\right) \div 3$

R_P：零件中最大平均值－零件中最小平均值。

UCL_R：全距管制圖個別全距（R）的控制上限。

LCL_R：全距管制圖個別全距（R）的控制下限。

$$UCL_R = \overline{\overline{R}} \times D_4$$

$$LCL_R = \overline{\overline{R}} \times D_3$$

當每個零件量測 2 次時 D_4=3.27；當每個零件量測 3 次時 D_4=2.58。

當每個零件量測 2 次時，D_3=0；當每個零件量測 3 次時，D_3=0。

假設有全距（R）在量測過程中超出 UCL_R 上限，使用者須設法查明異常的原因，並設法排除。事後再以相同的評價者使用相同量具再進行量測。但若在查明後仍無法找出異常，則可剔除這些數值再重新計算平均與 $\overline{\overline{R}}$ 及 UCL_R值。空白的「量具重複性與再現性收集表」，請見表 3-13。

表 3-13　量具重複性與再現性數據收集表空白表

量具重複性和再現性數據收集表											
評價者/試驗次數	零件編號										平均值
	1	2	3	4	5	6	7	8	9	10	
A　1											
2											
3											
平均值											$\overline{X}_a=$
全距											$\overline{R}_a=$
B　1											
2											
3											
平均值											$\overline{X}_b=$
全距											$\overline{R}_b=$
C　1											
2											
3											
平均值											$\overline{X}_c=$
全距											$\overline{R}_c=$
零件平均值											$\overline{\overline{X}}=$ $R_p=$
([$\overline{R}_a=$]+[$\overline{R}_b=$]+[$\overline{R}_c=$])/[評價者人數=]=											$\overline{\overline{R}}$
$\overline{X}_{\mathrm{DIFF}}$ = [最大值 $\overline{X}$ =]−[最小值 $\overline{X}$ =] =											$\overline{X}_{\mathrm{DIFF}}=$
*UCL_R = [$\overline{\overline{R}}$ =] × [D_4 =] =											
*LCL_R = [$\overline{\overline{R}}$ =] × [D_3 =] =											

*2 次測量時 $D_3 = 0$，$D_4 = 3.27$，3 次測量時 $D_3 = 0$，$D_4 = 2.58$。圈出那些超出控制限的點，查明其原因並採取矯正措施。重複以相同的評價者使用相同的量具讀取這些值；或剔除這些數值；並從其餘的觀測值中重新平均和計算 $\overline{\overline{R}}$ 以及其限值。

註：______________________________

在完成「量具重複性與再現性收集表」後。可將求得之 $\overline{\overline{R}}$ 、$\overline{X}_{Diff}$ 與 R_p 寫入「量具重複性與再現性報告」中，見表 3-14。

表 3-14 量具重複性與再現性報告表

<table>
<tr><th colspan="3">量具重複性與再現性報告</th></tr>
<tr><td>物件編號：
物件名稱：
物件規格：</td><td>量具名稱：
量具編號：
量具型式：</td><td>日期：
執行者：</td></tr>
<tr><td>從數據表：$\overline{\overline{R}}=$</td><td>$\overline{X}_{\text{Diff}}=$</td><td>$R_p=$</td></tr>
<tr><td colspan="2">測量單元分析</td><td>總變異%(TV)</td></tr>
<tr><td colspan="2">重複性－設備變異(EV)
$EV=\overline{\overline{R}}\times K_1$
= ____ × ____
= __________
<table><tr><td>試驗次數</td><td>K_1</td></tr><tr><td>2</td><td>0.8862</td></tr><tr><td>3</td><td>0.5908</td></tr></table></td><td>$\%EV=100[EV/TV]$
$=100$ [____ / ____]
= __________%</td></tr>
<tr><td colspan="2">再現性－評價者變異(AV)
$AV=\sqrt{(\overline{X}_{\text{DIFF}}\times K_2)^2-(EV^2/(nr))}$
$=\sqrt{(\_\_\_\_\times\_\_\_\_)^2-(\_\_\_\_)^2/(\_\_\_\_\times\_\_\_\_)}$
n =零件
r =試驗次數
<table><tr><td>評價者人數</td><td>2</td><td>3</td></tr><tr><td>K_2</td><td>0.7071</td><td>0.5231</td></tr></table></td><td>$\%AV=100[AV/TV]$
$=100$ [____ / ____]
= __________%</td></tr>
<tr><td>重複性和再現性(GRR)
$GRR=\sqrt{EV^2+AV^2}$
$=\sqrt{(\_\_\_\_)^2+(\_\_\_\_^2)}$
= __________</td><td rowspan="3"><table><tr><td>零件數量</td><td>K_3</td></tr><tr><td>2</td><td>0.7071</td></tr><tr><td>3</td><td>0.5231</td></tr><tr><td>4</td><td>0.4467</td></tr><tr><td>5</td><td>0.4030</td></tr><tr><td>6</td><td>0.3742</td></tr><tr><td>7</td><td>0.3534</td></tr><tr><td>8</td><td>0.3375</td></tr><tr><td>9</td><td>0.3249</td></tr><tr><td>10</td><td>0.3146</td></tr></table></td><td>$\%GRR=100[GRR/TV]$
$=100$ [____ / ____]
= __________%</td></tr>
<tr><td>零件變異(PV)
$PV=R_p\times K_3$
= ____ × ____
= __________</td><td>$\%PV=100[PV/TV]$
$=100$ [____ / ____]
= __________%</td></tr>
<tr><td>總變異(TV)
$TV=\sqrt{GRR^2+PV^2}$
$=\sqrt{(\_\_\_\_)^2+(\_\_\_\_^2)}$
= __________</td><td>$ndc=1.41[PV/GRR]$
$=1.41$ (____ / ____)
= __________</td></tr>
</table>

再依照以下的步驟找出各類的變異：計算根據「單元標準差」（unit sigma）時，如果討論為「6」個標準差時，K_1，K_2，K_3 需乘以「6」，但並不影響對 Gage R&R 分析的最後結果：

1. 首先，求出設備變異（EV）

$$EV = \overline{\overline{R}} \times K_1 \quad \text{（式 3-9）}$$

當每一零件量測次數為「2」時，K_1=0.8862。

當每一零件量測次數為「3」時，K_1=0.5908。

2. 求出評價者變異（AV）

$$AV = \sqrt{\left(\overline{X}_{Diff} \times K_2\right)^2 - \left(EV^2 / (nr)\right)} \quad \text{（式 3-10）}$$

n= 零件個數。

r= 每一零件被量測的次數。

當評價者為 2 位時，K_2=0.7071。

當評價者為 3 位時，K_2=0.5231。

如果在開根號內為負值，AV 則視為「0」。

3. 計算重複性與再現性（GRR）

$$GRR = \sqrt{EV^2 + AV^2} \quad \text{（式 3-11）}$$

4. 計算零件變異（PV）

$$PV = R_P \times K_3 \quad \text{（式 3-12）}$$

K_3值依所量測之零件個數決定。例如 10 個零件時 K_3 取 0.3146。

5. 計算總變異（TV）

$$TV = \sqrt{GRR^2 + PV^2} \quad \text{（式 3-13）}$$

6. 完成總變異 % 之各欄位

$\%EV=\left(EV/TV\right)\times100\%$

$\%AV=\left(AV/TV\right)\times100\%$

$\%GRR=\left(GRR/TV\right)\times100\%$

$\%PV=\left(PV/TV\right)\times100\%$

$ndc=1.41\times PV/GRR$（將求得數值向下找最接近的整數）（式 3-14）

判斷此量測系統是否可接受。有二種判定標準。一種依據 %*GRR* 允收標準，另一種則是依據 AIAG（Automobile Industry Action Group）建議方式。

若依 %*GRR* 允收標準判定，在完成上式中 %*GRR* 值後進行下列判斷：

1. 當計算 $\%GRR<10\%$ 時，表示量測系統狀況良好，量測數值是可靠的。
2. 當 $10\%<$ 計算 $\%GRR<30\%$ 時，表示量測系統狀況尚可，量測數值是可接受。
3. 當計算 $\%GRR>30\%$ 時，表示量測系統狀況差，量測數值不可採用。

若依 AIAG 建議，計算之 ndc（Number of distinct categories）值應大於等於「5」，即利用目前之量測系統可將零件之品質特性區分 5 個以上的群組。即：

$ndc\geqq5$ →可接受之量測系統。

$ndc<5$ →不可接受之量測系統。

當 $\%GRR>30\%$ 或 $ndc<5$ 時，代表所使用之量測系統差，必須予以改進。可從以下之方向考量：

1. 當 $\%EV>\%AV$ 時表示：
   (1) 量具可能須重新維護或保養。
   (2) 檢查量測系統附近是否有不明之震動源或雜訊干擾。
   (3) 可能須重新設計治具或夾具以降低變異。
   (4) 量具需重新設計或使用更精密之量具。

2. 當 $\%AV > \%EV$ 時表示：

   (1) 規劃製訂量測的標準作業程式（SOP）。

   (2) 需進行評價者再教育或訓練。

   (3) 協助設計或改良現有之治具或夾具以方便使用者操作。

   (4) 可能須簡化 SOP，使操作者較能熟練的操作。

Gage R&R 分析之手算例題（請參考表 3-15 與表 3-16）：由表 3-15 可知，共有 3 位評價者量測 10 個零件，且每個零件量測 3 次。

由計算之 %GRR 得知，所使用之量測系統是可接受的。又 ndc~5，也再一步確認量測系統是可接受的。同時由 %PV 得知大部分的變異來自於零件的變異。如果需要近一步改進此量測系統，則可參考上一節之手法。

實例演練 6

本演練在讓學員透過實際量測物件並將資料填入表 3-13 及表 3-14 中來熟悉 Gage R&R 分析步驟。

1. 5 人為一組。
2. 每組至五金行購置一個簡單型的游標卡尺及相同尺寸大小的六角螺帽 5 個。
3. 將 5 個六角螺帽編號。
4. 組員中選 3 人擔任量測人員，負責量測六角螺帽的厚度。一人負責隨機抽出已編號的六角螺帽給 3 位量測人員，每一個量測人員用相同的游標卡尺至少須量測每個六角螺帽 3 次。一人負責紀錄並將資料填入表 3-13 及表 3-14。
5. 計算 ndc 值及% GRR 值並上台報告實測結果。

表 3-15　Gage R&R 分析手算例題表

量具重複性和再現性數據收集表											
評價者/試驗次數	零件編號										平均值
	1	2	3	4	5	6	7	8	9	10	
A　1	0.29	-0.56	1.34	0.47	-0.80	0.02	0.59	-0.31	2.26	-1.36	0.1
2	0.41	-0.68	1.17	0.50	-0.92	-0.11	0.75	-0.20	1.99	-1.25	0.1
3	0.64	-0.58	1.27	0.64	-0.84	-0.21	0.66	-0.17	2.01	-1.31	0.2
平均值	0.447	-0.607	1.260	0.537	-0.853	-0.100	0.667	-0.227	2.087	-1.307	$\overline{X}_a=0.1903$
全距	0.35	0.12	0.17	0.17	0.12	0.23	0.16	0.14	0.27	0.11	$\overline{R}_a=0.184$
B　1	0.08	-0.47	1.19	0.01	-0.56	-0.20	0.47	-0.63	1.80	-1.68	0.0
2	0.25	-1.22	0.94	1.03	-1.20	0.22	0.55	-0.08	2.12	-1.62	0.1
3	0.07	-0.68	1.34	0.20	-1.28	0.06	0.83	-0.34	2.19	-1.50	0.0
平均值	0.133	-0.790	1.157	0.413	-1.013	0.027	0.617	-0.297	2.037	-1.600	$\overline{X}_b=0.06$
全距	0.18	0.75	0.40	1.02	0.72	0.42	0.36	0.71	0.39	0.18	$\overline{R}_b=0.513$
C　1	0.04	-1.38	0.88	0.14	-1.46	-0.29	0.02	-0.46	1.77	-1.49	-0.2
2	-0.11	-1.13	1.09	0.20	-1.07	-0.67	0.01	-0.56	1.45	-1.77	-0.2
3	-0.15	-0.98	0.67	0.11	-1.45	-0.49	0.21	-0.49	1.87	-2.18	-0.2
平均值	0.073	-1.157	0.880	0.150	-1.327	-0.483	0.080	-0.503	1.697	-1.807	$\overline{X}_c=-0.2543$
全距	0.19	0.42	0.42	0.09	0.39	0.38	0.20	0.10	0.42	0.67	$\overline{R}_c=0.328$
零件平均值	0.169	-0.851	1.099	0.367	-1.064	-0.186	0.454	-0.342	1.940	-1.571	$\overline{\overline{X}}=-0.0013$ $R_p=3.511$
$([\overline{R}_a=0.184]+[\overline{R}_b=0.513]+[\overline{R}_c=0.328])$/[評價者人數= 3] =											$\overline{\overline{R}}$　0.3417
[最大值 $\overline{X}=0.1903$]－[最小值 $\overline{X}=-0.2543$] = $\overline{X}_{DIFF}=0.4446$											$\overline{X}_{DIFF}=0.4446$
$*[\overline{\overline{R}}=0.3417]\times[D_4=2.58]=UCL_R=0.8816$											
$*[\overline{\overline{R}}=0.3417]\times[D_3=0]=LCL_R=0$											

*2 次測量時 $D_3=0$，$D_4=3.27$，3 次測量時 $D_3=0$，$D_4=2.58$。圈出那些超出控制限的點，查明其原因並採取矯正措施。重複以相同的評價者使用相同的量具讀取這些值；或剔除這些數值；並從其餘的觀測值中重新平均和計算 $\overline{\overline{R}}$ 以及其限值。

註：____________________________________

表 3-16 Gage R&R 分析手算例題報告表

量具重複性和再現性報告

物件編號： 物件名稱： 物件規格：	量具名稱： 量具編號： 量具型式：	日期： 執行者：
從數據表：$\overline{\overline{R}} = 0.3417$	$\overline{X}_{\text{Diff}} = 0.4446$	$R_p = 3.511$

測量單元分析	總變異%(TV)
重複性－設備變異(EV) $EV = \overline{\overline{R}} \times K_1$ $= 0.3417 \times 0.5908$ $= 0.20188$	$\%EV = 100[EV / TV]$ $= 100\ [0.20188 / 1.14610]$ $= 17.62\ \%$
再現性－評價者變異(AV) $AV = \sqrt{(\overline{X}_{\text{DIFF}} \times K_2)^2 - (EV^2 / (nr))}$ $= \sqrt{(0.4446 \times 0.5231)^2 - (0.20188^2 / (10 \times 3))}$ $= 0.22963$ n =零件 r =試驗次數	$\%AV = 100[AV / TV]$ $= 100\ [0.22963 / 1.14610]$ $= 20.04\%$
重複性和再現性(GRR) $GRR = \sqrt{EV^2 + AV^2}$ $= \sqrt{(0.20188^2 + 0.22963^2)}$ $= 0.30575$	$\%GRR = 100[GRR / TV]$ $= 100\ [0.30575 / 1.14610]$ $= 26.68\ \%$
零件變異(PV) $PV = R_p \times K_3$ $= 1.10456$	$\%PV = 100[PV / TV]$ $= 100\ [1.10456 / 1.14610]$ $= 96.38\ \%$
總變異(TV) $TV = \sqrt{GRR^2 + PV^2}$ $= \sqrt{(0.30575)^2 + (1.10456^2)}$ $= 1.14610$	$ndc = 1.41[PV / GRR]$ $= 1.41\ (1.10456/0.30575)$ $= 5.094 \sim 5$

試驗次數	K_1
2	0.8862
3	0.5908

評價者人數	2	3
K_2	0.7071	0.5231

零件數量	K_3
2	0.7071
3	0.5231
4	0.4467
5	0.4030
6	0.3742
7	0.3534
8	0.3375
9	0.3249
10	0.3146

3.2.5 準確度分析

1. 量具偏差值分析（Bias analysis）可運用以下之步驟
   (1) 選擇一固定之評價員。
   (2) 固定使用同一個量具。
   (3) 選擇一個欲量測的「品質特性」。
   (4) 選擇一個已知「眞值」（參考值）「品質特性」的零件。
   (5) 將已知「眞值」「品質特性」的零件量測數次，並計算其平均量測值。
   (6) 計算偏差值（Bias）如式 3-15：

偏差值 ＝ 平均量測值－眞值（參考值）　（式 3-15）

   (7) 計算%偏差 （% bias）如式 3-16：

% 偏差 = 偏差值 / 製程總變異（或公差）×100%　（式 3-16）

   式 3-16 中製程總變異可由「Gage R&R」分析求得。而公差＝「品質特性」的上規格－「品質特性」的下規格。

2. 量具線性分析（Linearity analysis）可運用以下之步驟
   (1) 選擇一固定之評價員。
   (2) 固定使用同一個量具。
   (3) 選擇一個欲量測的「品質特性」。
   (4) 選擇「不同規格」且已知「眞值」（參考值）（例如，不同尺寸的塊規）的「品質特性」零件。
   (5) 將「不同規格」且已知「眞值」「品質特性」的零件量測數次，並計算其平均量測值。
   (6) 假設以三個已知「眞值」分別爲 X_1，X_2，X_3 的「品質特性」爲例：
   將這些零件量測數次，並分別計算其平均量測值爲（X_1）$_{avg}$，（X_2）$_{avg}$，（X_3）$_{avg}$。

① 分別計算偏差值爲：

Y_1= 偏差值 $_1$ =（X_1）$_{avg}$－ X_1

Y_2= 偏差值 $_2$=（X_2）$_{avg}$－ X_2

Y_3= 偏差值 $_3$=（X_3）$_{avg}$－ X_3

② 將（X_1，Y_1），（X_2，Y_2），（X_3，Y_3）三點標示在（X，Y）座標軸上。

③ 找出一條與以上各點有「最小平方差」的「迴歸直線」，該直線可用式 3-17 表示。

$$Y = b_0 + b_1 \times X \quad \text{（式 3-17）}$$

$$b_1 = \frac{\sum_{i=1}^{3} X_i Y_i - \frac{\left(\sum_{i=1}^{3} X_i\right)\left(\sum_{i=1}^{3} Y_i\right)}{3}}{\sum_{i=1}^{3} X_i^2 - \frac{\left(\sum_{i=1}^{3} X_i\right)^2}{3}} \quad \text{（式 3-18）}$$

$$b_0 = \frac{\sum_{i=1}^{3} Y_i - b_1 \sum_{i=1}^{3} X_i}{3} \quad \text{（式 3-19）}$$

如果有 n 個「眞值」（X）與「偏差值」（Y），只需將式 3-17 至式 3-19 作延伸即可。其中，b_1爲「迴歸直線」的斜率。

(7) 計算「線性」與「%線性」值如式 3-20 與式 3-21：

線性（Linearity）＝ | b_1 | × 製程總變異（或公差） （式 3-20）

%線性（%Linearity）＝線性（Linearity）÷ 製程總變異（或公差）×100 % （式 3-21）

當偏差值在討論的範圍內愈均勻，則 b_1（斜率）的值愈小。也代表量測系統的線性值（Linearity）愈小，%線性（%Linearity）愈小。

3. 量具穩定度分析（stability analysis）可運用以下之步驟
   (1) 選擇一固定之評價員。
   (2) 固定使用同一個量具。
   (3) 選擇一個欲量測的「品質特性」。
   (4) 選擇一個零件。
   (5) 在第一個時間點量測該零件數次，並計算其平均量測值。
   (6) 在第二個時間點量測該零件數次，並計算其平均量測值。
   (7) 計算穩定度，穩定度其定義如式 3-22：

穩定度 = ∣第一個時間點量測的平均量測值－第二個時間點量測的平均量測值∣ （式 3-22）

爲協助學習者了解量測系統分析之實際操作，建議在閱讀完本章節後，進行以下實例演練。

實例演練 7

本案例中「設備（量具）的變異」小於「零件間的變異」。共有三個評價者，十個零件，每個評價者量測每個零件三次。

表 3-17 實驗結果

元件編號	操作人員	量測數值	元件編號	操作人員	量測數值	元件編號	操作人員	量測數值
1	A	0.29	1	B	0.08	1	C	0.04
1	A	0.41	1	B	0.25	1	C	-0.11
1	A	0.64	1	B	0.07	1	C	-0.15
2	A	-0.56	2	B	-0.47	2	C	-1.38
2	A	-0.68	2	B	-1.22	2	C	-1.13
2	A	-0.58	2	B	-0.68	2	C	-0.96
3	A	1.34	3	B	1.19	3	C	0.88
3	A	1.17	3	B	0.94	3	C	1.09
3	A	1.27	3	B	1.34	3	C	0.67
4	A	0.47	4	B	0.01	4	C	0.14
4	A	0.5	4	B	1.03	4	C	0.2

元件編號	操作人員	量測數值	元件編號	操作人員	量測數值	元件編號	操作人員	量測數值
4	A	0.64	4	B	0.2	4	C	0.11
5	A	-0.8	5	B	-0.56	5	C	-1.46
5	A	-0.92	5	B	-1.2	5	C	-1.07
5	A	-0.84	5	B	-1.28	5	C	-1.45
6	A	0.02	6	B	-0.2	6	C	-0.29
6	A	-0.11	6	B	0.22	6	C	-0.67
6	A	-0.21	6	B	0.06	6	C	-0.49
7	A	0.59	7	B	0.47	7	C	0.02
7	A	0.75	7	B	0.55	7	C	0.01
7	A	0.66	7	B	0.83	7	C	0.21
8	A	-0.31	8	B	-0.63	8	C	-0.46
8	A	-0.2	8	B	0.08	8	C	-0.56
8	A	-0.17	8	B	-0.34	8	C	-0.49
9	A	2.26	9	B	1.8	9	C	1.77
9	A	1.99	9	B	2.12	9	C	1.45
9	A	2.01	9	B	2.19	9	C	1.87
10	A	-1.36	10	B	-1.68	10	C	-1.49
10	A	-1.25	10	B	-1.62	10	C	-1.77
10	A	-1.31	10	B	-1.5	10	C	-2.16

1. 開啓 Minitab 軟體，並打開隨書所附之 Excel 資料檔中「第三章」工作表。將 I 至 K 行資料，複製到 Minitab 中，見圖 3-49。

	I	J	K
1	Part	Operator	Measurement
2	1	A	0.29
3	1	A	0.41
4	1	A	0.64
5	2	A	-0.56
6	2	A	-0.68
7	2	A	-0.58
8	3	A	1.34
9	3	A	1.17
10	3	A	1.27
11	4	A	0.47
12	4	A	0.5
13	4	A	0.64
14	5	A	-0.8
15	5	A	-0.92
16	5	A	-0.84
17	6	A	0.02
18	6	A	-0.11
19	6	A	-0.21
20	7	A	0.59
21	7	A	0.75

圖 3-49

2. 啟用模組，見圖 3-50。

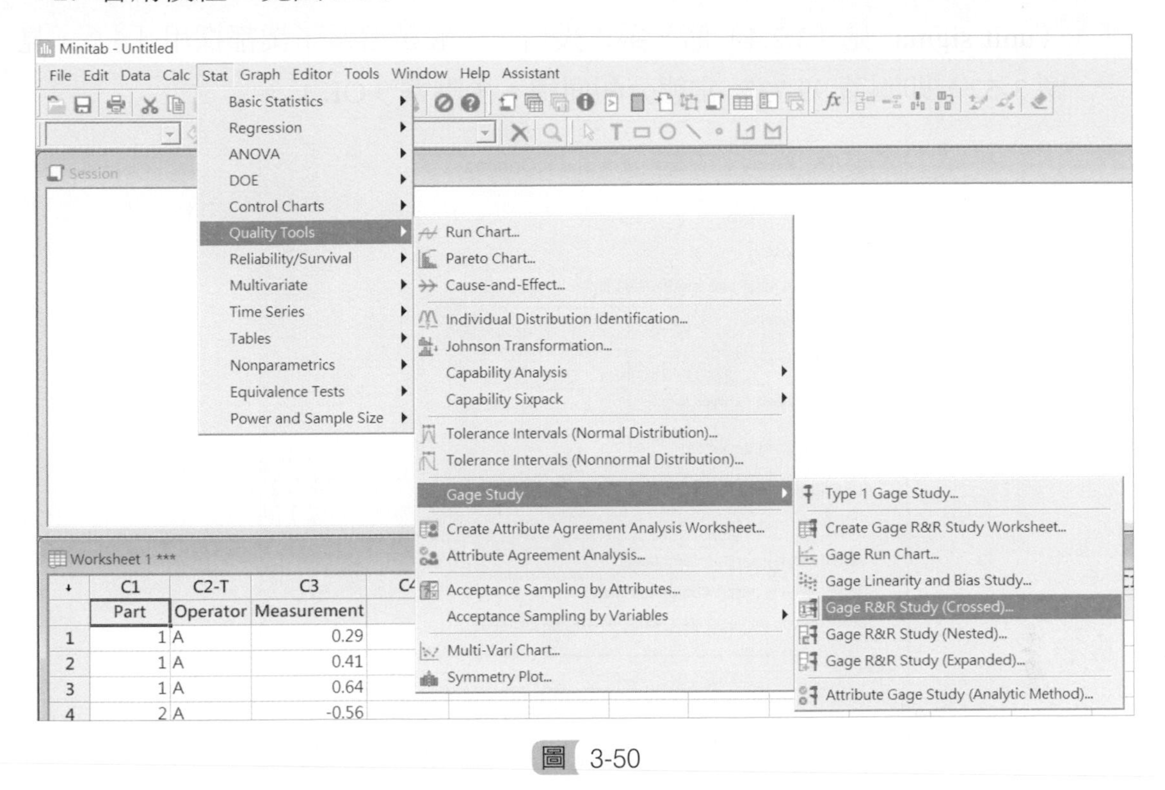

圖 3-50

3. 使用「Xbar and R」分析方法。此方法無法檢驗出「評價者與零件的交互作用」，見圖 3-51。

Gage R&R Study (Crossed)
Part numbers: Part
Operators: Operator
Measurement data: Measurement
Gage Info...
Options...
Conf Int...
Storage...
Method of Analysis
ANOVA
Xbar and R
Select
Help
OK
Cancel

圖 3-51

4. 圖 3-52 中，當點擊選項（Options）時，使用者可選擇要將「單元標準差」（unit sigma- 見（3.2.4）節）乘以幾倍，一般精密電子業都採用「6」，見圖 3-52，即涵蓋 99.73% 常態分配面積。後點擊「OK」。

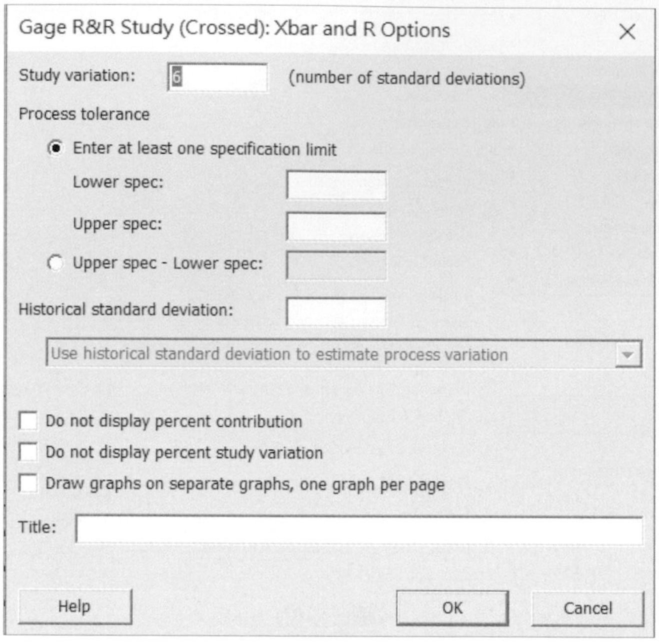

Gage R&R Study (Crossed): Xbar and R Options

Study variation: 6 (number of standard deviations)

Process tolerance

(•) Enter at least one specification limit

Lower spec:

Upper spec:

( ) Upper spec - Lower spec:

Historical standard deviation:

Use historical standard deviation to estimate process variation

[ ] Do not display percent contribution

[ ] Do not display percent study variation

[ ] Draw graphs on separate graphs, one graph per page

Title:

Help　OK　Cancel

圖 3-52

5. 圖 3-53 最下面之區塊中，計算之「Total Gage R&R」的 %SV 爲 26.68%，且「Number of Distinct Categories=5」代表「品質特性」可區分 5 個或 5 個以上群組，因此，這個「量測系統」利用「Xbar and R」方法斷定是可接受的。

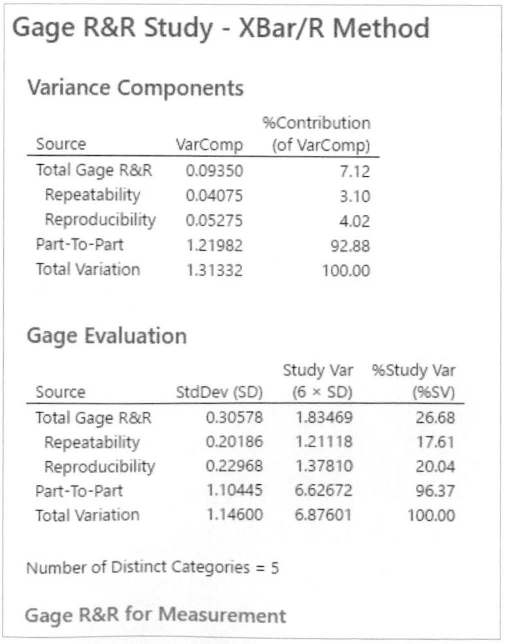

Gage R&R Study - XBar/R Method

Variance Components

Source	VarComp	%Contribution (of VarComp)
Total Gage R&R	0.09350	7.12
Repeatability	0.04075	3.10
Reproducibility	0.05275	4.02
Part-To-Part	1.21982	92.88
Total Variation	1.31332	100.00

Gage Evaluation

Source	StdDev (SD)	Study Var (6 × SD)	%Study Var (%SV)
Total Gage R&R	0.30578	1.83469	26.68
Repeatability	0.20186	1.21118	17.61
Reproducibility	0.22968	1.37810	20.04
Part-To-Part	1.10445	6.62672	96.37
Total Variation	1.14600	6.87601	100.00

Number of Distinct Categories = 5

Gage R&R for Measurement

圖 3-53

6. 圖 3-54 中，左下角之圖，因量測系統 Gage R&R 的變異比零件的變異小，因此零件的變化可被捕捉出來。右邊中間的圖有一條接近水平的線，代表 3 位評價者能力相當。

Gage R&R for Measurement
Gage R&R (Xbar/R) Report for Measurement
Gage name:
Date of study:
Reported by:
Tolerance:
Misc:
Components of Variation
Percent
% Contribution
% Study Var
Gage R&R
Repeat
Reprod
Part-to-Part
Measurement by Part
Part
R Chart by Operator
Sample Range
UCL=0.880
R̄=0.342
LCL=0
Part
Measurement by Operator
Operator
Xbar Chart by Operator
Sample Mean
Part
Part * Operator Interaction
Average
Operator
Part

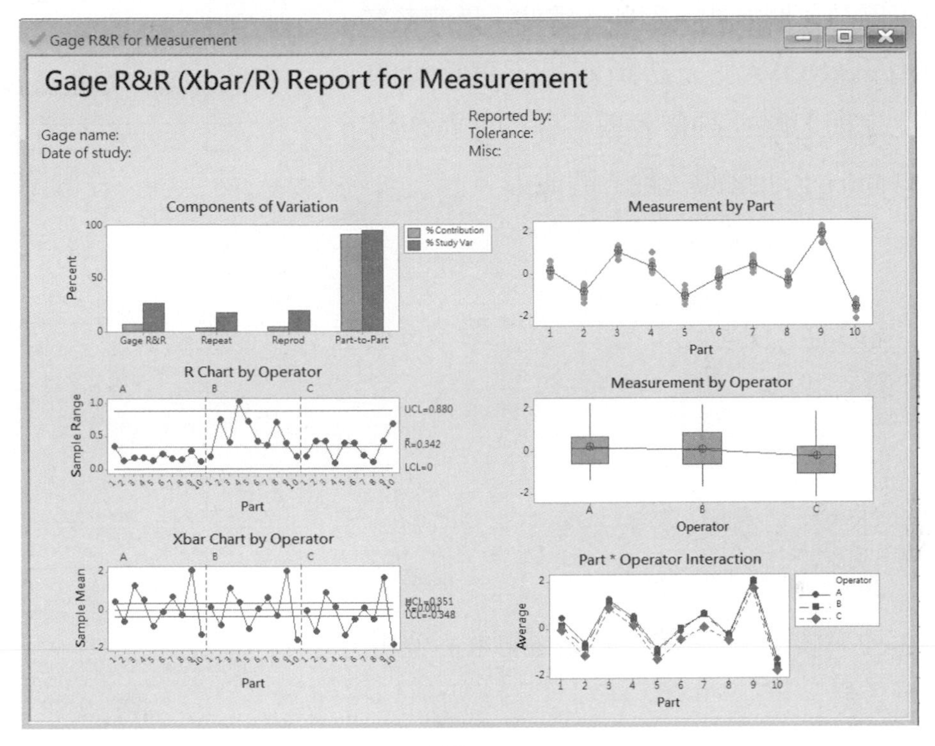

圖 3-54

7. 相同資料，改採「ANOVA」分析方法，見圖 3-55。此方法可檢驗出「評價者與零件的交互作用」。

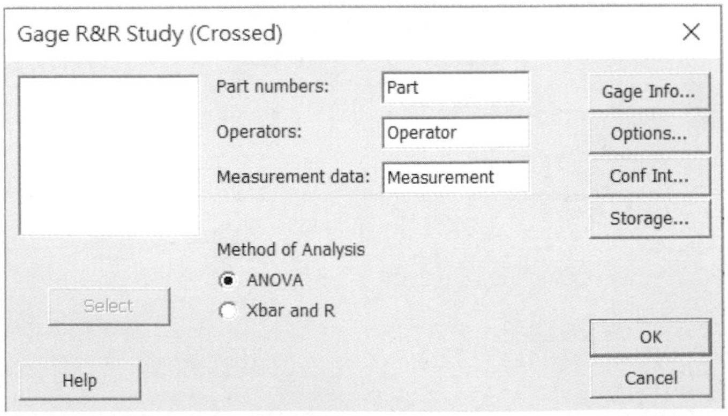

Gage R&R Study (Crossed)
Part numbers:
Part
Operators:
Operator
Measurement data:
Measurement
Gage Info...
Options...
Conf Int...
Storage...
Method of Analysis
ANOVA
Xbar and R
Select
Help
OK
Cancel

圖 3-55

8. 圖 3-56 最下面之區塊中，計算之「Total Gage R&R」的 %SV 為 27.86%，且「Number of Distinct Categories =4」代表「品質特性」只可區分 4 個群組。因此，這個「量測系統」利用「ANOVA」方法斷定是不可接受的。因此之前忽略「評價者與零件的交互作用」導致高估了「量測系統」的能力。

Gage R&R Study - ANOVA Method

Two-Way ANOVA Table With Interaction

Source	DF	SS	MS	F	P
Part	9	88.3619	9.81799	492.291	0.000
Operator	2	3.1673	1.58363	79.406	0.000
Part * Operator	18	0.3590	0.01994	0.434	0.974
Repeatability	60	2.7589	0.04598		
Total	89	94.6471			

α to remove interaction term = 0.05

Two-Way ANOVA Table Without Interaction

Source	DF	SS	MS	F	P
Part	9	88.3619	9.81799	245.614	0.000
Operator	2	3.1673	1.58363	39.617	0.000
Repeatability	78	3.1179	0.03997		
Total	89	94.6471			

Gage R&R

Variance Components

Source	VarComp	%Contribution (of VarComp)
Total Gage R&R	0.09143	7.76
Repeatability	0.03997	3.39
Reproducibility	0.05146	4.37
Operator	0.05146	4.37
Part-To-Part	1.08645	92.24
Total Variation	1.17788	100.00

Gage Evaluation

Source	StdDev (SD)	Study Var (6 × SD)	%Study Var (%SV)
Total Gage R&R	0.30237	1.81423	27.86
Repeatability	0.19993	1.19960	18.42
Reproducibility	0.22684	1.36103	20.90
Operator	0.22684	1.36103	20.90
Part-To-Part	1.04233	6.25396	96.04
Total Variation	1.08530	6.51180	100.00

Number of Distinct Categories = 4

圖 3-56

9. 圖 3-57 中結論與之前「Xbar and R」分析方法無差異。

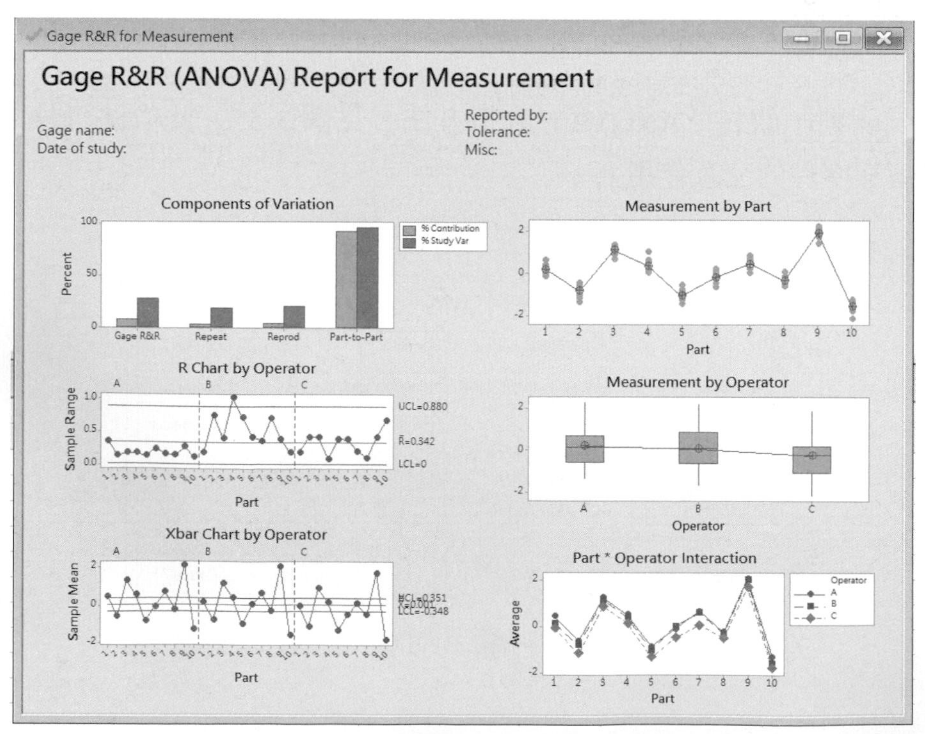

圖 3-57

本案例中「設備（量具）的變異」大於「零件間的變異」。共有三個評價者，三個零件，每個評價者量測每個零件三次。

表 3-18　實驗結果

物件編號	操作人員	量測數值	量測次數	物件編號	操作人員	量測數值	量測次數
3	3	413.75	3	2	1	408.75	3
3	3	268.75	2	2	1	608.75	2
3	3	420	1	2	1	443.75	1
3	2	426.25	3	1	3	383.75	3
3	2	471.25	2	1	3	373.75	2
3	2	432.5	1	1	3	446.25	1
3	1	368.75	3	1	2	388.75	3
3	1	270	2	1	2	157.5	2
3	1	398.75	1	1	2	456.25	1
2	3	386.25	3	1	1	405	3
2	3	478.75	2	1	1	273.75	2
2	3	436.25	1	1	1	476.25	1
2	2	406.25	3				
2	2	531.25	2				
2	2	435	1				

1. 開啓 Minitab 軟體，並打開隨書所附之 Excel 資料檔中「第三章」工作表。將 L 至 O 行資料，複製到 Minitab 中，見圖 3-58。

	L	M	N	O
1	Part	Operator	Response	Trial
2	3	3	413.75	3
3	3	3	268.75	2
4	3	3	420	1
5	3	2	426.25	3
6	3	2	471.25	2
7	3	2	432.5	1
8	3	1	368.75	3
9	3	1	270	2
10	3	1	398.75	1
11	2	3	386.25	3
12	2	3	478.75	2
13	2	3	436.25	1
14	2	2	406.25	3
15	2	2	531.25	2
16	2	2	435	1
17	2	1	408.75	3
18	2	1	608.75	2
19	2	1	443.75	1
20	1	3	383.75	3
21	1	3	373.75	2
22	1	3	446.25	1
23	1	2	388.75	3
24	1	2	157.5	2
25	1	2	456.25	1
26	1	1	405	3
27	1	1	273.75	2
28	1	1	476.25	1

圖 3-58

2. 啓用模組，見圖 3-59。

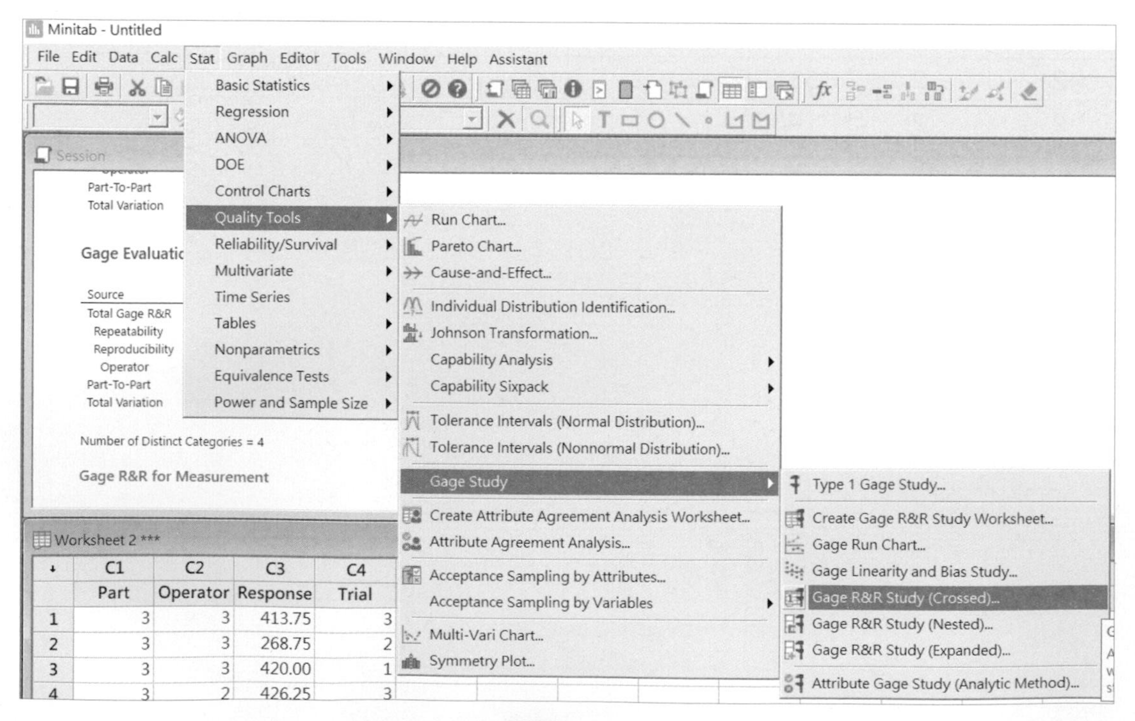

圖 3-59

3. 使用「Xbar and R」分析方法。此方法無法檢驗出「評價者與零件的交互作用」，見圖 3-60。

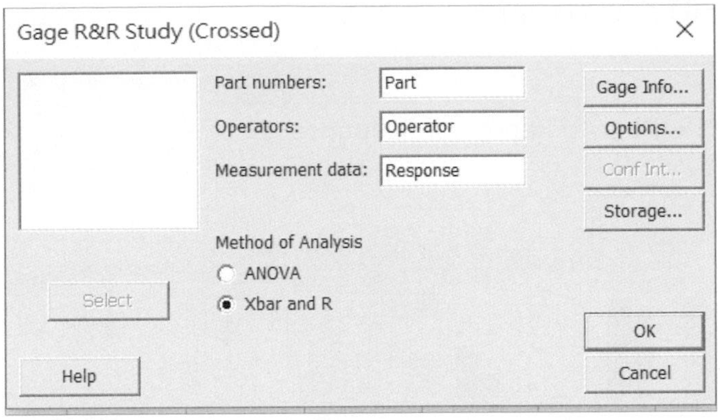

Gage R&R Study (Crossed)

Part numbers: Part
Operators: Operator
Measurement data: Response

Method of Analysis
ANOVA
Xbar and R

Select | Help | Gage Info... | Options... | Conf Int... | Storage... | OK | Cancel

圖 3-60

4. 圖 3-61 最下面之區塊中，計算之「Total Gage R&R」的 %SV 爲 88.42%，且「Number of Distinct Categories =1」代表「品質特性」只可區分 1 個群組，因此，這個「量測系統」利用「Xbar and R」方法斷定是不可接受的。

Gage R&R Study - XBar/R Method

Variance Components

Source	VarComp	%Contribution (of VarComp)
Total Gage R&R	7244.42	78.17
Repeatability	7244.42	78.17
Reproducibility	0.00	0.00
Part-To-Part	2022.76	21.83
Total Variation	9267.19	100.00

Gage Evaluation

Source	StdDev (SD)	Study Var (6 × SD)	%Study Var (%SV)
Total Gage R&R	85.1142	510.685	88.42
Repeatability	85.1142	510.685	88.42
Reproducibility	0.0000	0.000	0.00
Part-To-Part	44.9751	269.851	46.72
Total Variation	96.2662	577.597	100.00

Number of Distinct Categories = 1

圖 3-61

5. 圖 3-62 中，左下角之圖，因量測系統 Gage R&R 的變異比零件的變異大，因此零件的變化無法被捕捉出來。右邊中間的圖中有一條接近水平的線，代表 3 位評價者能力相當。

Gage R&R for Response
Gage R&R (Xbar/R) Report for Response
Gage name:
Date of study:
Reported by:
Tolerance:
Misc:
Components of Variation
Percent
% Contribution
% Study Var
Gage R&R
Repeat
Reprod
Part-to-Part
Response by Part
Part
R Chart by Operator
Sample Range
UCL=376.5
R̄=146.3
LCL=0
Part
Response by Operator
Operator
Xbar Chart by Operator
Sample Mean
UCL=555.8
X̿=406.2
LCL=256.5
Part
Part * Operator Interaction
Average
Operator
Part

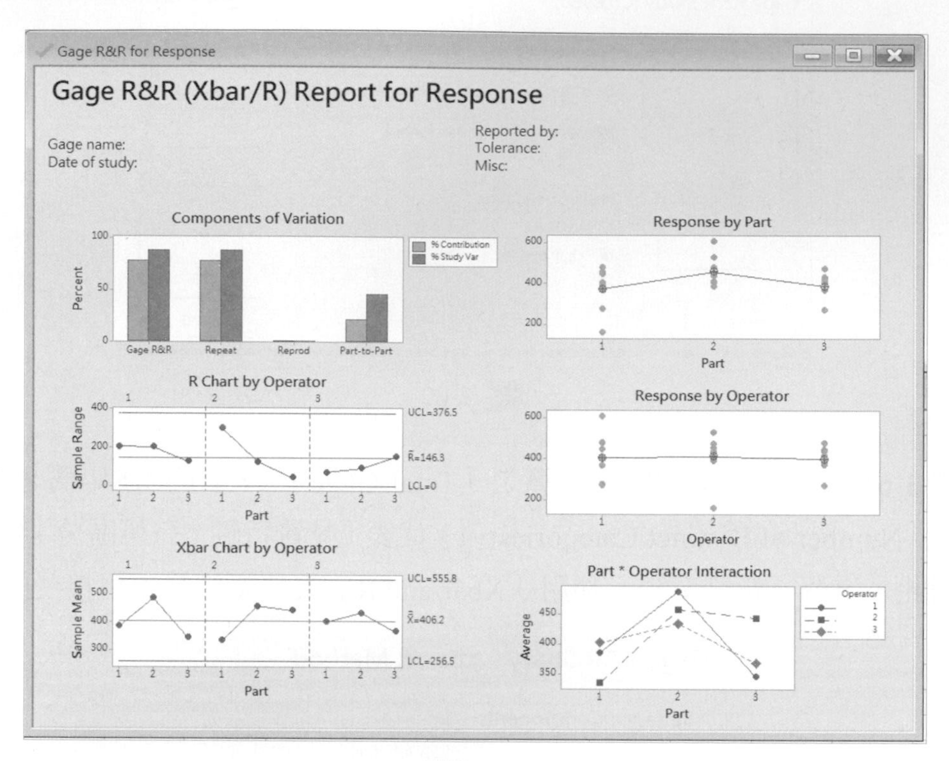

圖 3-62

6. 相同資料，採「ANOVA」分析方法，見圖 3-63。此方法可檢驗出「評價者與零件的交互作用」。

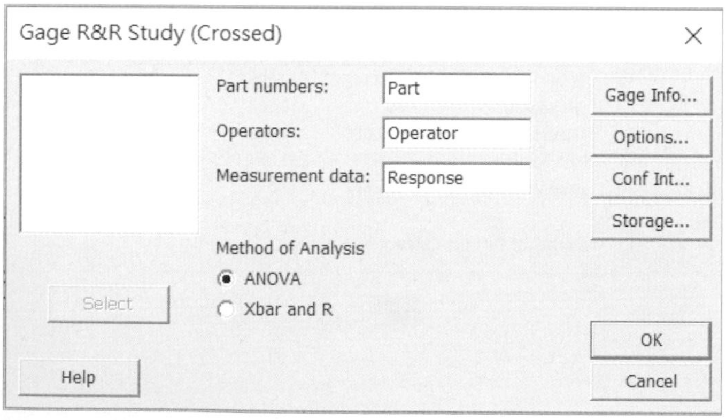

Gage R&R Study (Crossed)
Part numbers:
Part
Operators:
Operator
Measurement data:
Response
Gage Info...
Options...
Conf Int...
Storage...
Method of Analysis
ANOVA
Xbar and R
Select
Help
OK
Cancel

圖 3-63

7. 圖 3-64 最下面之區塊中，計算的「Total Gage R&R」 的 %SV 為 91.85%， 且「Number of Distinct Categories =1」代表「品質特性」只可區分 1 個群組。因此，這個「量測系統」利用「ANOVA」方法斷定是不可接受的。

Gage R&R Study - ANOVA Method

Two-Way ANOVA Table With Interaction

Source	DF	SS	MS	F	P
Part	2	38990	19495.2	2.90650	0.166
Operator	2	529	264.3	0.03940	0.962
Part * Operator	4	26830	6707.4	0.90185	0.484
Repeatability	18	133873	7437.4		
Total	26	200222			

α to remove interaction term = 0.05

Two-Way ANOVA Table Without Interaction

Source	DF	SS	MS	F	P
Part	2	38990	19495.2	2.66887	0.092
Operator	2	529	264.3	0.03618	0.965
Repeatability	22	160703	7304.7		
Total	26	200222			

Gage R&R

Variance Components

Source	VarComp	%Contribution (of VarComp)
Total Gage R&R	7304.67	84.36
Repeatability	7304.67	84.36
Reproducibility	0.00	0.00
Operator	0.00	0.00
Part-To-Part	1354.50	15.64
Total Variation	8659.17	100.00

Gage Evaluation

Source	StdDev (SD)	Study Var (6 × SD)	%Study Var (%SV)
Total Gage R&R	85.4673	512.804	91.85
Repeatability	85.4673	512.804	91.85
Reproducibility	0.0000	0.000	0.00
Operator	0.0000	0.000	0.00
Part-To-Part	36.8036	220.821	39.55
Total Variation	93.0547	558.328	100.00

Number of Distinct Categories = 1

圖 3-64

8. 圖 3-65 中結論與之前「Xbar and R」分析方法無差異。

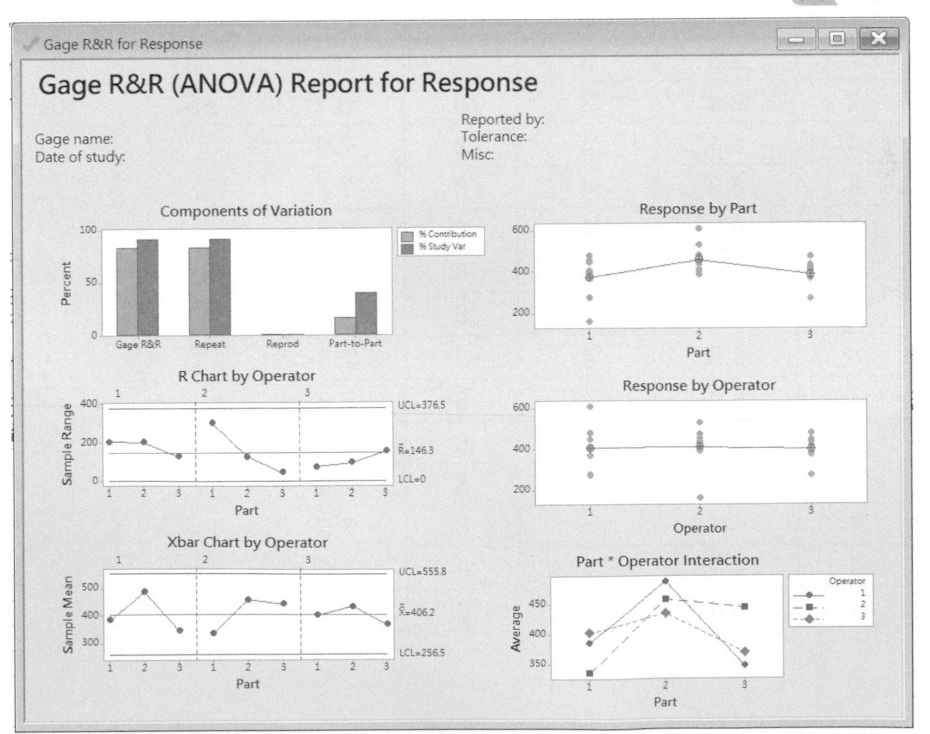

圖 3-65

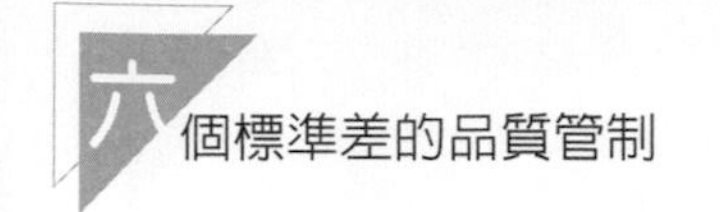

本案例中檢查「量測系統」的「準確度」中的「線性」與「偏差值」。共 5 個不同尺寸物件，相同評價者針對每個物件量測 12 次，已知之前用「ANOVA」計算之「Gage R&R」中製程總變異為「14.1941」。

表 3-19　實驗結果

物件編號	真值	量測數值	物件編號	真值	量測數值	物件編號	真值	量測數值
1	2	2.7	3	6	5.8	5	10	9.1
1	2	2.5	3	6	5.7	5	10	9.3
1	2	2.4	3	6	5.9	5	10	9.5
1	2	2.5	3	6	5.9	5	10	9.3
1	2	2.7	3	6	6	5	10	9.4
1	2	2.3	3	6	6.1	5	10	9.5
1	2	2.5	3	6	6	5	10	9.5
1	2	2.5	3	6	6.1	5	10	9.5
1	2	2.4	3	6	6.4	5	10	9.6
1	2	2.4	3	6	6.3	5	10	9.2
1	2	2.6	3	6	6	5	10	9.3
1	2	2.4	3	6	6.1	5	10	9.4
2	4	5.1	4	8	7.6			
2	4	3.9	4	8	7.7			
2	4	4.2	4	8	7.8			
2	4	5	4	8	7.7			
2	4	3.8	4	8	7.8			
2	4	3.9	4	8	7.8			
2	4	3.9	4	8	7.8			
2	4	3.9	4	8	7.7			
2	4	3.9	4	8	7.8			
2	4	4	4	8	7.5			
2	4	4.1	4	8	7.6			
2	4	3.8	4	8	7.7			

1. 開啓 Minitab 軟體，並打開隨書所附之 Excel 資料檔中「第三章」工作表。將 P 至 R 行資料，複製到 Minitab 中，見圖 3-66。

	P	Q	R
1	Part	Master	Response
2	1	2	2.7
3	1	2	2.5
4	1	2	2.4
5	1	2	2.5
6	1	2	2.7
7	1	2	2.3
8	1	2	2.5
9	1	2	2.5
10	1	2	2.4
11	1	2	2.4
12	1	2	2.6
13	1	2	2.4
14	2	4	5.1
15	2	4	3.9
16	2	4	4.2
17	2	4	5
18	2	4	3.8
19	2	4	3.9
20	2	4	3.9
21	2	4	3.9
22	2	4	3.9
23	2	4	4
24	2	4	4.1
25	2	4	3.8
26	3	6	5.8
27	3	6	5.7
28	3	6	5.9
29	3	6	5.9
30	3	6	6

圖 3-66

2. 啓用模組，見圖 3-67。

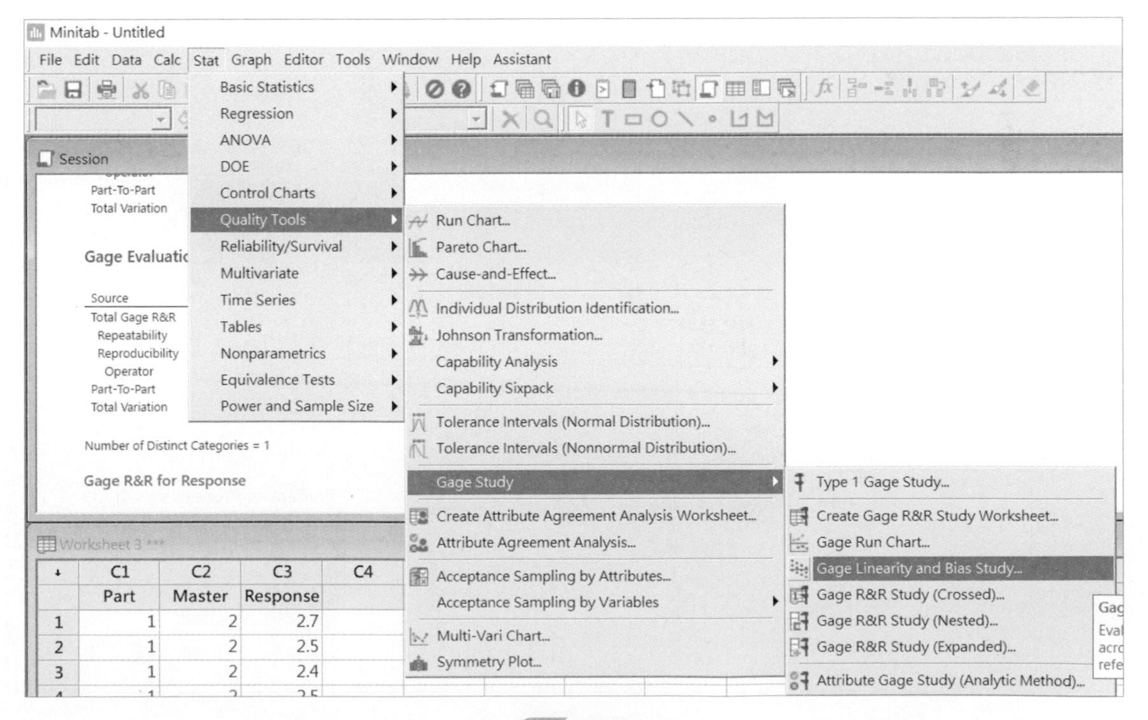

圖 3-67

3. 選擇資料，並輸入製程變異「14.1941」，見圖 3-68。

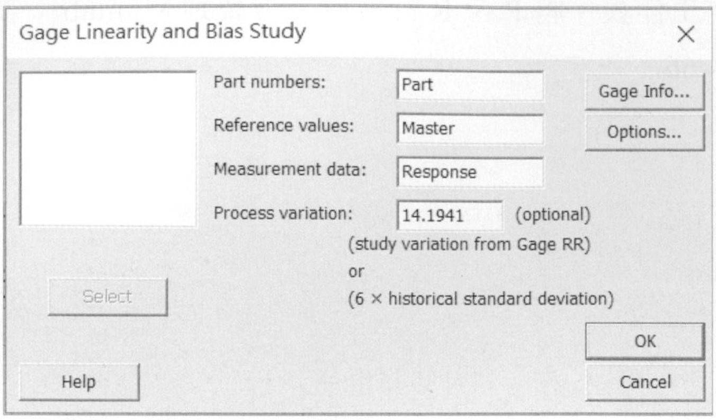

Gage Linearity and Bias Study
Part numbers: Part
Reference values: Master
Measurement data: Response
Process variation: 14.1941 (optional)
(study variation from Gage RR)
or
(6 × historical standard deviation)
Gage Info...
Options...
Select
OK
Help
Cancel

圖 3-68

4. 圖 3-69 中，「% Linearity」佔了製程總變異的 13.2%，此值應愈接近零愈好。「% Bias」則佔了製程總變異的 0.4%。

Gage Linearity and Bias for Response
Gage Linearity and Bias Report for Response
Gage name:
Date of study:
Reported by:
Tolerance:
Misc:
Regression
95% CI
Data
Avg Bias
Bias
Reference Value
Gage Linearity
Predictor Coef SE Coef P
Constant 0.73667 0.07252 0.000
Slope -0.13167 0.01093 0.000
S 0.23954 R-Sq 71.4%
Linearity 1.86889 %Linearity 13.2
Gage Bias
Reference Bias %Bias P
Average -0.053333 0.4 0.040
2 0.491667 3.5 0.000
4 0.125000 0.9 0.293
6 0.025000 0.2 0.688
8 -0.291667 2.1 0.000
10 -0.616667 4.3 0.000
Percent of Process Variation
Percent
Linearity
Bias

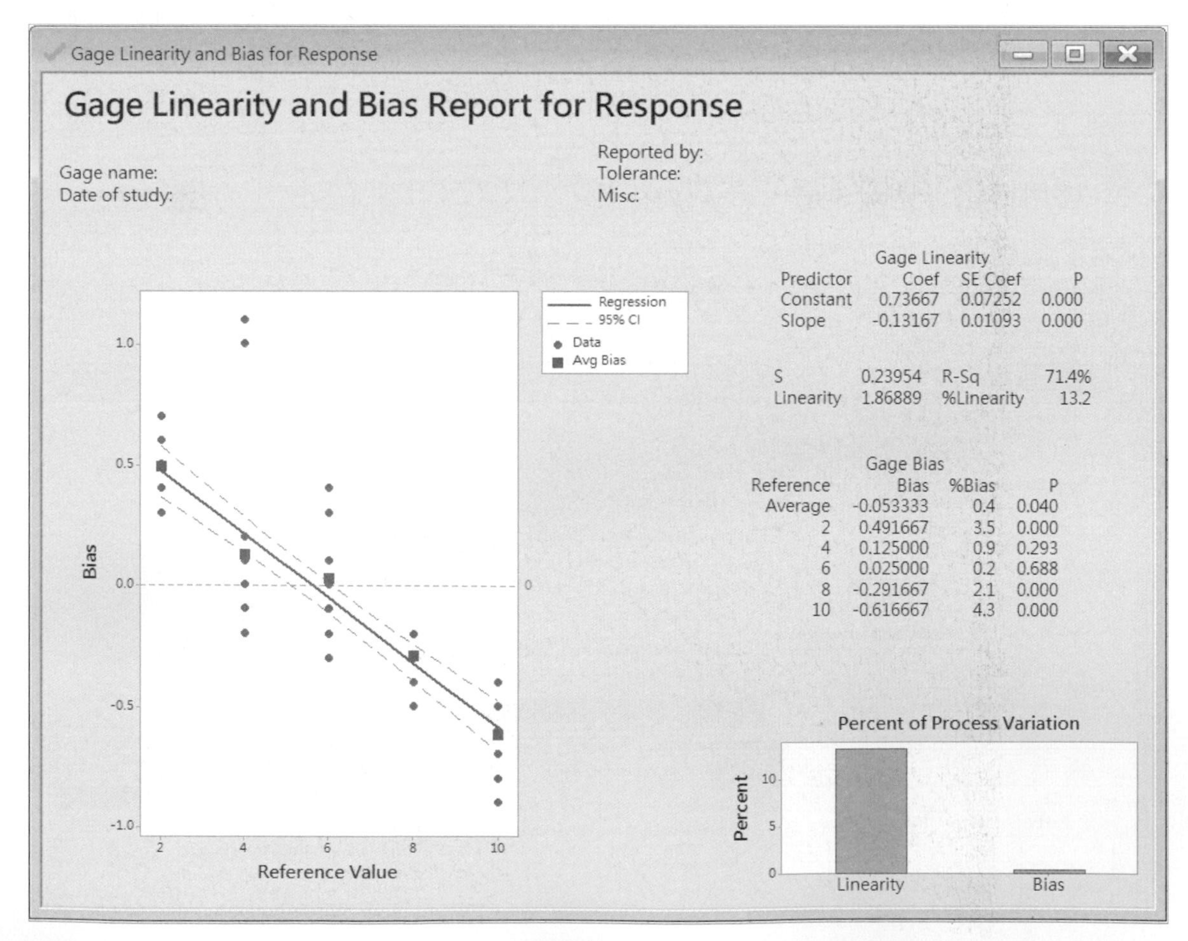

圖 3-69

實例演練 10

Gage R&R（Nested）：每個零件只讓一位評價者量測，可採用以下之「量測系統」Gage R&R 分析。

1. 開啓 Minitab 軟體，並打開隨書所附之 Excel 資料檔中「第三章」工作表。將 S 至 U 行資料，複製到 Minitab 中，見圖 3-70。

	S	T	U
1	Part	Operator	Response
2	1	Steve	15.4257
3	1	Steve	16.8677
4	2	Steve	15.5018
5	2	Steve	15.1628
6	3	Steve	15.7251
7	3	Steve	12.8191
8	4	Steve	15.1429
9	4	Steve	13.8563
10	5	Steve	14.1119
11	5	Steve	16.5675
12	6	Billie	13.1025
13	6	Billie	15.5494
14	7	Billie	13.8316
15	7	Billie	14.2388
16	8	Billie	16.8403
17	8	Billie	14.325
18	9	Billie	15.1448
19	9	Billie	14.5478
20	10	Billie	16.3736
21	10	Billie	17.5779
22	11	Nathan	14.0156
23	11	Nathan	16.0597
24	12	Nathan	14.7948
25	12	Nathan	14.8448
26	13	Nathan	14.2155

圖 3-70

2. 進入模組，見圖 3-71。

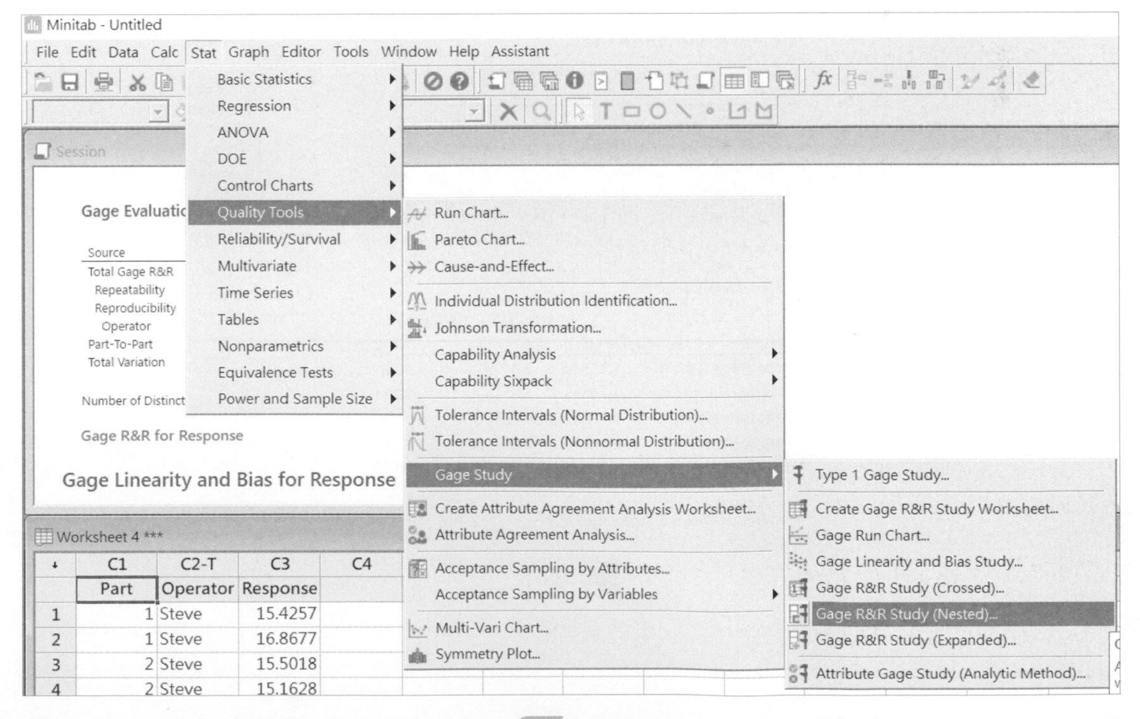

圖 3-71

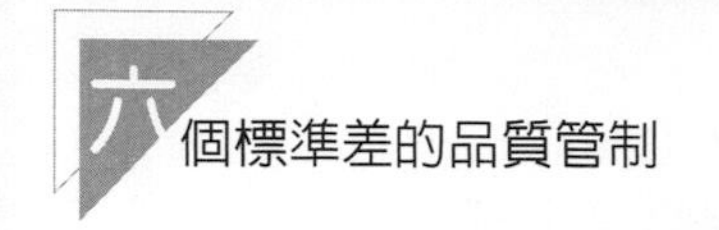

3. 選定相關各欄，見圖 3-72。

Gage R&R Study (Nested)

Part or batch numbers: Part
Operators: Operator
Measurement data: Response

Gage Info... Options... Conf Int... Storage...

Select Help OK Cancel

圖 3-72

4. 圖 3-73 最下面之區塊中，計算之「Total Gage R&R」的 %SV 爲 90.81%，且「Number of Distinct Categories =1」代表「品質特性」只可區分 1 個群組。因此，模組判定此量測系統不可接受。

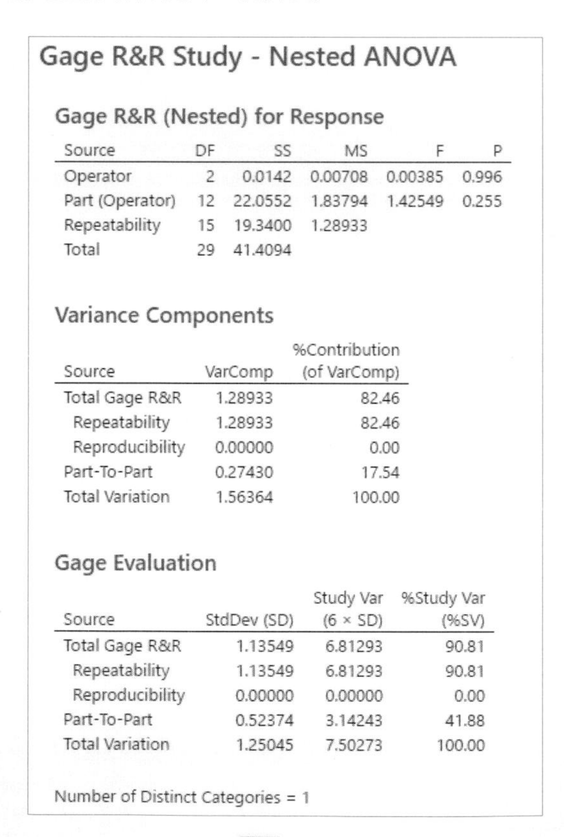
Gage R&R Study - Nested ANOVA

Gage R&R (Nested) for Response

Source	DF	SS	MS	F	P
Operator	2	0.0142	0.00708	0.00385	0.996
Part (Operator)	12	22.0552	1.83794	1.42549	0.255
Repeatability	15	19.3400	1.28933		
Total	29	41.4094			

Variance Components

Source	VarComp	%Contribution (of VarComp)
Total Gage R&R	1.28933	82.46
Repeatability	1.28933	82.46
Reproducibility	0.00000	0.00
Part-To-Part	0.27430	17.54
Total Variation	1.56364	100.00

Gage Evaluation

Source	StdDev (SD)	Study Var (6 × SD)	%Study Var (%SV)
Total Gage R&R	1.13549	6.81293	90.81
Repeatability	1.13549	6.81293	90.81
Reproducibility	0.00000	0.00000	0.00
Part-To-Part	0.52374	3.14243	41.88
Total Variation	1.25045	7.50273	100.00

Number of Distinct Categories = 1

圖 3-73

5. 圖 3-74 中，因「Gage R&R」有太多變異，因此所有零件均看不出差異。右圖代表評價者能力相當。因為每個零件只能讓一個評價者量測，因此「評價者」與「零件」的交互作用並不存在。

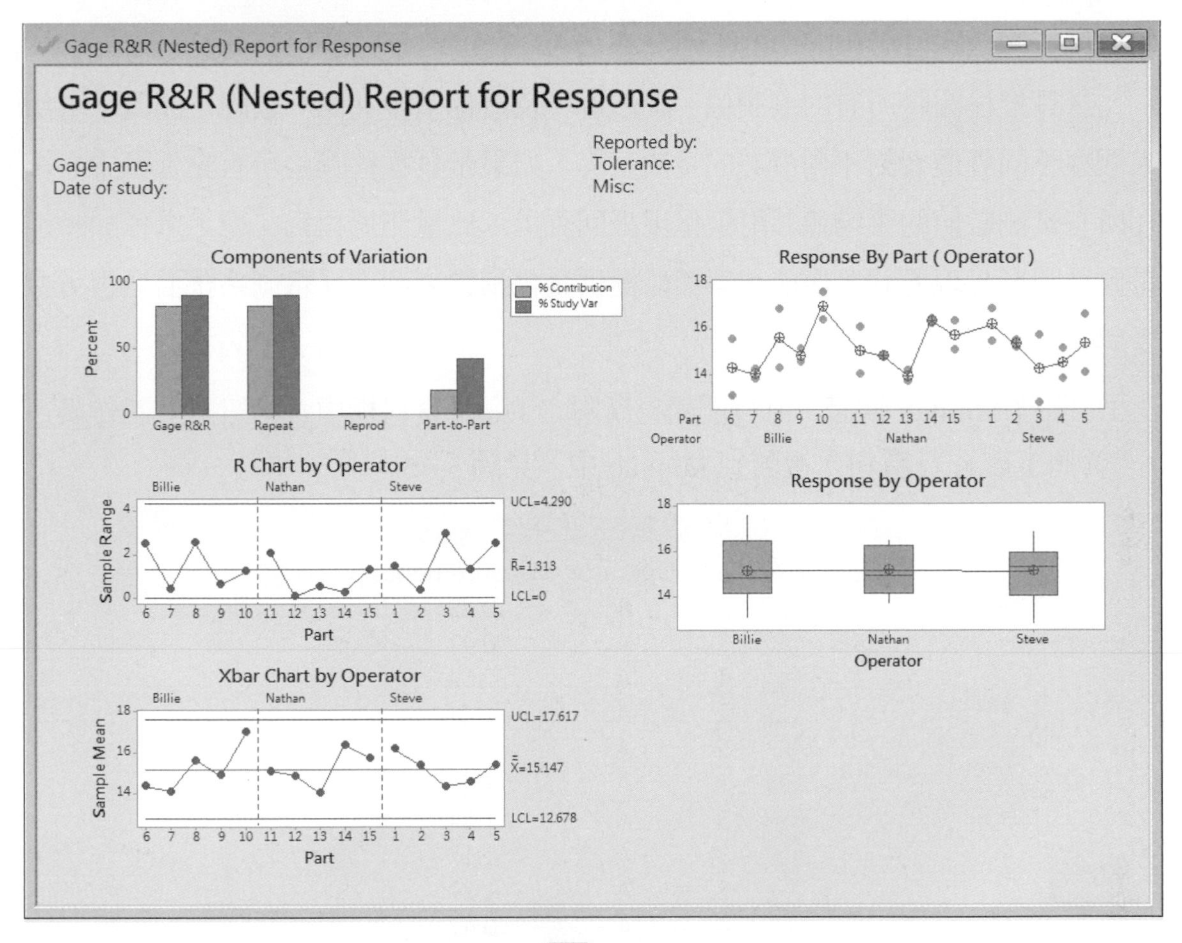

圖 3-74

實例演練 11 量具推移圖

量具推移圖（Gage Run Chart）

量具推移圖將所有的量測值、評價者、及零件呈現在同一張圖，因此，可用來觀察不同評價者對不同零件的量測差異，如果量具推移圖中所有點延著中心線（所有量測數值的平均值）附近呈現來回震盪，此量測過程為「穩定過程」。但是此種圖形呈現方式不像前述章節能提供量化指標來判定「量測系統」是否可接受與否。

1. 開啓 Minitab 軟體，並打開隨書所附之 Excel 資料檔中「第三章」工作表。將 I 至 K 行資料，複製到 Minitab 中，見圖 3-75。

	I	J	K
1	Part	Operator	Measurement
2	1	A	0.29
3	1	A	0.41
4	1	A	0.64
5	2	A	-0.56
6	2	A	-0.68
7	2	A	-0.58
8	3	A	1.34
9	3	A	1.17
10	3	A	1.27
11	4	A	0.47
12	4	A	0.5
13	4	A	0.64
14	5	A	-0.8
15	5	A	-0.92
16	5	A	-0.84
17	6	A	0.02
18	6	A	-0.11
19	6	A	-0.21
20	7	A	0.59
21	7	A	0.75

圖 3-75

2. 啓用模組，見圖 3-76。

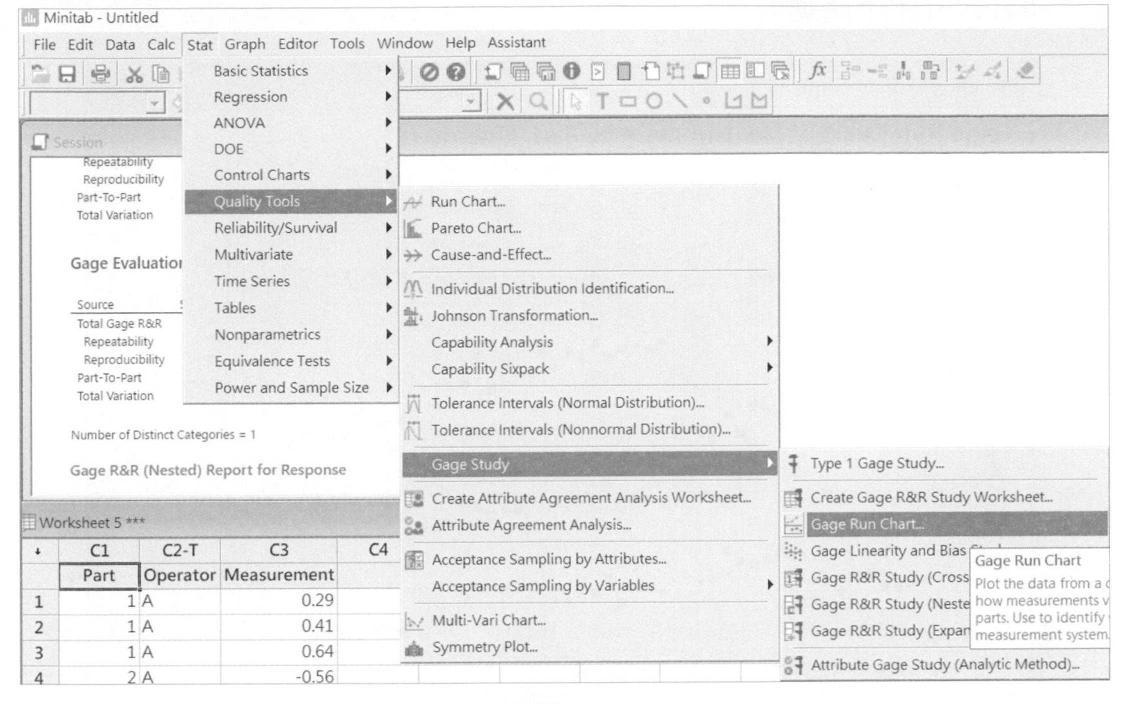

圖 3-76

3. 選定適當欄位，見圖 3-77。

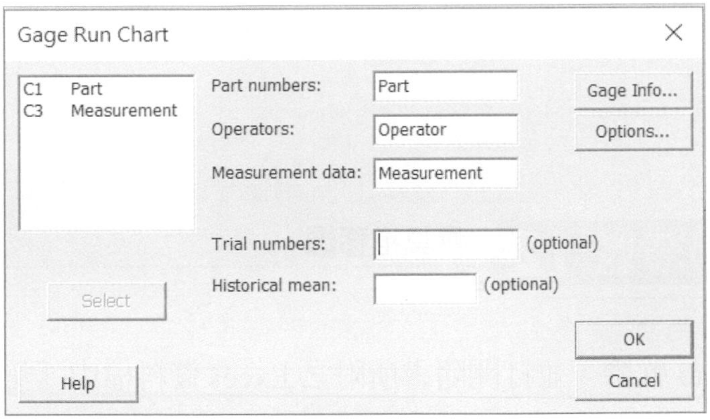

Gage Run Chart

C1 Part
C3 Measurement

Part numbers: Part
Operators: Operator
Measurement data: Measurement
Trial numbers: (optional)
Historical mean: (optional)

Select
Help
Gage Info...
Options...
OK
Cancel

圖 3-77

4. 圖 3-78 中，各評價者量測資料集中，因此「量測系統」可能沒有問題。但零件尺寸上下跳動大。

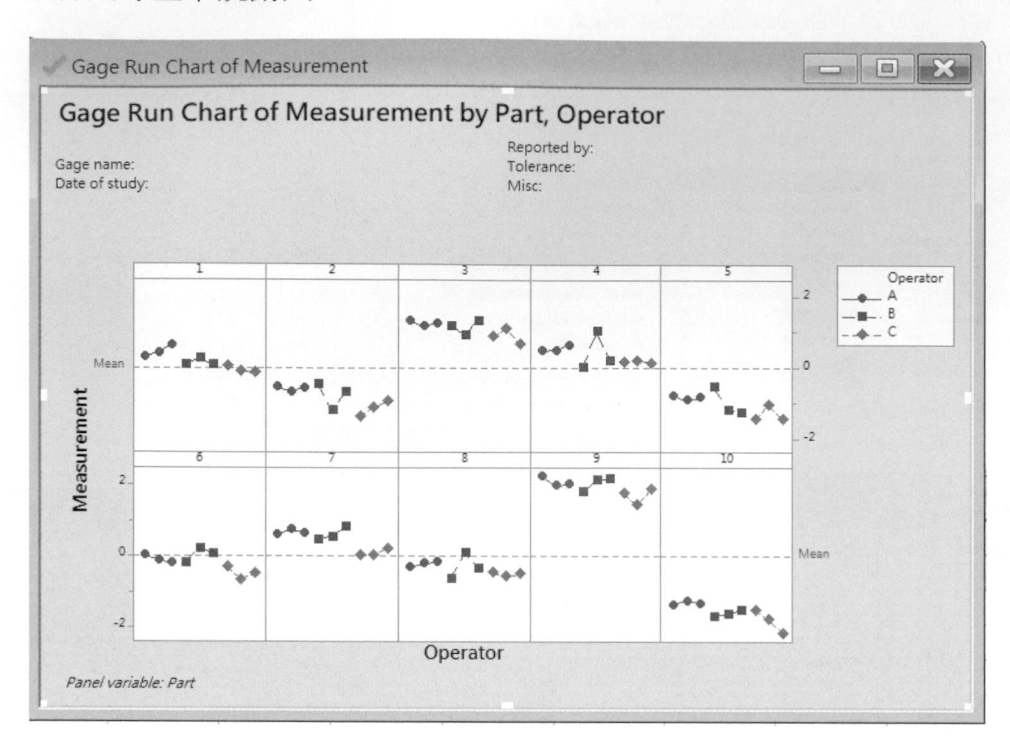

圖 3-78

實例演練 12 量具推移圖

1. 開啓 Minitab 軟體，並打開隨書所附之 Excel 資料檔中「第三章」工作表。將 L 至 O 行資料，複製到 Minitab 中，見圖 3-79。

	L	M	N	O
1	Part	Operator	Response	Trial
2	3	3	413.75	3
3	3	3	268.75	2
4	3	3	420	1
5	3	2	426.25	3
6	3	2	471.25	2
7	3	2	432.5	1
8	3	1	368.75	3
9	3	1	270	2
10	3	1	398.75	1
11	2	3	386.25	3
12	2	3	478.75	2
13	2	3	436.25	1
14	2	2	406.25	3
15	2	2	531.25	2
16	2	2	435	1
17	2	1	408.75	3
18	2	1	608.75	2
19	2	1	443.75	1
20	1	3	383.75	3
21	1	3	373.75	2
22	1	3	446.25	1
23	1	2	388.75	3
24	1	2	157.5	2
25	1	2	456.25	1
26	1	1	405	3
27	1	1	273.75	2
28	1	1	476.25	1

圖 3-79

2. 啓用模組，見圖 3-80。

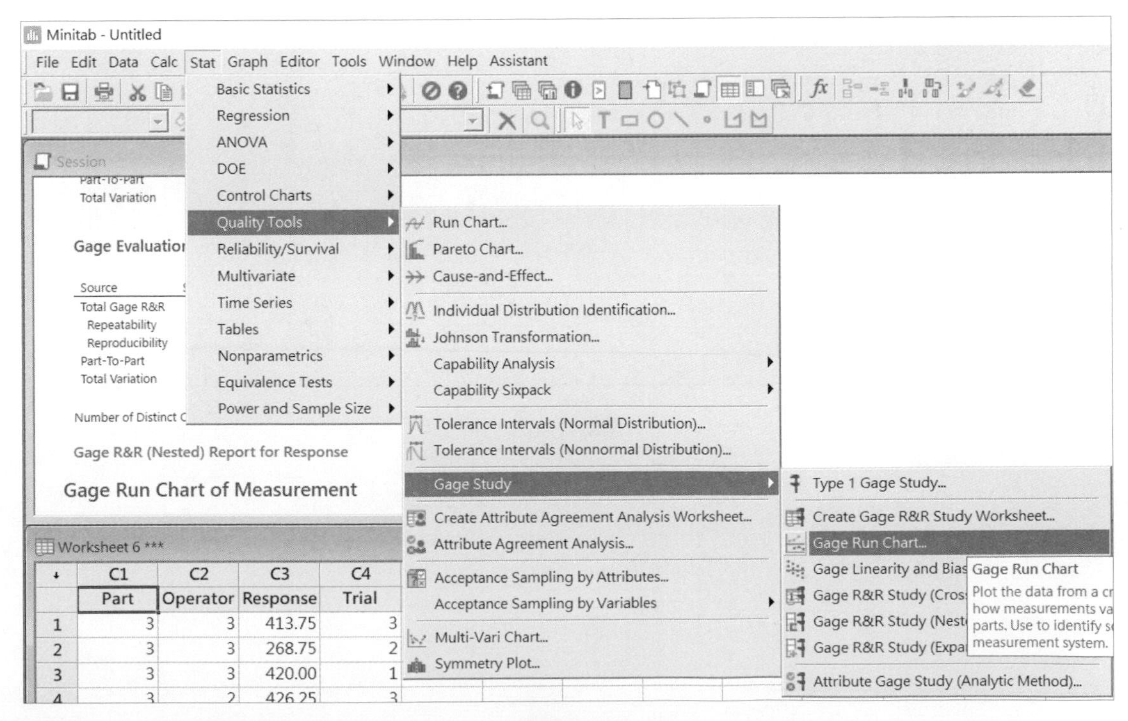

圖 3-80

3. 選用適當欄位，見圖 3-81。

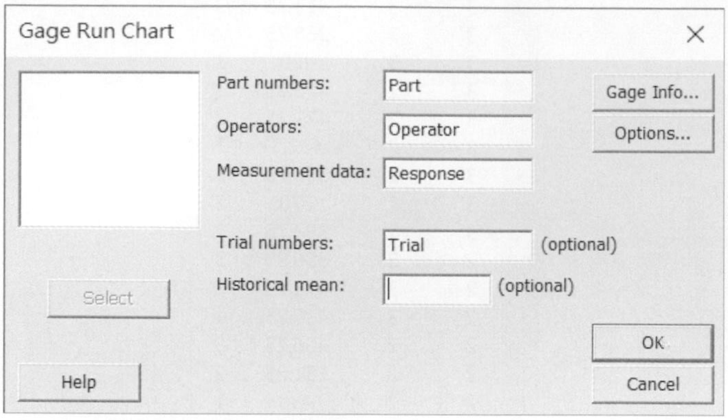

Gage Run Chart
Part numbers: Part
Operators: Operator
Measurement data: Response
Trial numbers: Trial (optional)
Historical mean: (optional)
Gage Info...
Options...
Select
Help
OK
Cancel

圖 3-81

4. 圖 3-82 中，各評價者量測資料不集中，因此「量測系統」可能有問題。

Gage Run Chart of Response
Gage Run Chart of Response by Part, Operator
Gage name:
Date of study:
Reported by:
Tolerance:
Misc:
Operator
1
2
3
Response
Mean
Operator
Panel variable: Part

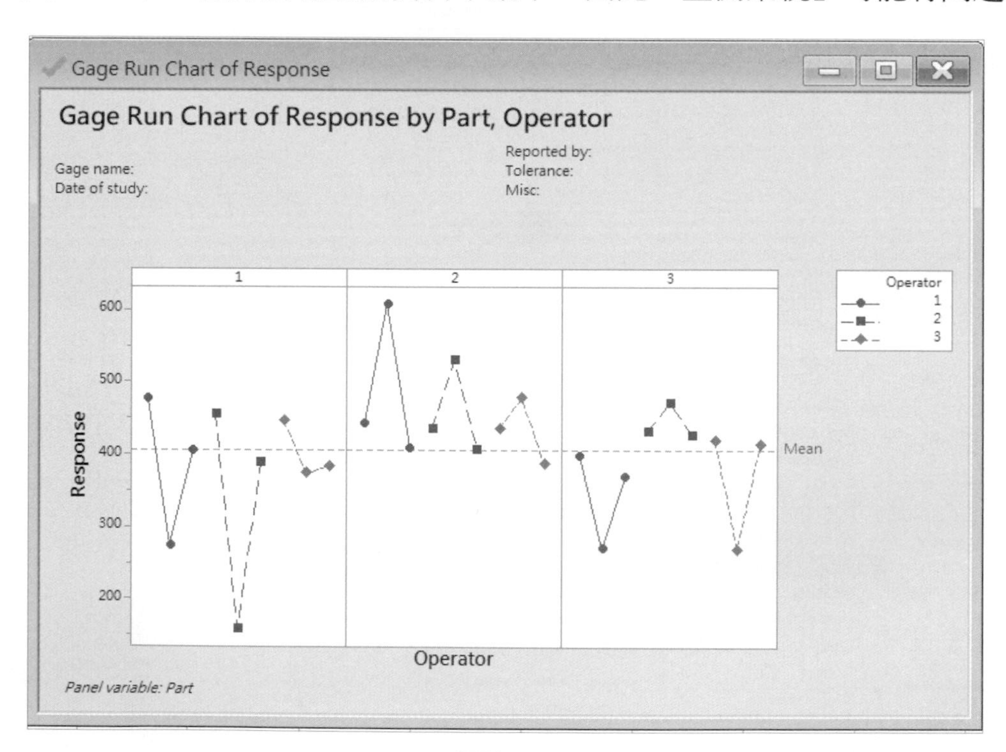

圖 3-82

實例演練 13 計數值量測系統分析

五個評價者針對「已知」或「未知」標準的論文進行評分。找出哪幾位評價者的量測能力可能有問題。。

1. 開啓 Minitab 軟體，並打開隨書所附之 Excel 資料檔中「第三章」工作表。將 V 至 Y 行資料，複製到 Minitab 中，見圖 3-83。
2. 圖 3-83，共五位評價者，分別對「已知」標準的論文進行評比。已知的標準置於（Y）。

	V	W	X	Y
1	Appraiser	Sample	Rating	Attribute
2	Simpson	1	2	2
3	Montgomery	1	2	2
4	Holmes	1	2	2
5	Duncan	1	1	2
6	Hayes	1	2	2
7	Simpson	2	-1	-1
8	Montgomery	2	-1	-1
9	Holmes	2	-1	-1
10	Duncan	2	-2	-1
11	Hayes	2	-1	-1
12	Simpson	3	1	0
13	Montgomery	3	0	0
14	Holmes	3	0	0
15	Duncan	3	0	0
16	Hayes	3	0	0
17	Simpson	4	-2	-2
18	Montgomery	4	-2	-2
19	Holmes	4	-2	-2
20	Duncan	4	-2	-2
21	Hayes	4	-2	-2
22	Simpson	5	0	0
23	Montgomery	5	0	0
24	Holmes	5	0	0
25	Duncan	5	-1	0
26	Hayes	5	0	0
27	Simpson	6	1	1
28	Montgomery	6	1	1
29	Holmes	6	1	1
30	Duncan	6	1	1
31	Hayes	6	1	1

圖 3-83

3. 開啓模組，見圖 3-84。

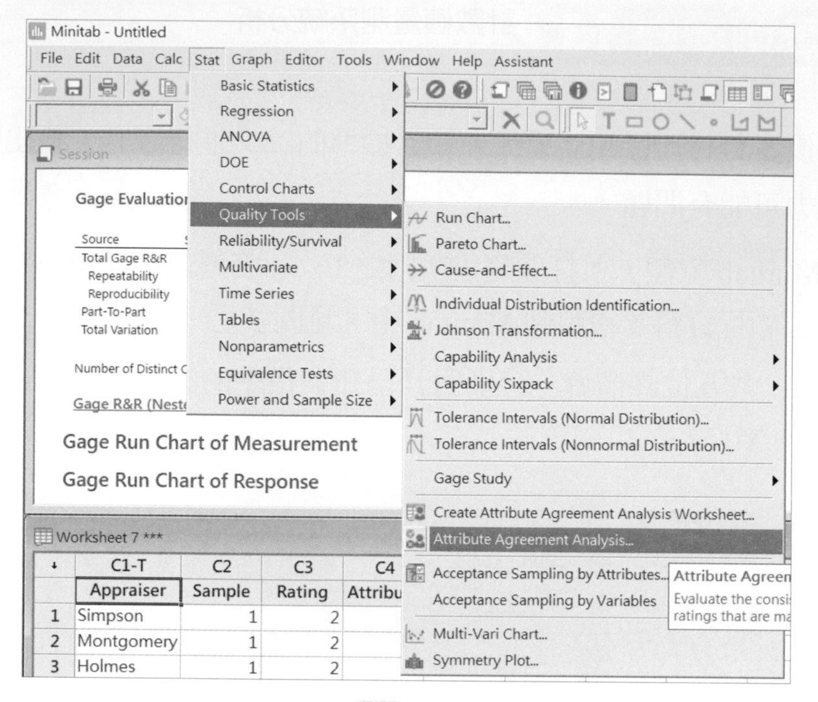

圖 3-84

4. 圖 3-85 中，填入適當的欄位。因標準已知， 故底部「Known standard/attribute」須填入資料，且勾選「Categories…」。

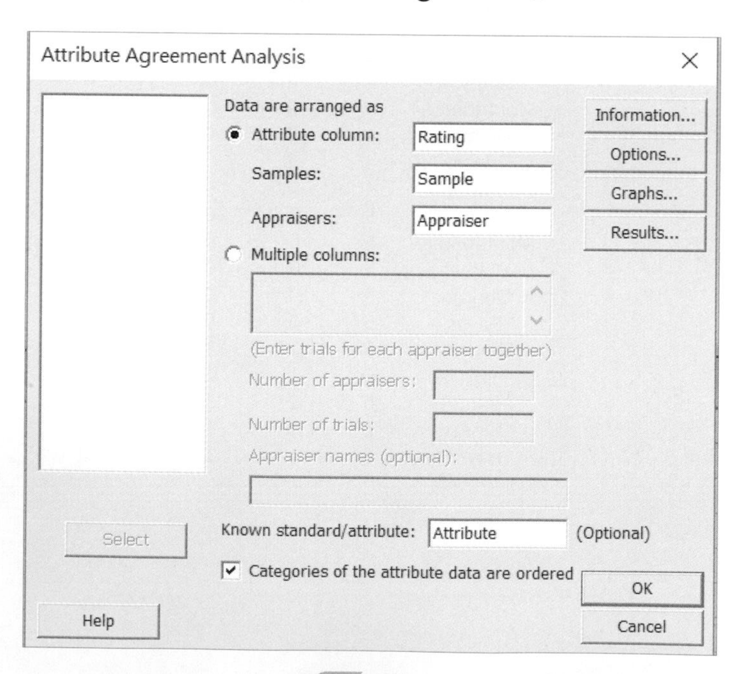

圖 3-85

5. 文字輸出部分顯示如圖 3-86、圖 3-87、圖 3-88。

Each Appraiser vs Standard

Assessment Agreement

Appraiser	# Inspected	# Matched	Percent	95% CI
Duncan	15	8	53.33	(26.59, 78.73)
Hayes	15	13	86.67	(59.54, 98.34)
Holmes	15	15	100.00	(81.90, 100.00)
Montgomery	15	15	100.00	(81.90, 100.00)
Simpson	15	14	93.33	(68.05, 99.83)

Matched: Appraiser's assessment across trials agrees with the known standard.

圖 3-86

Between Appraisers

Assessment Agreement

# Inspected	# Matched	Percent	95% CI
15	6	40.00	(16.34, 67.71)

Matched: All appraisers' assessments agree with each other.

圖 3-87

All Appraisers vs Standard

Assessment Agreement

# Inspected	# Matched	Percent	95% CI
15	6	40.00	(16.34, 67.71)

Matched: All appraisers' assessments agree with the known standard.

圖 3-88

6. 圖 3-89 中，顯示「Holmes」及「Montgomery」與「標準」的一致性最高，且「變異」較小。「Duncan」與「標準」的一致性最低，且「變異」最大。與文字輸出部分顯示中的圖 3-86 吻合。

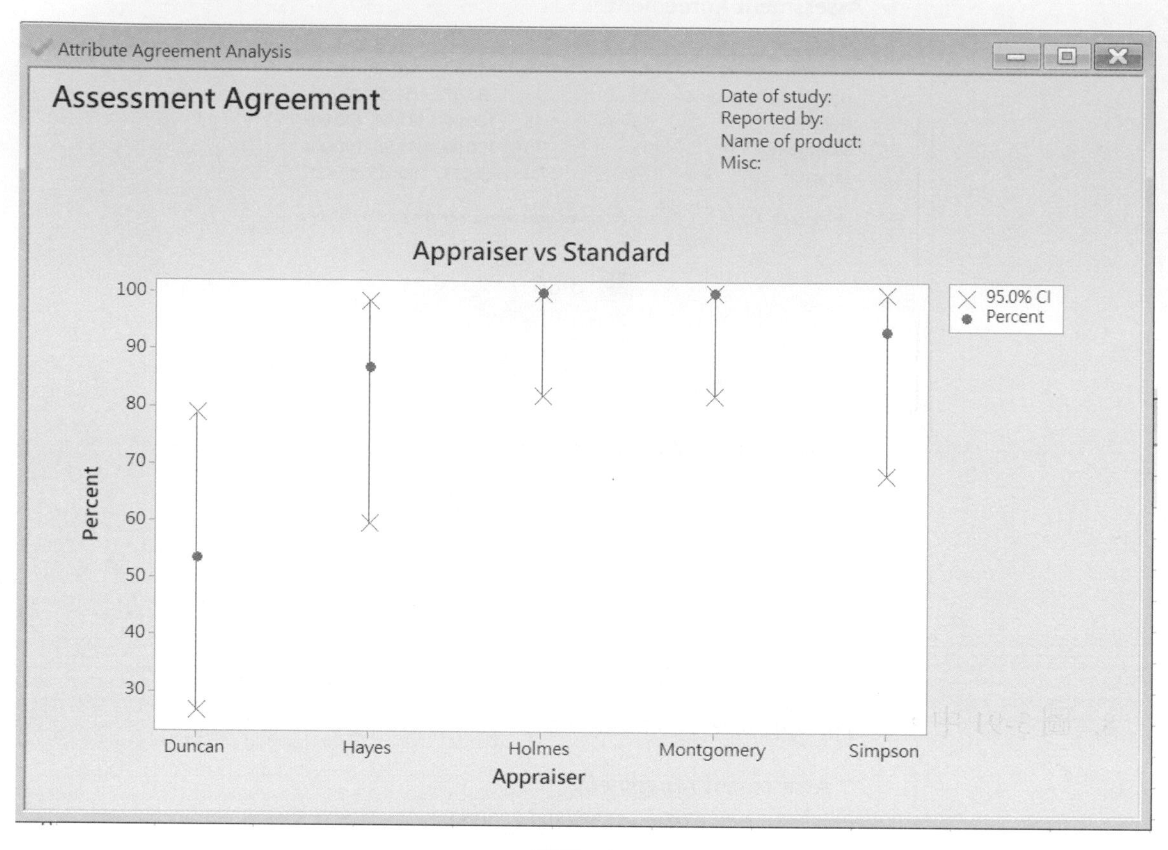

圖 3-89

7. 當標準未知時，底部「Known standard/attribute」不須填入資料，且不勾選「Categories…」，見圖 3-90。

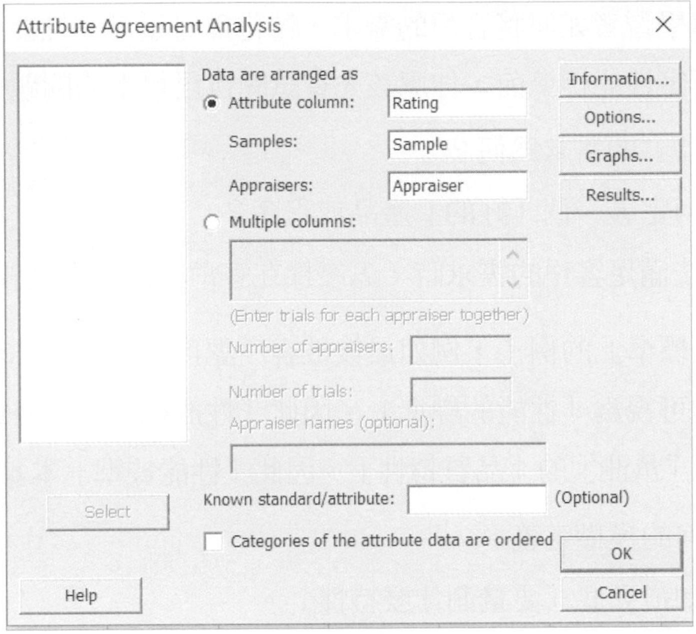

圖 3-90

8. 圖 3-91 中，當標準未知時，所得結果較精簡，只能比較各評價者間的一致性。

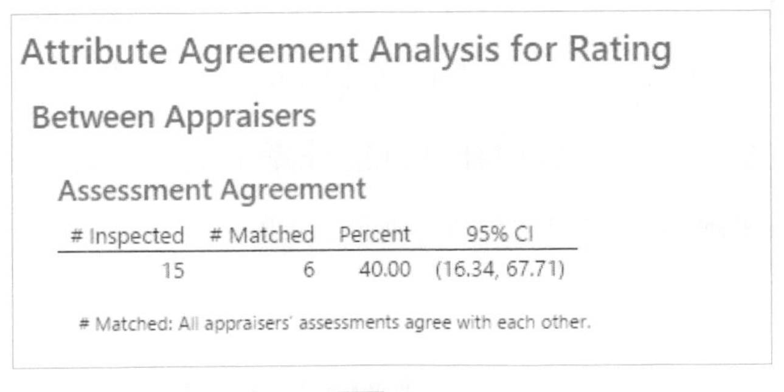

Attribute Agreement Analysis for Rating

Between Appraisers

Assessment Agreement

# Inspected	# Matched	Percent	95% CI
15	6	40.00	(16.34, 67.71)

Matched: All appraisers' assessments agree with each other.

圖 3-91

3.3 定義性能的標準

本節將教導學習者如何將客戶的需求，轉化爲可量測的性能標準及相關應注意的事項。在訂定性能標準前，你應該先嘗試問自己以下的問題：

1. 客戶「確切」的需求爲何？
2. 我們該如何定義一個「好的」產品或程序？
3. 當我們無法滿足客戶的需求時，怎麼樣在客戶的觀點會被視爲「缺失」？

一些「性能標準」的例子，例如最後被客戶認可的圖面或你與客戶簽定在合約上的項目，均可視爲「性能的標準」。因此「性能標準」本身即是將「客戶的需求」轉換成可「量測」的「品質特性」。因此「性能標準」本身具備以下特性：

1. 須去除任何的模糊定義。
2. 必須確切知道到底「要量測什麼特性」。
3. 必須知道要如何「正確量測該性能」。
4. 必須確定，不論誰進行量測均可得到相同的結論。

假設以探討公車的行車是否「準點」而言，你會如何定義「準點」？你可能可以用一個月內，該線公車「準時」出發與「準時」到達終點站的比率，做爲「性能標準」。你也可以用該公車「準時」到達所有站的比率作爲「性能標準」。不論如何，運用以上原則並須與客戶在「性能標準」定義上取得共識。

因此在定義性能標準可採用以下的幾個步驟：

1. 了解客戶的需求。
2. 轉化客戶的需求至「可確切」量測的「品質特性」。
3. 針對每一個不同的「品質特性」進行以下細項的定義：
   (1) 欲量測的數值爲何？
   (2) 欲量測的數值其「目標值」爲何？
   (3) 欲量測的數值在何種狀況，會被客戶認定爲缺失？

舉例而言：客戶要求希望「出貨」能準時，你便應該與客戶討論完成以下的任務：

1. 何謂「出貨準時」？
2. 量測「時間」的單位該以天或小時爲單位？
3. 「目標」爲何？
4. 上限爲何？
5. 在何種狀況下，客戶會認定「出貨」不準時？

「性能標準」本身可以是「連續型」（Continuous type）或「離散型」（Discrete type）的資料。「連續型」的資料，例如：溫度、壓力、厚度等，這些數字本身可被無限制的細分；相對地，「離散型」資料，例如：通過 / 不通過 , ok/not ok 等，只能計算類別，例如：（Pass 或 Fail）發生的次數，因此無法再被細分。而在統計資料運用上，「連續型」的資料比「離散型」的資料來得有用，且所需的樣本數也比較少。因此，如果有可能的話，「性能標準」儘量以「連續型」資料爲主較佳。有一種資料介於「連續型」與「離散型」之間的資料，比如第一班工作人員、第二班工作人員、第三班工作人員等，也常被使用。

當想要改進設計或製程爲 4 個標準差以下時，「離散型」資料或許已足夠。假設想要更進一步提升能力至 4 個以上的標準差，就必須使用「連續型」的資料，才有可能達到如此的目標。

3.4 訂定資料蒐集計畫與進行資料蒐集

透過前述的手法與工具，我們了解在設計或製程有那些重要的輸入（影響因子）與重要的輸出（性能標準），同時也運用「量測系統分析」確認量測系統的精密度與準確度符合需求後，因此下一步則是訂定適當的資料收集計劃。

資料收集計劃大致上可把握「5W2H」原則，亦即欲收集資料必須讓團隊明瞭以下事項：

1. 爲何要收集這些資料（Why）？
2. 由誰負責（Who）？
3. 何時蒐集（When）？
4. 蒐集地點（Where）？
5. 蒐集何種資料（What）？
6. 如何蒐集（How）？
7. 蒐集資料成本爲何（How much）？

「Why」讓團隊了解爲何要收集這些資料，可有效提高收集效率並降低阻力。因爲一般資料之收集需耗費人力與設備資源，因此團隊之成員取得共識十分重要。

「Who」包括資料的「生產者」（如果是製造部，則是「作業員」），資料的「檢驗者」（如果是品管部，則是品管人員）與最後資料的「使用者」（工程人員或被這個製程或設計影響的人員）。其中與「生產者」相關的資訊應包含：

1. 班別。
2. 使用規範。
3. 生產者在該生產線之熟練度。
4. 生產者在該生產線之年資。
5. 教育程度。
6. 團隊認定其他須收集之資訊。

如果是與「檢驗者」相關的資訊應包含：

1. 班別。
2. 使用規範。
3. 場所。
4. 使用之量測儀器。
5. 檢驗者在該「檢驗場所」操作「量測儀器」的熟練度。
6. 檢驗者在該「檢驗場所」的年資。
7. 其他。

而量測後資料的使用者，則針對以上之資訊進行層別、分類與分析。

「When」團隊須決定何時開始收集資料？何時停止收集資料？及收集資料的頻率爲何？有時資料在短時間內並不會呈現你想要「捕捉」的品質特性變化，即此「品質特性」對短時間的變化不明顯，因此須加長收集的時間。因此須在收集計劃中清楚明確的定義。

「Where」則須指定資料蒐集的確切地點。是在那個國家？那個廠區？哪條生產線等資訊。

「What」除了以上在「Who」所敘述的資訊外，資料還可包括：

1. 機器設備的相關資料，例如：型號、機型、機器的新舊別等。
2. 作業條件的相關資料，例如：溫度條件、物理條件、化學條件等。
3. 原材料的資訊，例如：供應商、材料生產日期、批號、製造地、配方等。

「How」團隊須把握重複、隨機與收集劃分 3 大原則：

1. 重複：透過重複的取樣，可適當降低雜訊對資料的影響。樣本數愈大，愈能「捕捉」製程中微小的變化，但耗費較多之資源，相對地，若樣本數量少，則僅能偵測出較大的變異，但較節省資源。因此必須在樣本數可用資源與各種限制條件下取得平衡。若樣本數以「n」表示：
   (1) $n \geqq 30$：大樣本取樣，若各類條件控制佳時，可有最佳之靈敏度。
   (2) $3 \leqq n<30$：可計算一般常用的統計量。
   (3) $n<3$：當取樣成本昂貴時選用之，但資料的「後處理」需採較謹慎的態度。
2. 隨機：在收集資料過程中的取樣是爲了能「捕捉」在製程中眞實會發生的資訊，由於製程中各類干擾與雜訊爲「隨機」進入系統，因此在取樣時須符合隨機的原則。「隨機」代表在可能的抽樣樣本中，每一個樣本被抽出的機會均等。一個較生活化的例子，例如樂透的開獎過程，假設每一個號碼球的所有條件都很接近，那每一個號碼球被抽中的機會均等，這種過程即是一個隨機的過程。

3. 區集劃分：透過之前的工具與所定義之性能標準，團隊已了解重要的輸入與輸出為何，假若知道某些「干擾」是可以避免或不想去觀察的，在取樣時可先設法固定。例如團隊有興趣的是製程參數對最後成品「品質特性」的影響，但對材料本身的變異沒有興趣，這時便可在實驗過程中，選擇來自同一供應商、同一批號的材料來降低材料對收集樣本的影響。

「How much」指的是團隊需預估蒐集資料所需要之成本，包含:人力、材料、量測費用、及停止生產製造之損失等。

經過以上規劃後，即可著手進行資料之收集。由於資料的收集過程中，我們已將重要的資訊包含在內，因此在「分析」階段中，可方便分析人員針對資料進行層別與分析。

問題與討論

1. 試繪出一個典型的魚骨圖架構。
2. FMEA 依照其使用的用途，大致可分成幾種？其使用時機為何？
3. 在 FMEA 中，如何計算風險優先係數（RPN）？
4. 列出常用之流程圖並寫出其用途。
5. 準確度分析可分成哪三大部分？
6. 「Gage R&R」中的兩個「R」，分別代表何意義？
7. 當進行「Gage R&R」時，如果量測系統無法滿足需求時，例如 %EV 大於 %AV，該如何改進？若 %AV 大於 %EV，該如何改進？
8. 工程師懷疑 X 值的變化對重要品質特性 Y 有影響，進行實驗及蒐集資料如下：

X	Y
18.57	0.22
28.03	0.31
15.85	0.19
75.28	0.78
52.49	0.62
99.00	1.11
3.64	0.04

(1) 先利用 Minitab 繪出散佈圖。

(2) 找出 X 與 Y 之間的相關係數。

(3) 斷定 X 與 Y 之間屬於何種程度的相關？

問題與討論

9. 工程師欲監控馬達在運轉狀況下的健康狀況，其中高溫區為馬達繞線區域，當高溫達到一定程度，便會破壞電器絕緣層，導致馬達損壞。但是馬達繞線區因為空間的限制無法安裝溫度感測器，因此決定在離高溫區一段距離之處「A」安裝溫度感測器，並在實驗室進行實驗觀察馬達繞線區溫度是否與「A」處之溫度有關聯，以下為量測數值列表：

時間	馬達繞線區溫度	「A」處溫度
0	23	23
00：15	76	30
00：19	80	32
00：30	88	35
00：40	100	39
00：57	102	40
01：02	104	41
01：05	106	41
01：11	108	42
01：19	110	43
01：24	112	43
01：32	114	44
01：40	116	45
01：47	118	46
01：51	120	46
01：59	122	47
02：08	124	48
02：16	126	49
02：27	128	51
02：33	130	51

(1) 先利用 Minitab 繪出散佈圖。

(2) 找出馬達繞線區溫度與「A」處溫度之間的相關係數。

(3) 斷定 X 與 Y 之間屬於何種程度的相關？

(4) 該工程師是否適合將「A」處量測到的溫度來推斷馬達繞線區溫度？

第4章

分析階段（Analyze Phase）

在「量測階段」我們透過柏拉圖、魚骨圖、品質機能展開表、失效模式與效應分析、流程圖、或散佈圖等找出重要的輸出與重要輸入之間的關聯性。運用量測系統分析（MSA）手法進行「量測系統」的驗證及瞭解如何將客戶的需求，轉化為可量測的性能標準，同時針對如何訂定適當的資料蒐集計劃提出建議。

在本章節，我們將藉由分析資料找出製程能力，並結合「假設與檢定」及「變異數分析」來決定「輸入」參數對輸出之影響程度。進而做為參數設計的參考。

學習目標

1. 藉由分析流程資料的特性如：穩定性、分佈的狀態、集中與分散的趨勢以及相關指標等，最後進行「製程能力分析」。
2. 透過「標竿法」（Benchmarking）的方式，建立適當的計畫性能目標。
3. 使用「假設與檢定」及「變異數分析」等的手法找出有哪些「輸入」對重要的「輸出」有影響。
4. 最後在完成「分析階段」後，能對「改進階段」提供適當的建議。

4.1 製程能力分析

爲了能瞭解現有的流程（Process），我們須要先分析資料，我們建議可以參考圖 4-1。

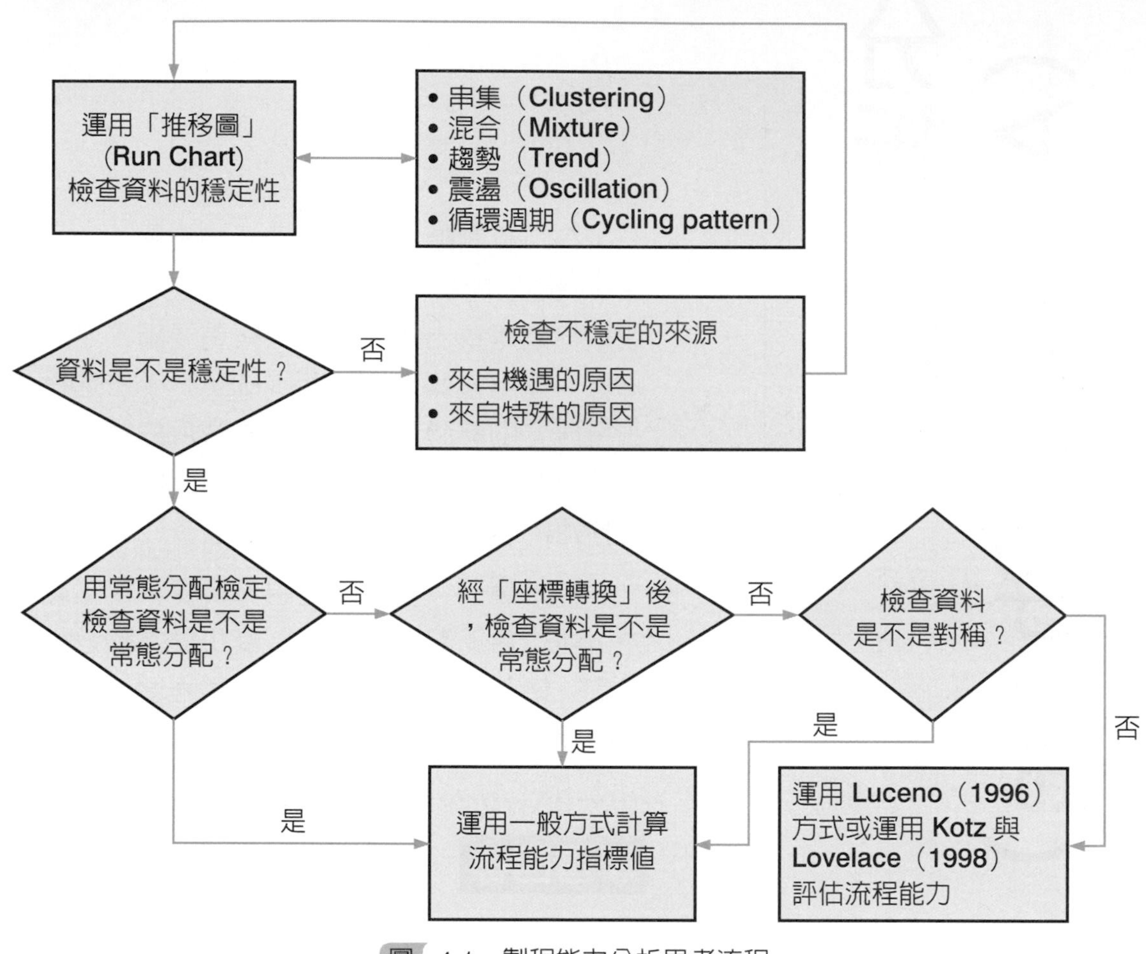

圖 4-1　製程能力分析思考流程

4.1.1 穩定性檢查

在進入製程能力分析前，首先須先確定所探討的流程是穩定的，因爲針對一個不穩定的流程進行能力分析，在統計上並不具任何意義。穩定性的檢查包含了五個部分：

1. 串集（Clustering）。
2. 混合（Mixture）。
3. 趨勢（Trend）。
4. 震盪（Oscillation）。
5. 循環週期（Cycling pattern）。

由於一般的流程在進行時，隨時都會受到外界的干擾，這些干擾以隨機的方式進入流程中，因此在正常狀態下，資料與時間軸的關係不應該有任何趨勢，而是應該呈現隨機的狀態。假設有以上的任何一個「不穩定」狀態時，便表示有「特殊原因」在干擾該流程。因此在進行流程能力分析前，必須先將這些「特殊原因」排除。以下用一個例子來解釋如何檢查流程的穩定性。

實例演練 1

一間製造檢測放射線設備的公司，想要知道其中一種設備的穩定性，將 20 件設備（每一次生產時抽樣 2 件）放置於密閉空間中進行量測。測試的結果如下，運用 Minitab 進行穩定性的檢查：

1. 開啓 Minitab 軟體，並打開隨書所附之 Excel 資料檔中「第四章」工作表。將 A 行資料，複製到 Minitab 中，見圖 4-2。

	A
1	薄膜厚度
2	45
3	33
4	26
5	46
6	25
7	32
8	33
9	22
10	30
11	26
12	37
13	34
14	44
15	43
16	35
17	38
18	38
19	45
20	39
21	39

圖 4-2

2. 開啓模組，見圖 4-3。

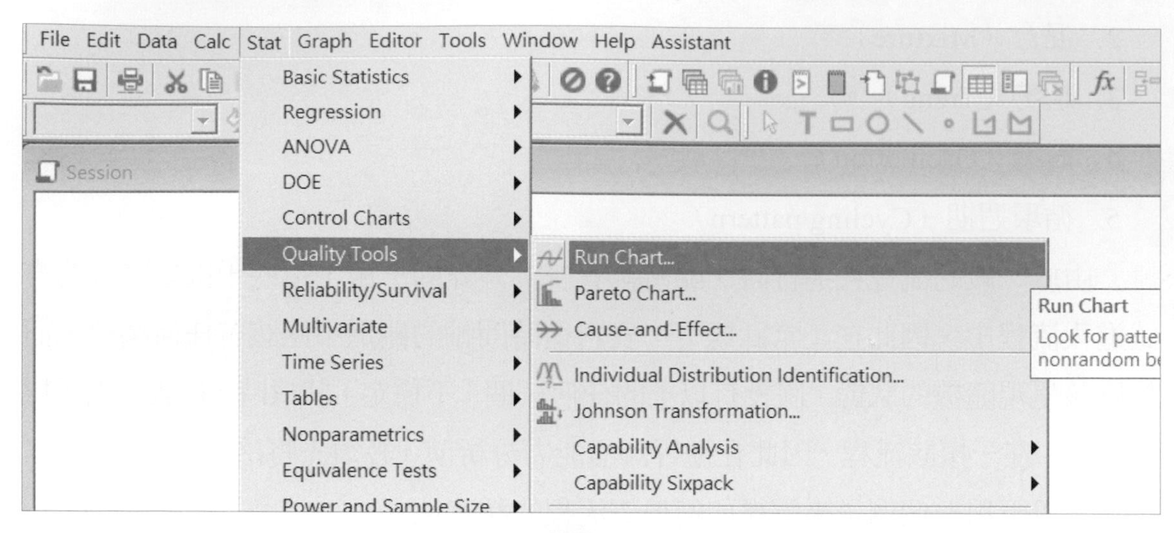

圖 4-3

3. 圖 4-4 中，選擇「薄膜厚度」資料進行分析。因爲「2 個資料視爲一組」，故「Subgroup size:」填入「2」。

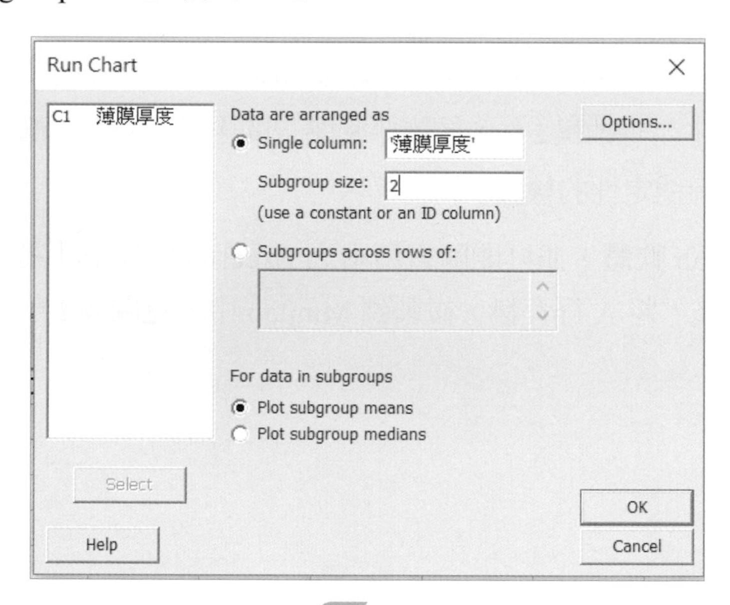

圖 4-4

4. 輸出結果如圖 4-5：

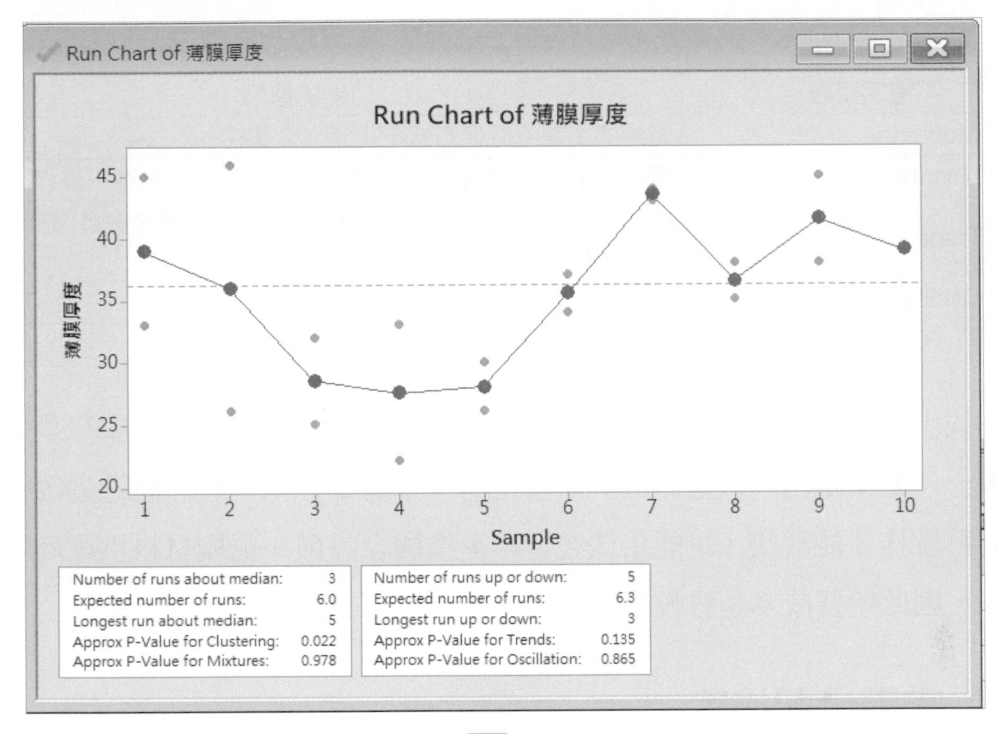

圖 4-5

5. 檢查圖 4-5 底部所有的「P-Value」（後述）即可知道是否有串集（Clustering），混合（Mixture），趨勢（Trend），震盪（Oscillation）等不穩定的狀態。當「P-Value」小於「0.05」，則所敘述的狀態有可能存在。由圖 4-5 得知串集（Clustering）「P-Value」小於「0.05」，因此「串集狀態」是「顯著的」。由於 Minitab「Run Chart」只能檢查是否有串集（Clustering），混合（Mixture），趨勢（Trend），震盪（Oscillation），而無法檢查「循環週期（Cycling pattern）」，使用者必須透過觀察資料是否有「週期性」的波狀來判定。

表 4-1 針對當發生任何以上不穩定狀態時可能的原因加以探討：

表 4-1　不穩定狀態與原因對照表

不穩定狀態	可能的原因
串集（Clustering）	量測的問題或取樣方式不正確（太集中）
混合（Mixture）	資料可能來至兩個不同母體或流程在不同的水準下操作
趨勢（Trend）	代表流程有可能很快會超出規範，有可能因為機具磨損、機器無法保持設定值、或操作人員的疲勞
震盪（Oscillation）	顯示流程不穩定。如：新的操作人員
循環週期（Cycling pattern）	有週期性的干擾，如：進料季節性影響

在找出「不穩定」的「特殊原因」後，須進行排除，而讓流程中只剩下「機遇原因」。如果是由「機遇原因」所產生的「不穩定」，一般只能透過改變控制流程的系統作才能解決，可能手法包含：更換機台設備、更換材料供應商、重新設計等。因此所費成本也會較高。

4.1.2　常態分配檢定

常態分配爲自然界中最常見的分配。約佔自然界分配的 80~90%。例如：全人類的智力分配大致上遵循常態分配。一個典型的常態分配圖如圖 4-6：

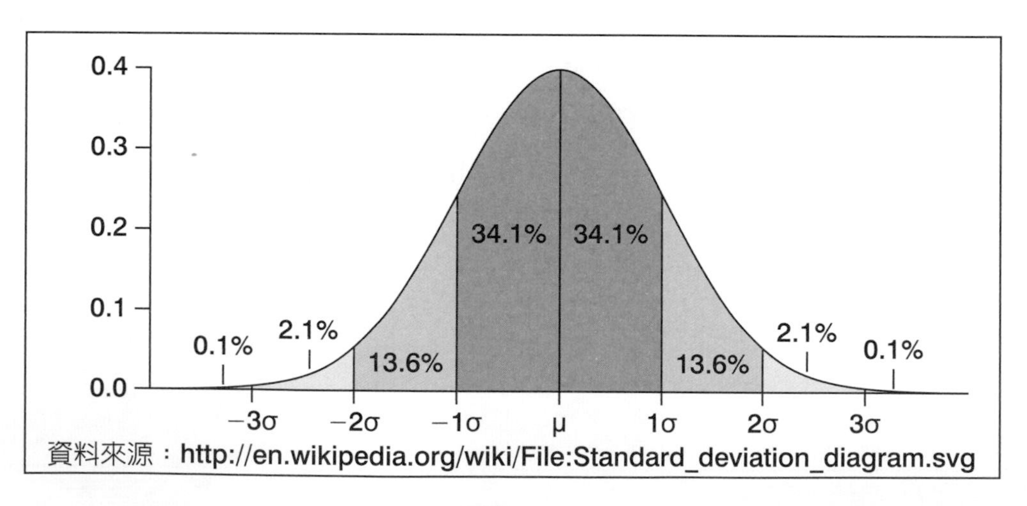

資料來源：http://en.wikipedia.org/wiki/File:Standard_deviation_diagram.svg

圖 4-6

以下用例子作解說：

實例演練 2

一間製造引擎的公司，想要知道引擎組裝後一個重要的尺寸的誤差是否遵循常態分配。於是利用 Minitab 來檢驗資料是否符合常態分配：

1. 開啓 Minitab 軟體，並打開隨書所附之 Excel 資料檔中「第四章」工作表。將 B 行資料，複製到 Minitab 中，見圖 4-7。

	B
1	關鍵尺寸
2	-0.44025
3	5.90038
4	2.08965
5	0.09998
6	2.01594
7	4.83012
8	3.78732
9	4.99821
10	6.91169
11	1.93847
12	-3.09907
13	-3.18827
14	5.28978
15	0.56182
16	-3.1896
17	7.93177
18	3.72692
19	3.83152
20	-2.17454
21	2.81598
22	4.52023
23	3.95372
24	7.99326
25	4.98677
26	-2.03427
27	3.89134

圖 4-7

2. 開啟模組，見圖 4-8。

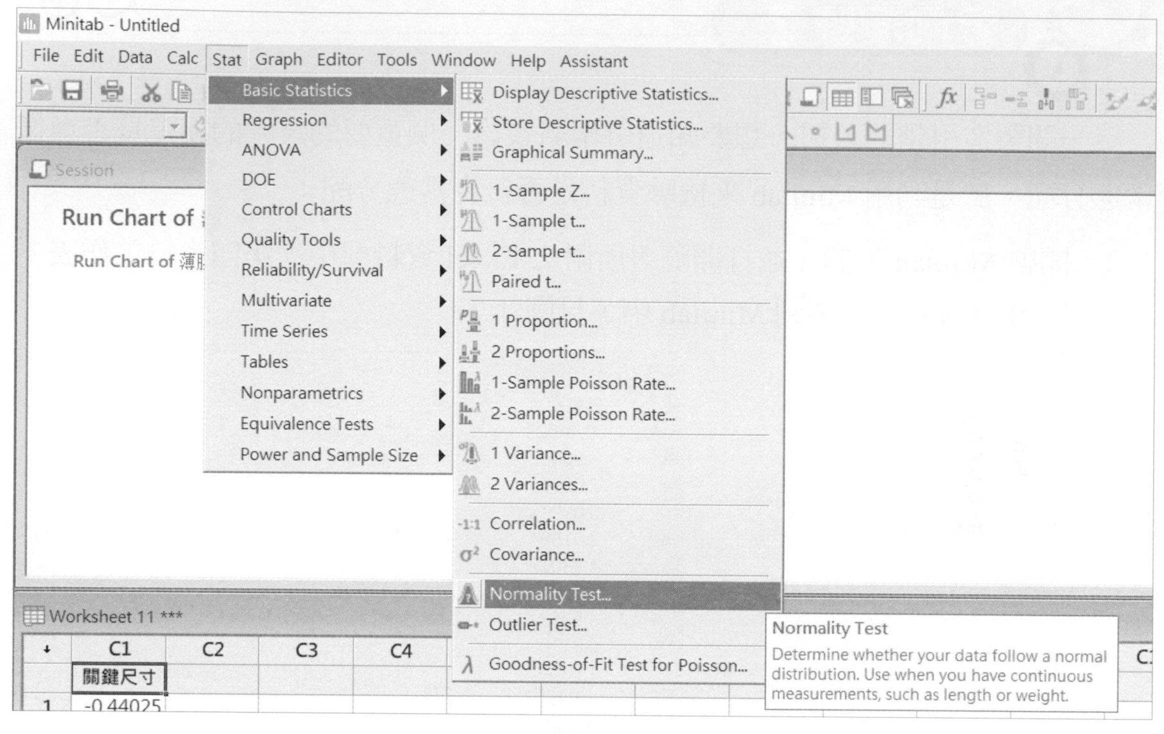

圖 4-8

3. 在「Variable」選擇「關鍵尺寸」，選用「Anderson-Darling」的手法，進行分析，見圖 4-9。

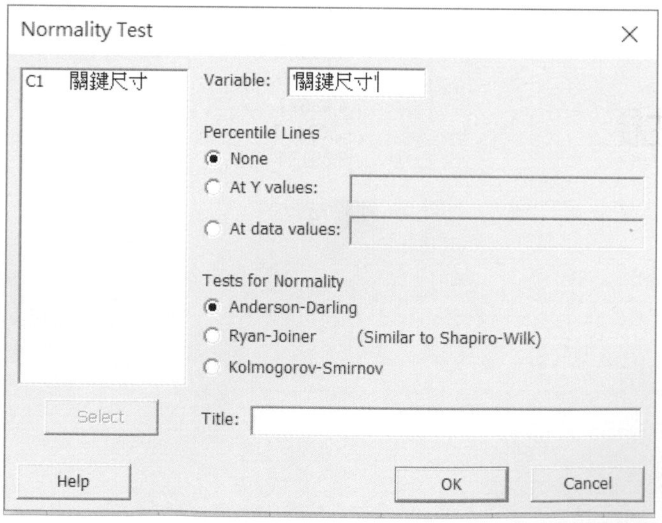

Normality Test

C1 關鍵尺寸

Variable: 關鍵尺寸

Percentile Lines
- None
- At Y values:
- At data values:

Tests for Normality
- Anderson-Darling
- Ryan-Joiner (Similar to Shapiro-Wilk)
- Kolmogorov-Smirnov

Select

Title:

Help OK Cancel

圖 4-9

4. 圖 4-10，藉由檢查「P-Value」值爲 0.022。因「P-Value」< 0.05（後敘），故資料「不爲」常態分配。

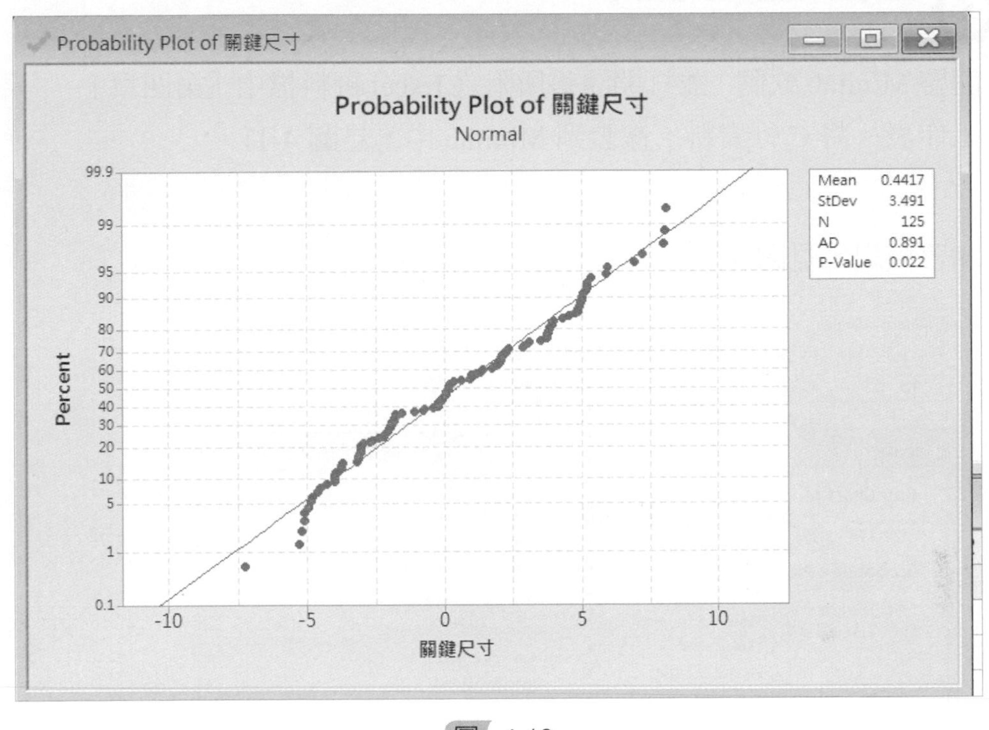

圖 4-10

4.1.3 對稱性檢查

大多的統計手法均要求資料呈現常態分配，但在實際應用製程能力分析時，資料只需呈現對稱分配即可（圖 4-1）。見下例：

實例演練 3a

1. 開啓 Minitab 軟體，並打開隨書所附之 Excel 資料檔中「第四章」工作表。將 C 行資料，複製到 Minitab 中，見圖 4-11。

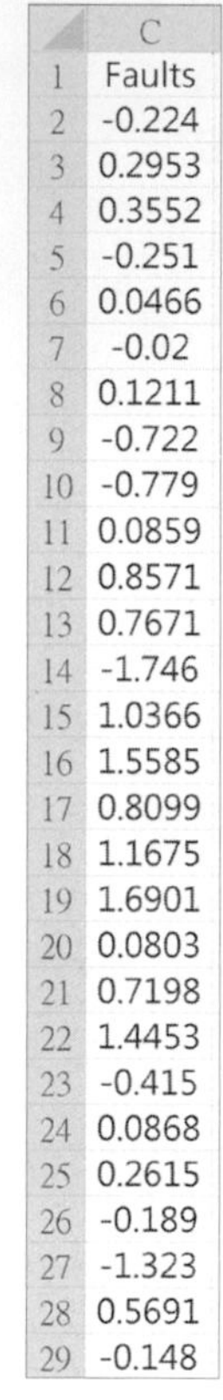

	C
1	Faults
2	-0.224
3	0.2953
4	0.3552
5	-0.251
6	0.0466
7	-0.02
8	0.1211
9	-0.722
10	-0.779
11	0.0859
12	0.8571
13	0.7671
14	-1.746
15	1.0366
16	1.5585
17	0.8099
18	1.1675
19	1.6901
20	0.0803
21	0.7198
22	1.4453
23	-0.415
24	0.0868
25	0.2615
26	-0.189
27	-1.323
28	0.5691
29	-0.148

圖 4-11

2. 開啓模組，見圖 4-12。

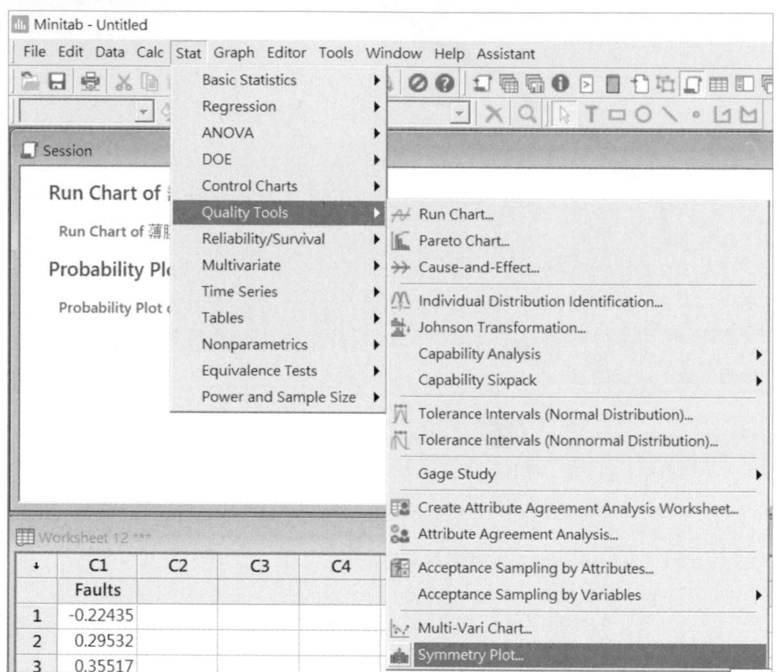

圖 4-12

3. 檢查「Faults」資料，見圖 4-13。

Symmetry Plot
C1 Faults
Variables:
Faults
Options...
Select
Help
OK
Cancel

圖 4-13

4. 圖 4-14 中，由圖所示檢查資料大致上呈現「對稱」。

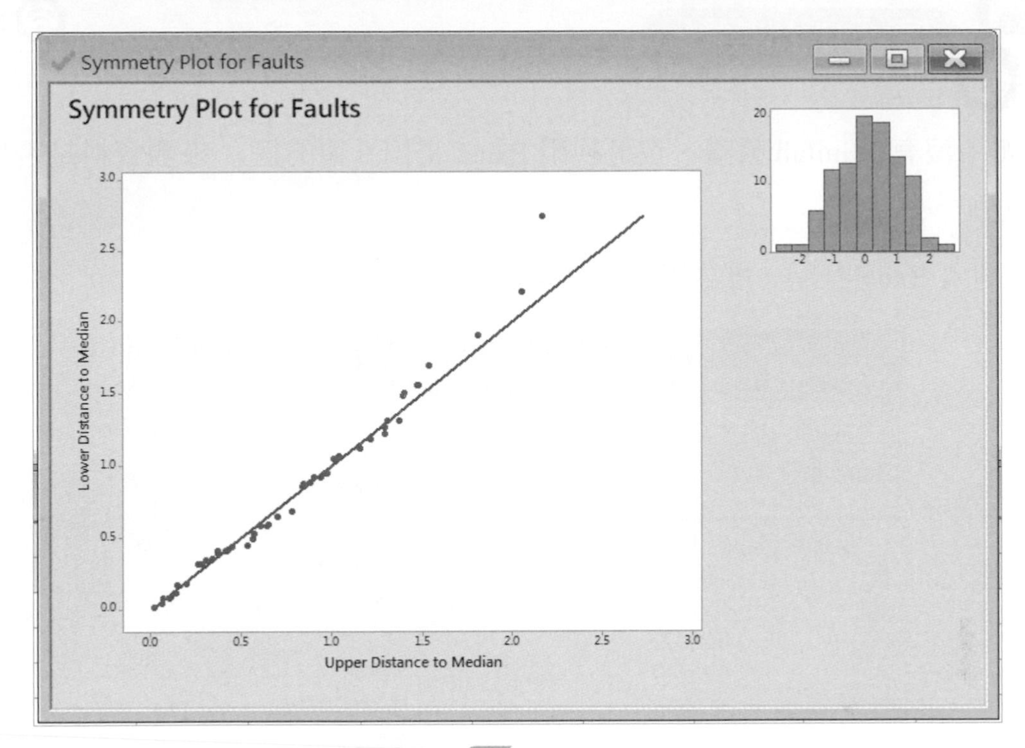

圖 4-14

如果沒有 Minitab 軟體，也可利用 Excel 畫出「直方圖」來觀資料是否呈現對稱分配。

1. 進入 Excel 工具 / 增益集，見圖 4-15。

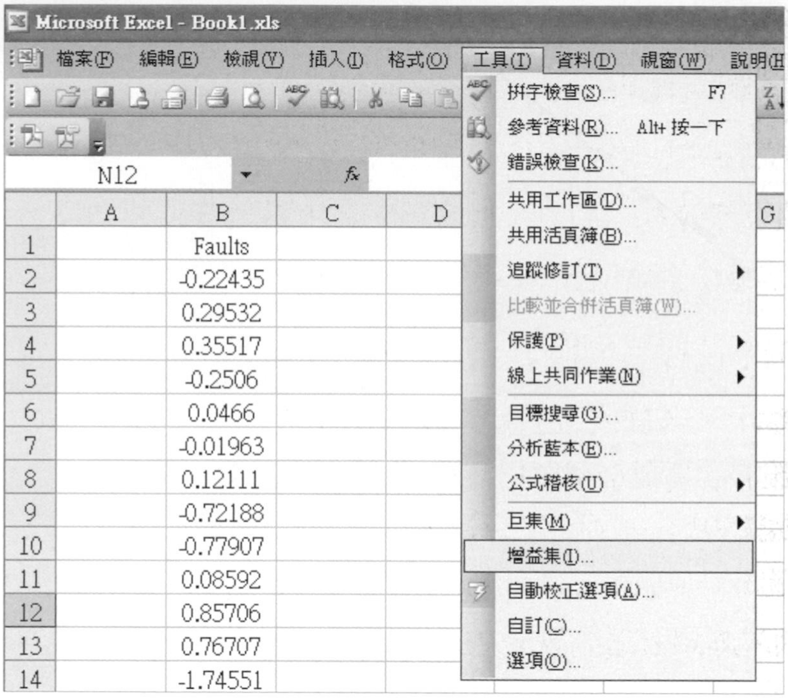

Microsoft Excel - Book1.xls

檔案(F) 編輯(E) 檢視(V) 插入(I) 格式(O) 工具(T) 資料(D) 視窗(W) 說明(H)

N12 fx

	A	B	C	D
1		Faults		
2		-0.22435		
3		0.29532		
4		0.35517		
5		-0.2506		
6		0.0466		
7		-0.01963		
8		0.12111		
9		-0.72188		
10		-0.77907		
11		0.08592		
12		0.85706		
13		0.76707		
14		-1.74551		

拼字檢查(S)... F7
參考資料(R)... Alt+ 按一下
錯誤檢查(K)...
共用工作區(D)...
共用活頁簿(B)...
追蹤修訂(T)
比較並合併活頁簿(W)...
保護(P)
線上共同作業(N)
目標搜尋(G)...
分析藍本(E)...
公式稽核(U)
巨集(M)
增益集(I)...
自動校正選項(A)...
自訂(C)...
選項(O)...

圖 4-15

2. 啟動「增益集」中的「分析工具箱」，見圖 4-16。

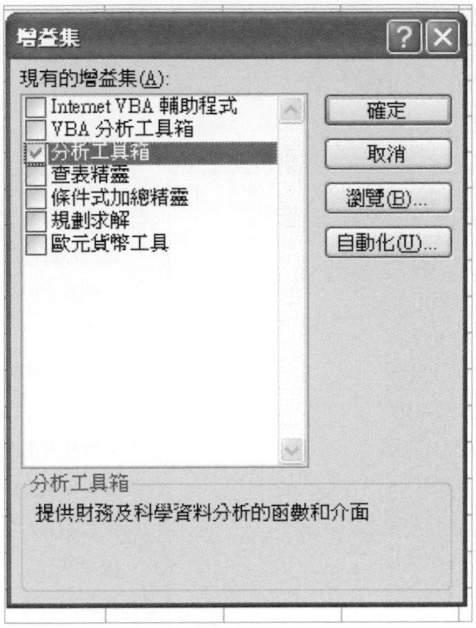

增益集

現有的增益集(A):

- Internet VBA 輔助程式
- VBA 分析工具箱
- 分析工具箱
- 查表精靈
- 條件式加總精靈
- 規劃求解
- 歐元貨幣工具

確定
取消
瀏覽(B)...
自動化(U)...

分析工具箱
提供財務及科學資料分析的函數和介面

圖 4-16

3. 輸入資料，見圖 4-17。

	A	B	C	D
1		Faults		
2		-0.22435		
3		0.29532		
4		0.35517		
5		-0.2506		
6		0.0466		
7		-0.01963		
8		0.12111		
9		-0.72188		
10		-0.77907		
11		0.08592		
12		0.85706		
13		0.76707		

圖 4-17

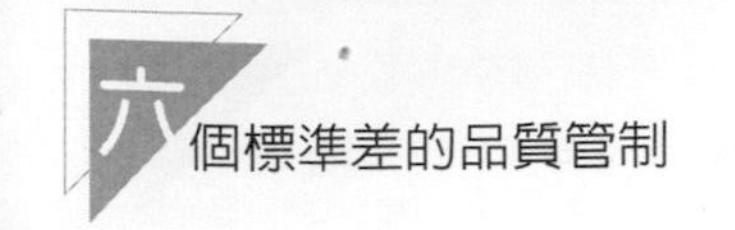

4. 開始「資料分析」模組，見圖 4-18。

檔案(F) 編輯(E) 檢視(V) 插入(I) 格式(O) 工具(T) 資料(D) 視窗(W) 說明(H)

N12 fx

	A	B	C	D
1		Faults		
2		-0.22435		
3		0.29532		
4		0.35517		
5		-0.2506		
6		0.0466		
7		-0.01963		
8		0.12111		
9		-0.72188		
10		-0.77907		
11		0.08592		
12		0.85706		
13		0.76707		
14		-1.74551		
15		1.03661		

拼字檢查(S)... F7
參考資料(R)... Alt+ 按一下
錯誤檢查(K)...
共用工作區(D)...
共用活頁簿(B)...
追蹤修訂(T)
比較並合併活頁簿(W)...
保護(P)
線上共同作業(N)
目標搜尋(G)...
分析藍本(E)...
公式稽核(U)
巨集(M)
增益集(I)...
自動校正選項(A)...
自訂(C)...
選項(O)...
資料分析(D)...

圖 4-18

5. 選擇「直方圖」，見圖 4-19。

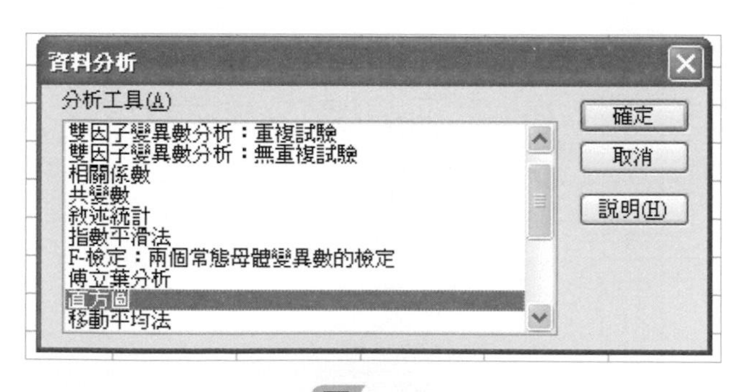

圖 4-19

6. 選擇資料範圍與輸出範圍，見圖 4-20。

圖 4-20

7. 結果與 Minitab 相近，見圖 4-21。

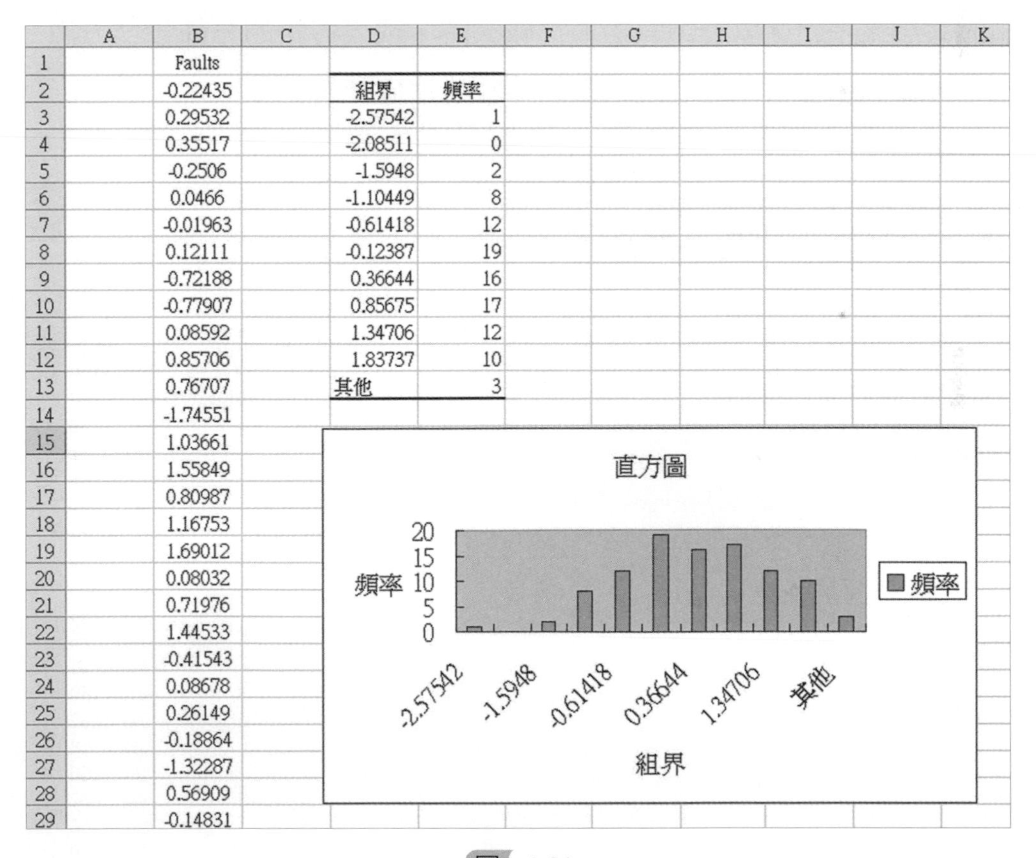

	A	B	C	D	E
1		Faults			
2		-0.22435		組界	頻率
3		0.29532		-2.57542	1
4		0.35517		-2.08511	0
5		-0.2506		-1.5948	2
6		0.0466		-1.10449	8
7		-0.01963		-0.61418	12
8		0.12111		-0.12387	19
9		-0.72188		0.36644	16
10		-0.77907		0.85675	17
11		0.08592		1.34706	12
12		0.85706		1.83737	10
13		0.76707		其他	3
14		-1.74551			
15		1.03661			
16		1.55849			
17		0.80987			
18		1.16753			
19		1.69012			
20		0.08032			
21		0.71976			
22		1.44533			
23		-0.41543			
24		0.08678			
25		0.26149			
26		-0.18864			
27		-1.32287			
28		0.56909			
29		-0.14831			

圖 4-21

生活實例演練

1. 將團體中，同年齡層的男生身高記錄下來，並檢查是否呈現常態分配或對稱分配呢？
2. 收集資料。
3. 分析時間：30 分鐘。
4. 完成分析後，各組比較結果與討論。

4.1.4 流程能力指標值

在計算流程能力之前，需先計算「敘述性統計量」如「平均值」、「標準差」等。資料的集中趨勢可藉由觀察「平均值」，而資料的分散程度則可依據「標準差」值的大小來決定。當標準差數值比較大時，代表資料的分佈較為分散。下面例子用來計算男生與女生的心跳次數的「敘述性統計量」。

實例演練 4a

1. 開啓 Minitab 軟體，並打開隨書所附之 Excel 資料檔中「第四章」工作表。將 D 行及 E 行資料，複製到 Minitab 中，見圖 4-22。

	D	E
1	Pulse1	Sex
2	64	1
3	58	1
4	62	1
5	66	1
6	64	1
7	74	1
8	84	1
9	68	1
10	62	1
11	76	1
12	90	1
13	80	1
14	92	1
15	68	1
16	60	1
17	62	1
18	66	1
19	70	1
20	68	1
21	72	1
22	70	1
23	74	1
24	66	1
25	70	1
26	96	2

圖 4-22

2. 開啓模組，見圖 4-23。

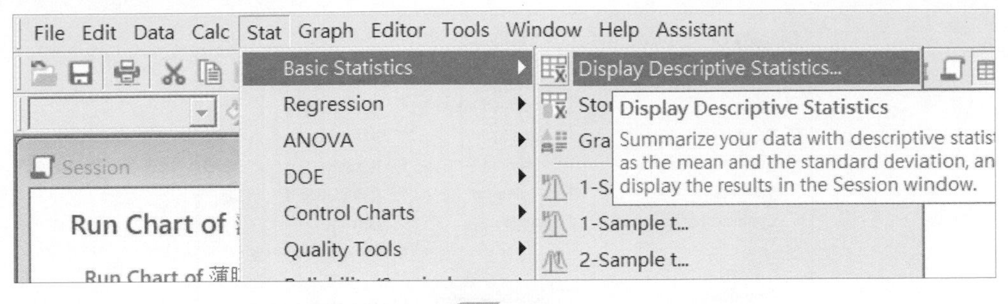

圖 4-23

3. 選擇「Pulse1」爲要計算的統計量，在「Variables」處輸入「Pulse1」，在「By variables」處輸入「Sex」及點擊「Statistics」的選項，見圖 4-24。

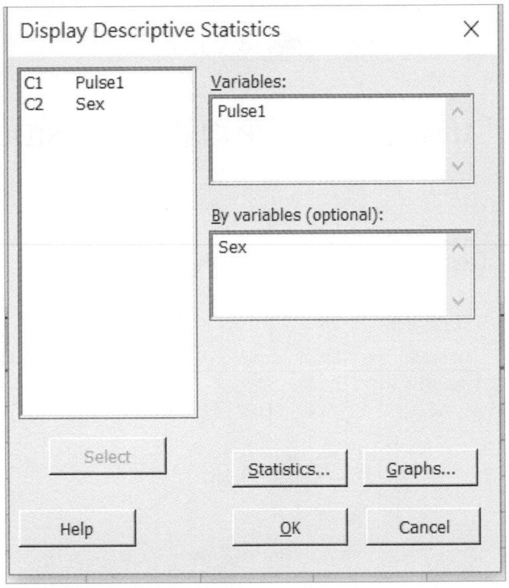

Display Descriptive Statistics
C1 Pulse1
C2 Sex
Variables:
Pulse1
By variables (optional):
Sex
Select
Statistics...
Graphs...
Help
OK
Cancel

圖 4-24

4. 選擇要分析的統計量，見圖 4-25。

Display Descriptive Statistics: Statistics

- [x] Mean
- [x] SE of mean
- [x] Standard deviation
- [ ] Variance
- [ ] Coefficient of variation
- [ ] First quartile
- [ ] Median
- [ ] Third quartile
- [ ] Interquartile range
- [ ] Mode
- [ ] Trimmed mean
- [ ] Sum
- [x] Minimum
- [x] Maximum
- [ ] Range
- [ ] Sum of squares
- [ ] Skewness
- [ ] Kurtosis
- [ ] MSSD
- [ ] N nonmissing
- [ ] N missing
- [ ] N total
- [ ] Cumulative N
- [ ] Percent
- [ ] Cumulative percent

Check statistics
- (•) Default
- ( ) None
- ( ) All

Help　OK　Cancel

圖 4-25

5. 計算結果如下：「Mean」代表「平均值」，「StDev」代表「標準差」，見圖 4-26。

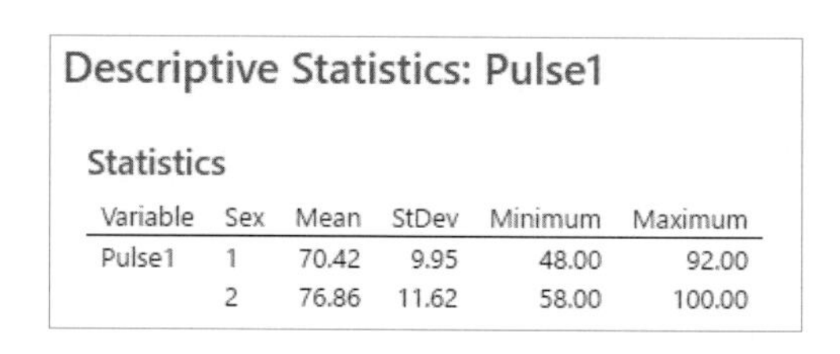

Descriptive Statistics: Pulse1

Statistics

Variable	Sex	Mean	StDev	Minimum	Maximum
Pulse1	1	70.42	9.95	48.00	92.00
	2	76.86	11.62	58.00	100.00

圖 4-26

Excel 中也提供類似的功能，介紹如下：

1. 將檔案複製至 Excel 中，見圖 4-27。

	A	B	
1	Pulse1	Sex	
2	64	1	
3	58	1	
4	62	1	
5	66	1	
6	64	1	
7	74	1	
8	84	1	
9	68	1	
10	62	1	
11	76	1	
12	90	1	
13	80	1	
14	92	1	
15	68	1	
16	60	1	
17	62	1	
18	66	1	
19	70	1	
20	68	1	
21	72	1	
22	70	1	

圖 4-27

2. 將資料依性別進行排序，見圖 4-28 及圖 4-29。

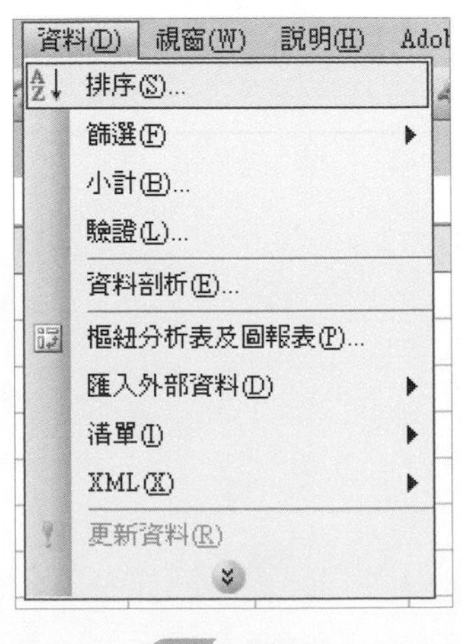

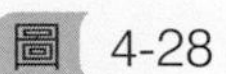
圖 4-28

圖 4-29

3. 將女性部分（Sex 爲「2」）剪貼至其他行，見圖 4-30 及圖 4-31。

	A	B	C
1	Pulse1	Sex	
2	64	1	
3	58	1	
4	62	1	
5	66	1	
6	64	1	
7	74	1	
8	84	1	
9	68	1	
10	62	1	
11	76	1	
12	90	1	
13	80	1	
14	92	1	
15	68	1	
16	60	1	
17	62	1	
18	66	1	
19	70	1	

圖 4-30

	A	B	C	D	E	F	G	H
1	Pulse1	Sex				Pulse1	Sex	
2	64	1				96	2	
3	58	1				62	2	
4	62	1				78	2	
5	66	1				82	2	
6	64	1				100	2	
7	74	1				68	2	
8	84	1				96	2	
9	68	1				78	2	
10	62	1				88	2	
11	76	1				62	2	
12	90	1				80	2	
13	80	1				84	2	
14	92	1				61	2	
15	68	1				64	2	
16	60	1				94	2	
17	62	1				60	2	
18	66	1				72	2	
19	70	1				58	2	
20	68	1				88	2	

圖 4-31

4. 進行資料分析，見圖 4-32 及圖 4-33。

檔案(F) 編輯(E) 檢視(V) 插入(I) 格式(O) 工具(T) 資料(D) 視窗(W) 說明(H) Ado

J16

拼字檢查(S)... F7
參考資料(R)... Alt+ 按一下
錯誤檢查(K)...
共用工作區(D)...
共用活頁簿(B)...
追蹤修訂(T)
比較並合併活頁簿(W)...
保護(P)
線上共同作業(N)
目標搜尋(G)...
分析藍本(E)...
公式稽核(U)
巨集(M)
增益集(I)...
自動校正選項(A)...
自訂(C)...
選項(O)...
資料分析(D)...

	A	B	C	D
1	Pulse1	Sex		
2	64	1		
3	58	1		
4	62	1		
5	66	1		
6	64	1		
7	74	1		
8	84	1		
9	68	1		
10	62	1		
11	76	1		
12	90	1		
13	80	1		
14	92	1		
15	68	1		

圖 4-32

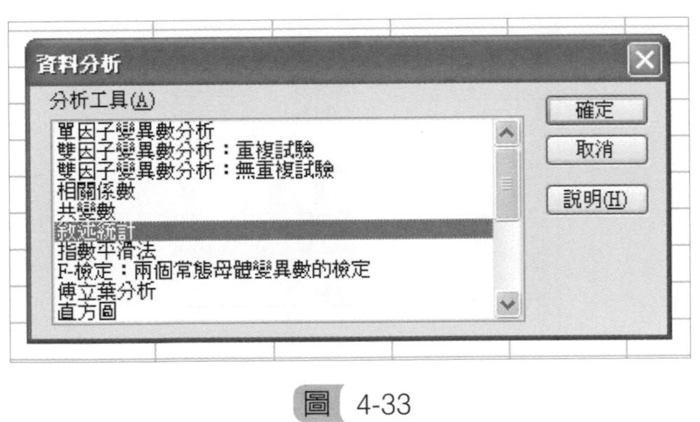

圖 4-33

5. 先分析男性資料，見圖 4-34。

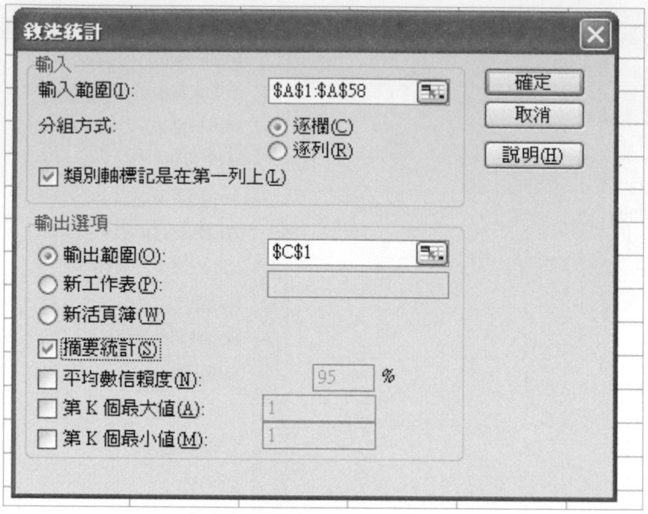

敘述統計

輸入

輸入範圍(I): $A$1:$A$58

分組方式: ⊙ 逐欄(C) ○ 逐列(R)

☑ 類別軸標記是在第一列上(L)

輸出選項

⊙ 輸出範圍(O): $C$1

○ 新工作表(P):

○ 新活頁簿(W)

☑ 摘要統計(S)

☐ 平均數信賴度(N): 95 %

☐ 第 K 個最大值(A): 1

☐ 第 K 個最小值(M): 1

確定 取消 說明(H)

圖 4-34

6. 結果如圖 4-35。

	A	B	C	D
1	Pulse1	Sex	Pulse1	
2	64	1		
3	58	1	平均數	70.421053
4	62	1	標準誤	1.3176428
5	66	1	中間值	70
6	64	1	眾數	68
7	74	1	標準差	9.947985
8	84	1	變異數	98.962406
9	68	1	峰度	0.0579207
10	62	1	偏態	0.4620522
11	76	1	範圍	44
12	90	1	最小值	48
13	80	1	最大值	92
14	92	1	總和	4014
15	68	1	個數	57
16	60	1		

圖 4-35

7. 再分析女性資料，見圖 4-36。

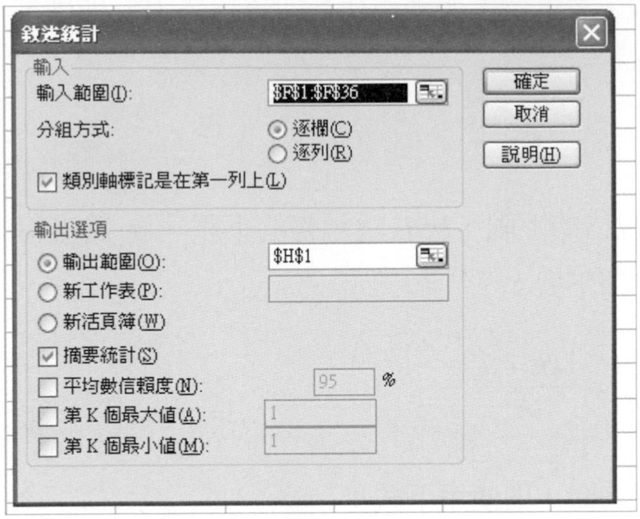

敘述統計
輸入
輸入範圍(I): $F$1:$F$36
分組方式: ◉ 逐欄(C) ○ 逐列(R)
☑ 類別軸標記是在第一列上(L)
輸出選項
◉ 輸出範圍(O): $H$1
○ 新工作表(P):
○ 新活頁簿(W)
☑ 摘要統計(S)
☐ 平均數信賴度(N): 95 %
☐ 第 K 個最大值(A): 1
☐ 第 K 個最小值(M): 1
確定
取消
說明(H)

圖 4-36

8. 結果如圖 4-37。

F	G	H	I
Pulse1	Sex	Pulse1	
96	2		
62	2	平均數	76.85714286
78	2	標準誤	1.963594225
82	2	中間值	78
100	2	眾數	78
68	2	標準差	11.6167801
96	2	變異數	134.9495798
78	2	峰度	-0.936744629
88	2	偏態	0.140393276
62	2	範圍	42
80	2	最小值	58
84	2	最大值	100
61	2	總和	2690
64	2	個數	35
94	2		

圖 4-37

當已確定所蒐集之資料來至穩定的流程、資料的個數足夠、且資料分配「至少爲對稱分配」時，可用以下的數值作爲「流程能力」指標：

$$C_p = \frac{USL - LSL}{6\sigma} \quad \text{（式 4-1）}$$

其中 USL 爲規格的上限，LSL 爲規格的下限，σ 爲流程的標準差。如果只有上規格時，則使用下式：

$$C_{pu} = \frac{USL - \mu}{3\sigma} \quad \text{（式 4-2）}$$

如果只有下規格時，則使用下式：

$$C_{pl} = \frac{\mu - LSL}{3\sigma} \quad \text{（式 4-3）}$$

但是單純使用這個指標無法反應流程的平均值是否偏移，因此 Kane（1986）便提出另一個指標值 C_{pk}：

$$C_{pk} = \min\left(\frac{USL - \mu}{3\sigma}, \frac{\mu - LSL}{3\sigma}\right) \quad \text{（式 4-4）}$$

大多數的客戶會針對不同的產品，指定相關的「流程能力」指標要求。就 IATF 16949 中 PPAP（Production Part Approval Process）中的標準，C_{pk} 值須大於 1.67，C_{pk} 值介於 1.33（含）及 1.67（含）爲有條件接受，但須經過客戶同意，C_{pk} 值小於 1.33 爲不可接受。當客戶認定不可接受時，便須仔細檢視流程參數，並執行品質改進計畫。

當已確定所蒐集之資料來至穩定的流程、資料的個數足夠、但資料分配並「不爲對稱分配」時，可採用以下幾種方式計算：

1. Luceno（1996）提出另一種「流程能力」的指標，C_{pc}，其定義如式 4-5。

$$C_{pc} = \frac{USL - LSL}{6\sqrt{\frac{\pi}{2}}\left(\frac{1}{n}\sum_{i=1}^{n}\left|X_i - T\right|\right)} \quad \text{（式 4-5）}$$

其中$T=\frac{(USL+LSL)}{2}$，n 爲資料點的個數，X_i 爲各個資料點。

2. 另一種方式較爲複雜（Kotz and Lovelace（1998）），首先需將資料找出一個最適合的分配，再將位在百分比 99.865 的數（$x_{0.99865}$）減去位在百分比 0.135 的數（$x_{0.00135}$）當作六倍標準差的寬度，再利用式 4-6 求出流程指標：

$$C_p=\frac{USL-LSL}{x_{0.99865}-x_{0.00135}} \quad \text{（式 4-6）}$$

3. 我們也可以先將原始數據（X_i）進行以下幾種方式的「座標轉換」後（Minitab 指令：Stat>Quality Tools>Johnson Transformation），再檢查轉換後的資料（Y_i）是否爲「常態分配」或「對稱」，再依以上相關流程進行「流程能力」指標評估。

(1) $Y_i=\frac{1}{X_i}$

(2) $Y_i=\sqrt{X_i}$

(3) $Y_i=\ln(X_i)$

(4) $Y_i=\frac{1}{\sqrt{X_i}}$

4.2 利用標竿法定義性能目標

瞭解「現有」的流程能力（Baseline）後，團隊即可透過所謂的「標竿法」找出合理的計畫性能目標。「標竿」是指在所討論的領域內，最具有代表性且最高性能的族群。由現有的能力，團隊該如何訂出一個團隊可達到，且管理階層又可接受的改進水準，因此攸關計畫的成敗。標竿的種類可包括：

1. 以競爭者作爲標竿的目標。
2. 以產品、流程作爲標竿的目標。
3. 以現今「最佳手法」或「整體策略」作爲標竿的目標。

標竿法本身透過「持續」的搜尋目前最佳的手法、流程，並設法將其他團隊的優點導入到自己的團隊，並應用到自己的系統、所生產的產品、及服務中，讓客戶可達到最大的滿足。由於經由持續的尋找競爭者或世界級團隊的最佳的手法，因此團隊可以找出短、中、長期適當的改進方向，且可以讓團隊將焦點放在如何藉由改進來開發市場，而非僅集中在內部的問題。

如果是以「競爭者」作爲標竿的目標，必須找出現今業界或者相近產業的領導公司爲何。假設以「產品、流程」、「最佳手法」或「整體策略」作爲標竿的目標，就必須橫跨不同產業別，並必須包括「內部」組織的單位。特就標竿所針對的不同對象優缺點如表 4-2：

表 4-2　標竿對象及優缺點比較

標竿針對的對象	競爭者	內部組織	「最佳手法」或「整體策略」的外部組織
優點	‧收集之資料與企業直接相關。 ‧較易作對等的比較。	‧資料收集較為簡單。 ‧對於跨不同產業的大公司，可得到極佳的效果。	‧資料本身的運用有極高的價值與彈性。 ‧廣度佳。 ‧可藉此開闊專業的人際網路。
缺點	‧資料收集較為困難。 ‧有時牽涉企業倫理的問題。 ‧資料收集常遭遇對手的敵對態度。	‧廣度不足。 ‧常產生偏差。	‧資料收集十分耗時。 ‧因跨不同產業，應用上有時較為困難。

在利用標竿法時，必須有正確的觀念：

1. 必須持續的進行，而不是只需執行「一次」的事件。
2. 透過標竿法，可以有計劃的學習最佳手法。
3. 標竿法是一個費時且耗工的過程，因此執行者必須受過相當的訓練。
4. 標竿法是一個不論哪一個部門均可採用的手法。
5. 標竿法不是 100% 抄襲與模仿。
6. 執行「標竿法」時，不可忘了對「內部組織」與「外部組織」內進行資料搜尋。
7. 假設有去現場參觀時，需要事先分工搜集資料，而不是純粹的參觀。

8. 當提問與訪問時，題目必須明確。
9. 不要將「廣度」設定過大，導致資源過於分散。
10. 整個團隊必須集中心力在想要的目標上。
11. 記得要追蹤團隊的進度並適時舉行會議報告成員的問題與成果。

以下我們列出執行標竿法的基本步驟：

1. 確認想要進行標竿程序的流程。
   (1) 選擇流程與定義現行的「缺失」及改進的「機會」。
   (2) 瞭解想要解決的詳細流程。
   (3) 量測現在的流程能力並確立目標。
2. 選擇適當的目標機構進行「標竿」資料的蒐集。
   (1) 評估業界有相關流程的公司或機構。
   (2) 列出具世界級表現性能的公司或機構。
   (3) 設法聯絡這些機構的重要人員。
3. 準備拜訪選定的公司或機構。
   (1) 對該機構或公司進行初步研究。
   (2) 設計問卷以便取得想要的資訊。
   (3) 將檔案與問卷送交該公司或機構。
4. 實地拜訪選定的公司或機構。
   (1) 在實地拜訪前需作詳細的準備。
   (2) 營造良好的訪問氣氛。
   (3) 訪問結束後需作追蹤並發感謝函。
5. 團隊簡報與找出行動方案。
   (1) 彙整團隊的成果與想法。
   (2) 由訪問的結果中找出「最佳的手法」，並列出行動方案。
   (3) 將行動方案指派給各個團隊成員，準備進入「改進階段」。
6. 將成果回報至「六個標準差品質管制」的領導階層並將結果與全公司分享。

在實施標竿法時，可能資料的來源包括：

1. 網路。
2. 人際關係。
3. 電話訪問。
4. 客戶回饋的資訊。
5. 供應商回饋的資訊。
6. 廣告。
7. 業界的專家。
8. 研討會。
9. 專業的研究與出版機構。
10. 業界的出版品。
11. 報紙。
12. 圖書館。
13. 內部刊物。
14. 特殊的業界報告。
15. 大專院校。
16. 專利資料庫。
17. 其他來源等。

實例演練 5

1. 試針對課堂所指定的團隊計畫，運用「標竿法」步驟首先找出計畫流程中，你（妳）想要討論的改進的流程。並找出可被視爲「標竿」的公司或機構。最後，討論將這些「標竿」的公司、機構或單位，作適當的歸類：他們是屬於競爭者、內部組織、「最佳手法」或「整體策略」的外部組織。並請敘述團隊挑選這些組織的理由。
2. 討論時間：30 分鐘。
3. 完成討論後，再依各組方式上台發表成果。

4.3 找出變異來源

之前的章節我們藉由分析流程資料的特性如：穩定性、分佈的狀態、集中與分散的趨勢以及相關指標等，最後進行「製程能力分析」，並透過「標竿法」（Benchmarking）的方式，建立適當的計畫性能目標。在此章節，我們希望找出有哪些「輸入」對重要的「輸出」有影響。其中可用的工具包括了之前敘述的流程圖、魚骨圖、FMEA、柏拉圖，及以下章節將敘述的假設與檢定及變異數分析。

4.3.1 假設與檢定

假設與檢定的應用在分析階段十分重要。假設你有兩個國家 A 國與 B 國成年男性身高各 200 筆隨機抽樣所得的資料。你希望能由已知的資料決定 A 與 B 國成年男性平均身高是否相等。或者想知道在經過變更不同的機器、材料、或工具後，製程的良率是否眞正有提升。一般人會藉由計算各組資料的平均值，再透過檢視之間的差異大小來斷定兩組資料是否眞正有「明顯」的不同。但是這種判斷的方式，常因個人的標準不同而得到不同的結論。有人認爲當差異大於 5%，即代表兩組資料有明顯差異，但有人可能認爲差異須大於 10%，才代表兩組資料有明顯差異。因此在判斷上缺乏客觀的依據。相對而言，「假設與檢定」則可提供一個較爲客觀的判斷的標準。

假設與檢定透過所取得的樣本資訊，來檢定與母體相關的參數，如平均值、標準差等。假設與檢定的基本步驟如下：

1. 寫下虛無假設（Null Hypothesis, H_0）。
2. 寫下對立假設（Alternative Hypothesis, H_a）。
3. 選定顯著水準（α 值）。
4. 選擇適當的統計檢定量。
5. 查相關表格，找出「臨界值」。
6. 開始收集樣本資料並計算相關的統計檢定量。
7. 將計算的統計檢定量與「臨界值」進行比較。
8. 依據比較的結果做出接受虛無假設或拒絕虛無假設的判斷。

一般的作法，是將想要否定的假設放在「虛無假設」，而想要用樣本資料去驗證的假設放在「對立假設」。且虛無假設必定有「等號」，而對立假設本身與題目的敘述有關。以 A 國與 B 國成年男子身高的比較爲例。如果想要判定 A 國與 B 國成年男性平均身高是否相等，則虛無假設及對立假設分別如下：

H_0：A 國成年男性平均身高＝B 國成年男性平均身高。

H_a：A 國成年男性平均身高≠B 國成年男性平均身高。

但是如果題目的敘述改爲想要判定 A 國成年男性平均身高是否高於 B 國成年男性平均身高，則虛無假設及對立假設分別如下：

H_0：A 國成年男性平均身高≦B 國成年男性平均身高。

H_a：A 國成年男性平均身高＞B 國成年男性平均身高。

因爲對立假設與題目的敘述有關，由以上的敘述可知，我們想要透過資料來驗證「A 國成年男性平均身高是否高於 B 國成年男性平均身高」，所以對立假設爲「A 國成年男性平均身高＞B 國成年男性平均身高」。而虛無假設必定有「等號」，因此虛無假設，寫成「A 國成年男性平均身高≦B 國成年男性平均身高」。即「虛無假設」與「對立假設」在邏輯上互爲「對偶」關係。

類似地，假設你藉由改變流程中的一個參數，而想知道改變的這個參數是否有對於流程有顯著的影響，你也可透過假設檢定的手法來驗證。例如你想知道改變參數後的良率是否高於改變參數前的良率，首先你可以寫下以下的假設：

H_0：改變參數後的良率≦改變參數前的良率。

H_a：改變參數後的良率＞改變參數前的良率。

因爲對立假設與題目的敘述有關，由以上的敘述可知，我們想要透過資料來驗證「改變參數後的良率是否高於改變參數前的良率」，所以對立假設爲「改變參數後的良率＞改變參數前的良率」。而虛無假設必定有「等號」，因此虛無假設，寫成「改變參數後的良率≦改變參數前的良率」。「虛無假設」與「對立假設」在邏輯上也呈現「對偶」關係。

如何選定適當的顯著水準（α 值）與其代表的意義，可用美國的司法系統爲例：當一個人被起訴時，一般大眾均認定該人是「無罪」的，直到檢察官找到足夠的證據證明該人是有罪，因此其假設可寫爲：

H_0：被起訴人是無罪的。

H_a：被起訴人是有罪的。

在這個例子中，我們把「一般人的認定」放在「虛無假設」，即「被起訴人是無罪的」，而把需要證據（資料）證明的放在「對立假設」。而最後陪審團依據檢察官所提供的證據斷定被起訴人是否有罪。最後有以下四種可能的結果：

1. H_0 爲眞（即被起訴人是無罪的），但陪審團卻將其定罪（即認定 H_a 爲眞）。
2. H_a 爲眞（即被起訴人是有罪的），但陪審團卻判無罪（即認定 H_0 爲眞）。
3. H_0 爲眞（即被起訴人是無罪的），陪審團判無罪（即認定 H_0 爲眞）。
4. H_a 爲眞（即被起訴人是有罪的），陪審團判有罪（即認定 H_a 爲眞）。

第三與第四種結果代表陪審團均做出正確的決定。但是如果發生第一種結果，則表示陪審團犯了第一型錯誤（Type I error，α 型的錯誤，又稱顯著水準），如果發生第二種結果，則表示陪審團犯了第二型的錯誤（Type II error，β 型的錯誤）。一般我們設定 α 值爲 0.05，β 值爲 0.1。也就是說，我們如果沒有足夠的證據，寧可讓有罪的人無罪釋放（犯第二型錯誤的機率＝ 0.1），也不願讓無罪的人進監牢（犯第一型錯誤的機率＝ 0.05）。

一般使用上，α 值可能爲 0.1，0.05，0.01。在選定 α 值後，必須選擇適當的統計檢定量。統計檢定量的選擇與想要檢定的統計值（檢定平均值或檢定標準差）、所收集資料點的個數（是大樣本或是小樣本）有關。對平均值或標準差的檢定步驟與思考邏輯，在「確定」資料呈現「常態分配」後（見 4.1.2 章節），便可參考流程圖，見圖 4-38，進行檢定：

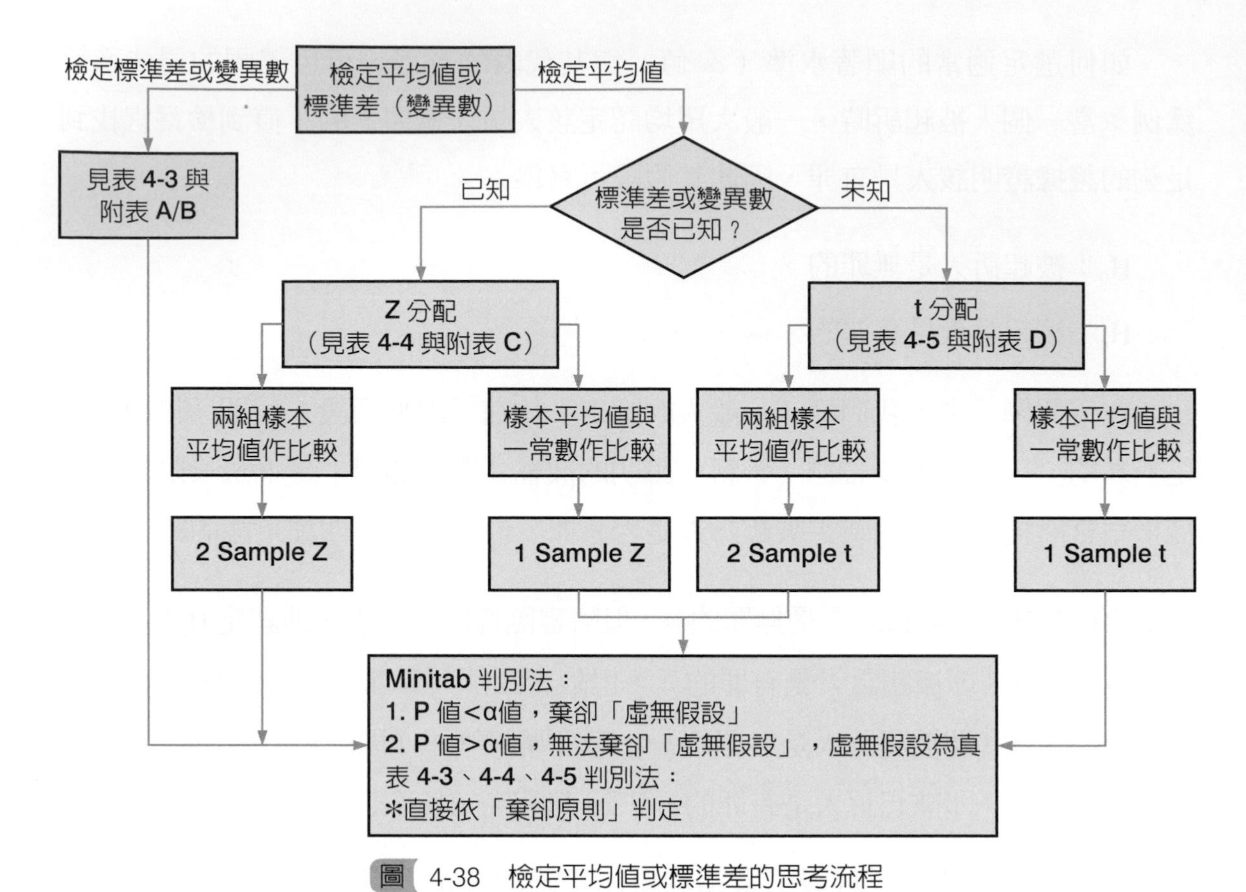

圖 4-38　檢定平均值或標準差的思考流程

圖 4-38 中所述的「P 值」，代表犯第一型錯誤的機率。

當資料呈現常態分配且想要檢定變異數時，便可使用表 4-3。表 4-3 須與附表 A 及附表 B 合併使用。

表 4-3　常態分配變異數的檢定

假設	檢定統計量	棄卻 H_0 原則	Minitab 操作	Excel 相關指令
$H_0: \sigma^2=\sigma_0^2$ $H_a: \sigma^2\neq\sigma_0^2$		$x_0^2 > x_{\alpha/2,n-1}^2$ or $x_0^2 < x_{1-\alpha/2,n-1}^2$		
$H_0: \sigma^2=\sigma_0^2$ $H_a: \sigma^2<\sigma_0^2$	$x_0^2=\dfrac{(n-1)S^2}{\sigma_0^2}$	$x_0^2 < x_{1-\alpha,n-1}^2$	Stat > Basic Statistics > 1 Variance	Var：計算變異數 Chidist：求 p 值 Chiinv：求臨界值
$H_0: \sigma^2=\sigma_0^2$ $H_a: \sigma^2>\sigma_0^2$	n：資料點個數 S：資料的估計標準差 σ_0：常數	$x_0^2 > x_{\alpha,n-1}^2$		
$H_0: \sigma_1^2=\sigma_2^2$ $H_a: \sigma_1^2\neq\sigma_2^2$	$F_0=\dfrac{S_1^2}{S_2^2}$	$F_0 > F_{\alpha/2,n_1-1,n_2-1}$ or $F_0 < F_{1-\alpha/2,n_1-1,n_2-1}$		
$H_0: \sigma_1^2=\sigma_2^2$ $H_a: \sigma_1^2<\sigma_2^2$	$F_0=\dfrac{S_2^2}{S_1^2}$	$F_0 > F_{\alpha,n_2-1,n_1-1}$	Stat > Basic Statistics > 2 Variances	工具>資料分析> F-檢定：兩常態母體變異數的檢定
$H_0: \sigma_1^2=\sigma_2^2$ $H_a: \sigma_1^2>\sigma_2^2$	$F_0=\dfrac{S_1^2}{S_2^2}$ n_1：第一組資料點個數 n_2：第二組資料點個數 S_1：第一組資料的估計標準差 S_2：第二組資料的估計標準差	$F_0 > F_{\alpha,n_1-1,n_2-1}$		

當變異數已知且想要檢定平均值時，便可使用表 4-4。表 4-4 須與附表 C 合併使用。

表 4-4　變異數已知的平均值檢定

假設	檢定統計量	棄卻 H_0 原則	Minitab 操作	Excel 相關指令
$H_0: \mu=\mu_0$ $H_a: \mu\neq\mu_0$		$\lvert z_0\rvert > z_{\alpha/2}$		
$H_0: \mu=\mu_0$ $H_a: \mu<\mu_0$	$z_0=\dfrac{\bar{y}-\mu_0}{\sigma/\sqrt{n}}$	$z_0 < -z_\alpha$ n：樣本數 μ_0：常數 $\bar{y}$：樣本平均值 σ：已知標準差	Stat > Basic Statistics > 1 Sample z	Norm sinv：求臨界值
$H_0: \mu=\mu_0$ $H_a: \mu>\mu_0$		$z_0 > z_\alpha$		
$H_0: \mu_1=\mu_2$ $H_a: \mu_1\neq\mu_2$		$\lvert z_0\rvert > z_{\alpha/2}$ n_1：第一組資料樣本數 n_2：第二組資料樣本數		
$H_0: \mu_1=\mu_2$ $H_a: \mu_1<\mu_2$	$z_0=\dfrac{\bar{y}_1-\bar{y}_2}{\sqrt{\dfrac{\sigma_1^2}{n_1}+\dfrac{\sigma_2^2}{n_2}}}$	$z_0 < -z_\alpha$ $\bar{y}_1$：第一組資料樣本平均值 $\bar{y}_2$：第二組資料樣本平均值	Stat > Basic Statistics > 2 Sample t	工具>資料分析> Z-檢定：兩個母體平均數差異檢定
$H_0: \mu_1=\mu_2$ $H_a: \mu_1>\mu_2$		$z_0 > z_\alpha$ σ_1：第一組資料已知標準差 σ_2：第二組資料已知標準差		

當變異數未知且想要檢定平均值時，便可使用表 4-5。表 4-5 須與附表 D 合併使用。

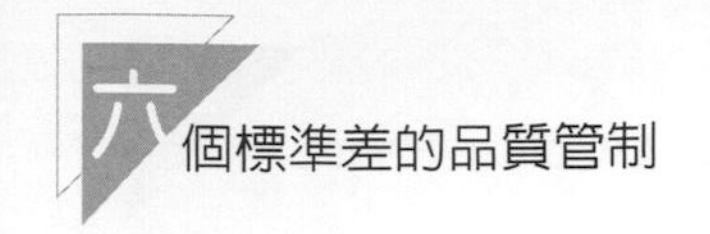

表 4-5　變異數未知的平均值檢定

假設	檢定統計量	棄卻 H_0 原則		Minitab 操作	Excel 相關指令
$H_0: \mu = \mu_0$ $H_a: \mu \neq \mu_0$		$\lvert t_0 \rvert > t_{\alpha/2,\, n-1}$			
$H_0: \mu = \mu_0$ $H_a: \mu < \mu_0$	$t_0 = \dfrac{\bar{y} - \mu_0}{S/\sqrt{n}}$	$t_0 < -t_{\alpha,\, n-1}$	n：樣本數 μ_0：常數 $\bar{y}$：樣本平均值 S：樣本標準差	Stat > Basic Statistics > 1 Sample t	Average：求平均值 Stdev：求標準差 Tinv：求臨界值
$H_0: \mu = \mu_0$ $H_a: \mu > \mu_0$		$t_0 > t_{\alpha,\, n-1}$			
$H_0: \mu_1 = \mu_2$ $H_a: \mu_1 \neq \mu_2$	If $\sigma_1^2 = \sigma_2^2$ $t_0 = \dfrac{\bar{y}_1 - \bar{y}_2}{S_p\sqrt{\dfrac{1}{n_1} + \dfrac{1}{n_2}}}$	$\lvert t_0 \rvert > t_{\alpha/2,\, \upsilon}$	n_1：第一組資料樣本數 n_2：第二組資料樣本數 $\bar{y}_1$：第一組資料樣本平均值 $\bar{y}_2$：第二組資料樣本平均值 S_p^2：$\dfrac{(n_1-1)S_1^2 + (n_2-1)S_2^2}{\upsilon}$ υ：$n_1 + n_2 - 2$		工具>資料分析> t-檢定：兩個母體平均數差異檢定，假設變異數相等
$H_0: \mu_1 = \mu_2$ $H_a: \mu_1 < \mu_2$	If $\sigma_1^2 \neq \sigma_2^2$ $t_0 = \dfrac{\bar{y}_1 - \bar{y}_2}{\sqrt{\dfrac{S_1^2}{n_1} + \dfrac{S_2^2}{n_2}}}$	$t_0 < -t_{\alpha,\, \upsilon}$	n_1：第一組資料樣本數 n_2：第二組資料樣本數 $\bar{y}_1$：第一組資料樣本平均值 $\bar{y}_2$：第二組資料樣本平均值 S_1：第一組資料標準差 S_2：第二組資料標準差 υ：資料總自由度	Stat>Basic Statistics > 2 Sample t	工具>資料分析> t-檢定：兩個母體平均數差異檢定，假設變異數不相等
$H_0: \mu_1 = \mu_2$ $H_a: \mu_1 > \mu_2$	$\upsilon = \dfrac{\left(\dfrac{S_1^2}{n_1} + \dfrac{S_2^2}{n_2}\right)^2}{\dfrac{(S_1^2/n_1)^2}{n_1 - 1} + \dfrac{(S_2^2/n_2)^2}{n_2 - 1}}$	$t_0 > t_{\alpha,\, \upsilon}$			

實例演練 6　1 Sample Z 演練

測量 9 個小器具。假設由以往經驗得知這些測量值爲非常接近標準差 σ=0.2 的常態分配。現在要檢測母體平均值是否爲 5 以及求 90% 的信賴區間。由表 4-4 得知，因爲標準差已知，所以要用 1 Sample Z 檢定。

1. 開啓 Minitab 軟體，並打開隨書所附之 Excel 資料檔中「第四章」工作表。將 F 行資料，複製到 Minitab 中，見圖 4-39。

	F
1	Values
2	4.9
3	5.1
4	4.6
5	5
6	5.1
7	4.7
8	4.4
9	4.7
10	4.6

圖 4-39

2. 開啓模組，見圖 4-40。

Minitab - Untitled
File Edit Data Calc Stat Graph Editor Tools Window Help Assistant
Basic Statistics
Regression
ANOVA
DOE
Control Charts
Quality Tools
Reliability/Survival
Multivariate
Display Descriptive Statistics...
Store Descriptive Statistics...
Graphical Summary...
1-Sample Z...
1-Sample t...
2-Sample t...
Paired t...
1 Proportion
1-Sample Z
Determine whether the mean of a sample differs significantly from a specified value when the population standard deviation is known.
Session
Descriptive St
Statistics

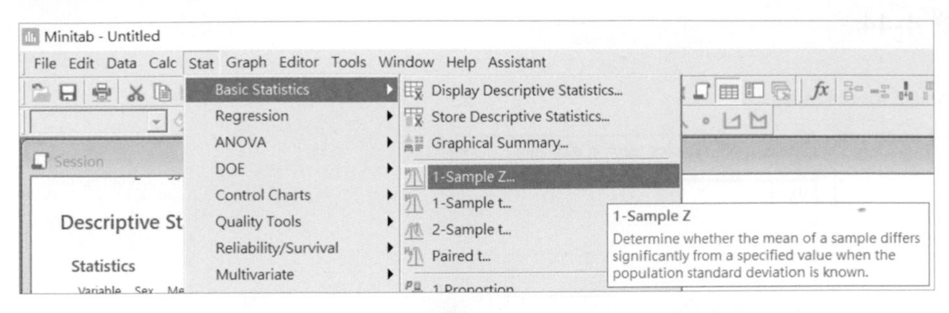

圖 4-40

3. 依照所給予之條件輸入資料後，點擊「Options」並輸入資料，見圖 4-41 及圖 4-42。

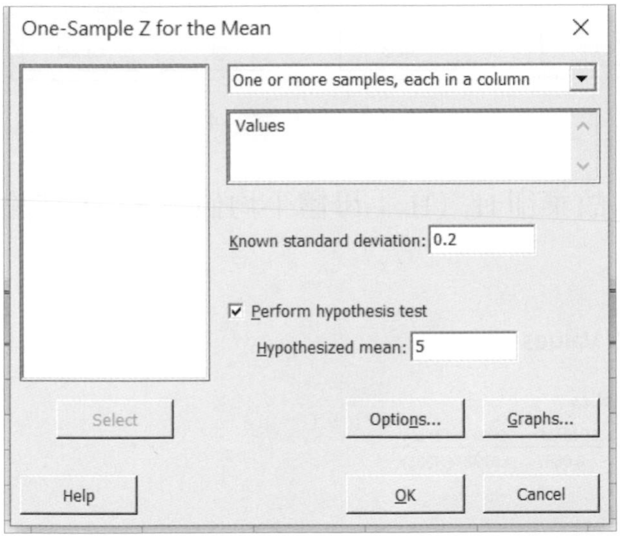

One-Sample Z for the Mean
One or more samples, each in a column
Values
Known standard deviation: 0.2
Perform hypothesis test
Hypothesized mean: 5
Select
Options...
Graphs...
Help
OK
Cancel

圖 4-41

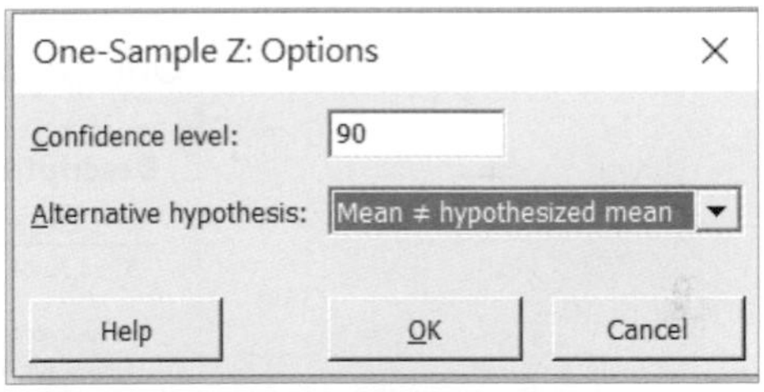

One-Sample Z: Options
Confidence level: 90
Alternative hypothesis: Mean ≠ hypothesized mean
Help
OK
Cancel

圖 4-42

4. 依照所給予之條件輸入資料後，點擊「Graphs」並輸入資料，見圖 4-43 及圖 4-44。

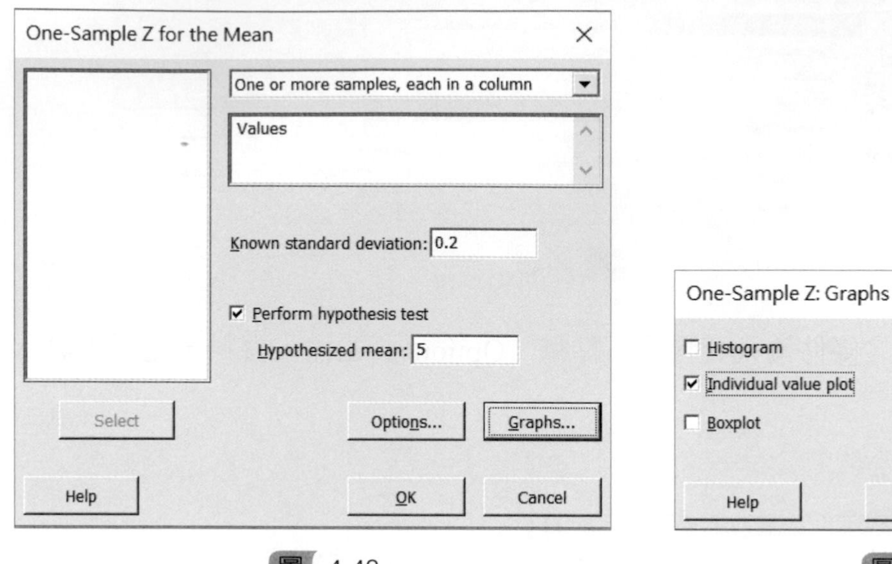

圖 4-43

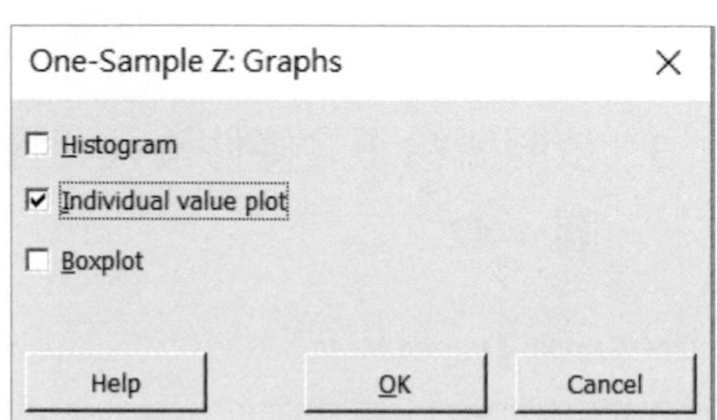

圖 4-44

5. P 值（0.002）小於 α（0.1），故棄卻 H_0（H_0：母體平均值為 5），結論母體平均值不為 5，見圖 4-45。

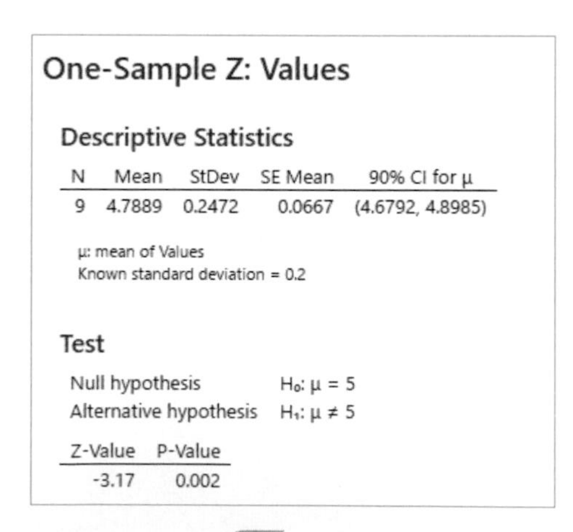

One-Sample Z: Values

Descriptive Statistics

N	Mean	StDev	SE Mean	90% CI for μ
9	4.7889	0.2472	0.0667	(4.6792, 4.8985)

μ: mean of Values
Known standard deviation = 0.2

Test

Null hypothesis	H_0: μ = 5
Alternative hypothesis	H_1: μ ≠ 5

Z-Value	P-Value
-3.17	0.002

圖 4-45

6. 母體平均值的百分之九十信賴區間不包含「5.0」，由以下圖形也顯示母體平均值不為 5 ，見圖 4-46。

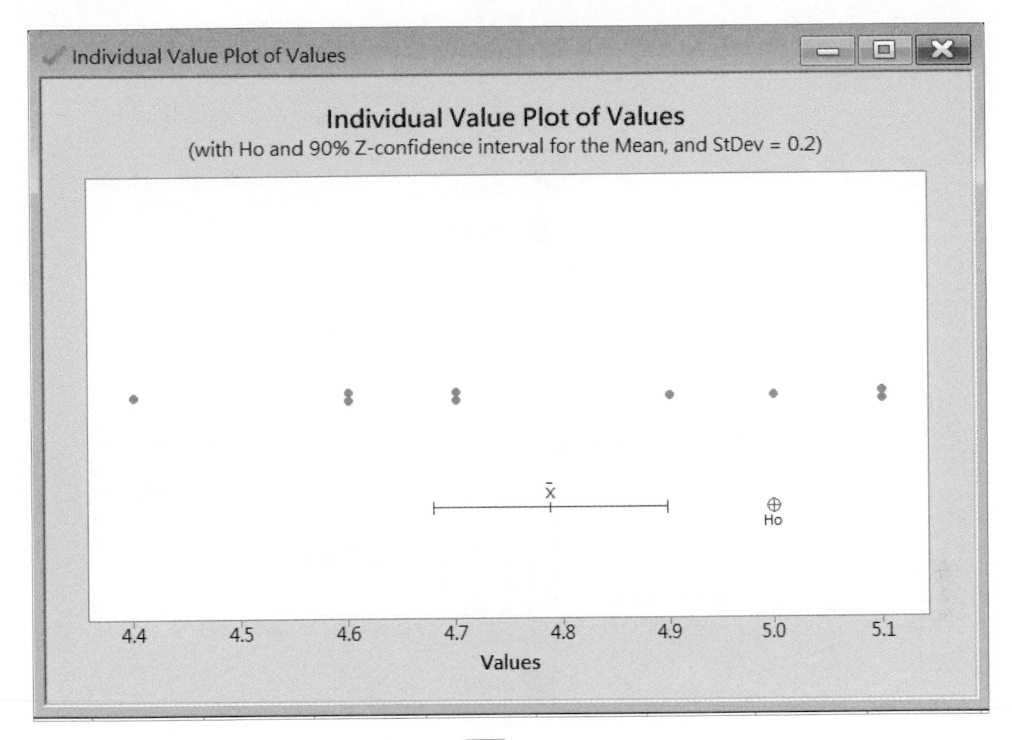

圖 4-46

1 Sample t 演練

測量 9 個小器具。假設由經驗得知這些測量值非常接近常態分配，但假設標準差 σ 未知。因為標準差未知，而且要檢測母體平均值是否為 5 以及求 90% 的信賴區間，所以要用 1 Sample t 方法。

1. 開啓 Minitab 軟體，並打開隨書所附之 Excel 資料檔中「第四章」工作表。將 F 行資料，複製到 Minitab 中，見圖 4-47。

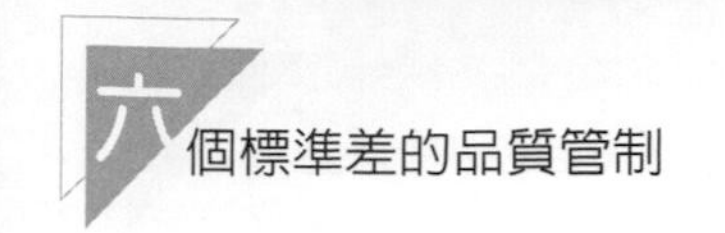

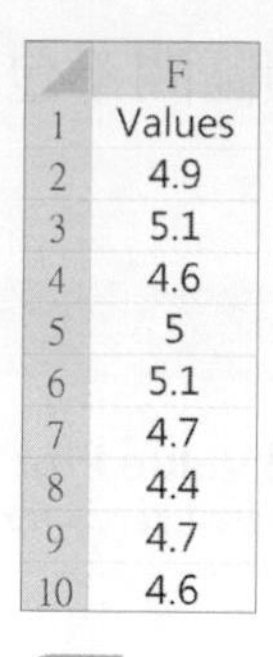

	F
1	Values
2	4.9
3	5.1
4	4.6
5	5
6	5.1
7	4.7
8	4.4
9	4.7
10	4.6

圖 4-47

2. 開啓模組，見圖 4-48。

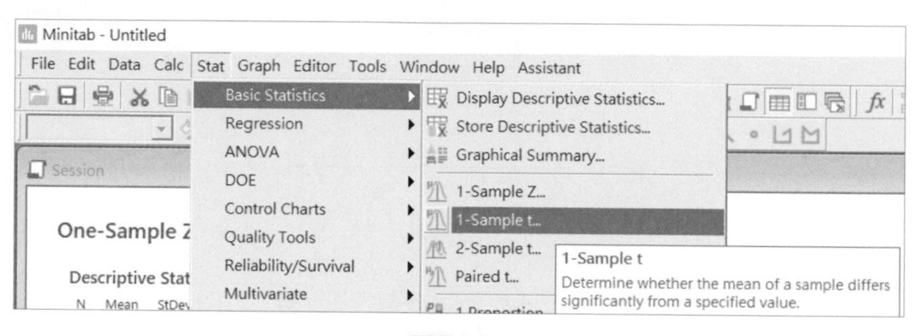

圖 4-48

3. 依照所給予之條件輸入資料後，點擊「Options」並輸入資料，見圖 4-49 及圖 4-50。

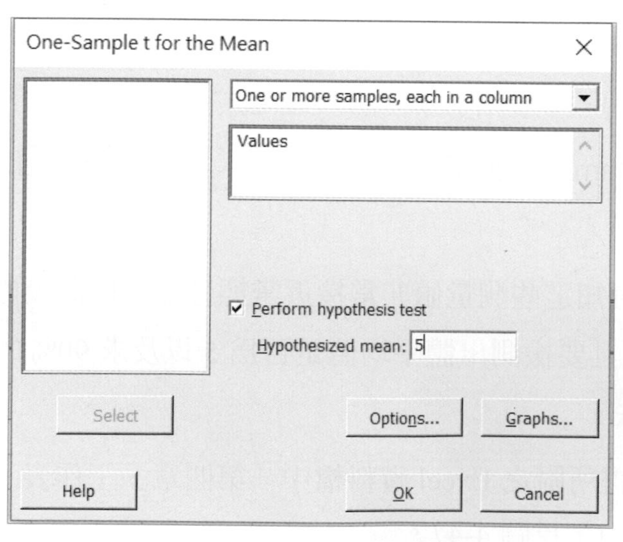

圖 4-49

One-Sample t: Options

Confidence level: 90

Alternative hypothesis: Mean ≠ hypothesized mean

Help OK Cancel

圖 4-50

4. P 值（0.034）小於 α（0.1），故棄卻 H_0（H_0：母體平均值為 5），結論母體平均值不為 5，見圖 4-51。

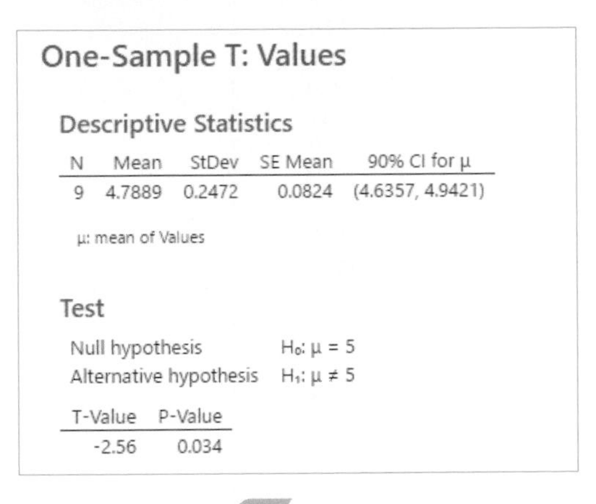
One-Sample T: Values

Descriptive Statistics

N	Mean	StDev	SE Mean	90% CI for μ
9	4.7889	0.2472	0.0824	(4.6357, 4.9421)

μ: mean of Values

Test

Null hypothesis　　　H₀: μ = 5
Alternative hypothesis　H₁: μ ≠ 5

T-Value	P-Value
-2.56	0.034

圖 4-51

實例演練 8　2 Sample t 演練

為了探討兩個零件對瓦斯加熱系統效能的影響，將兩個零件個別安裝後，每小時紀錄熱能消耗的情形，這兩個零件一個是電動式噴氣閥（Damper=1），另一個是熱動式噴氣閥（Damper=2），熱能消耗的紀錄值全部列在同一個資料列（BTU.In），另外以分組變數（Damper）來判別資料屬於那一個零件所產生的。在真正開始資料分析之前，我們已經先進行「變異數」的檢定，發現沒有顯著的證據支持這兩組資料的變異數不相等，現在比較兩組資料的平均值差是否為零，來說明這兩個零件對瓦斯加熱系統效能影響的差異。

1. 開啟 Minitab 軟體，並打開隨書所附之 Excel 資料檔中「第四章」工作表。將 G 行及 H 行資料，複製到 Minitab 中，見圖 4-52。

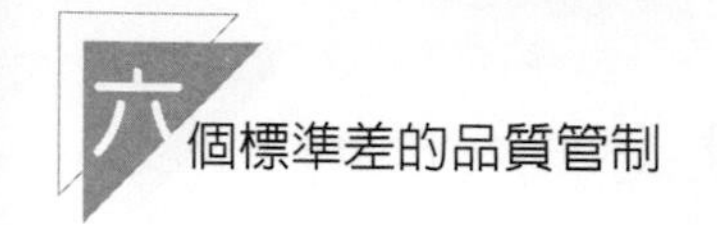

	G	H
1	BTU.In	Damper
2	7.87	1
3	9.43	1
4	7.16	1
5	8.67	1
6	12.31	1
7	9.84	1
8	16.9	1
9	10.04	1
10	12.62	1
11	7.62	1
12	11.12	1
13	13.43	1
14	9.07	1
15	6.94	1
16	10.28	1
17	9.37	1
18	7.93	1
19	13.96	1
20	6.8	1
21	4	1
22	8.58	1
23	8	1
24	5.98	1
25	15.24	1
26	8.54	1
27	11.09	1
28	11.7	1

圖 4-52

2. 開啟模組，見圖 4-53。

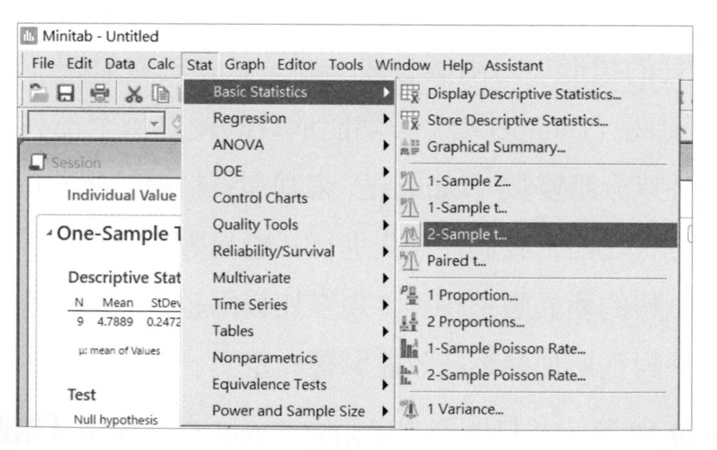

圖 4-53

3. 依照所給予之條件輸入資料，見圖 4-54 及圖 4-55。

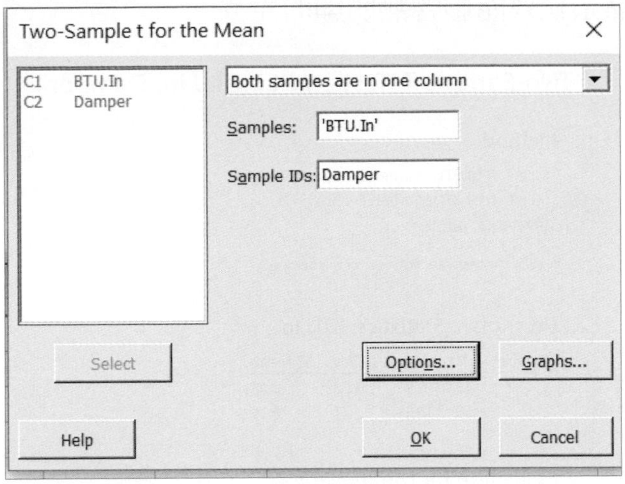

圖 4-54

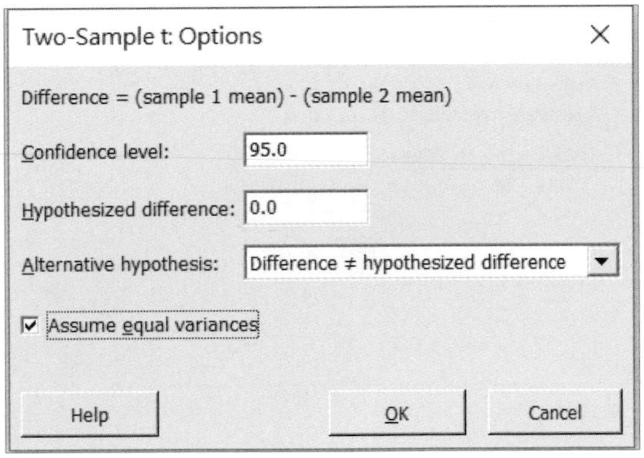

圖 4-55

4. 圖 4-56 中，P 值（0.701）大於 α（0.05），故無法棄卻 H_0，因此兩個零件對瓦斯加熱系統效能影響無明顯的差異。

Two-Sample T-Test and CI: BTU.In, Damper

Method

μ_1: mean of BTU.In when Damper = 1
μ_2: mean of BTU.In when Damper = 2
Difference: $\mu_1 - \mu_2$

Equal variances are assumed for this analysis.

Descriptive Statistics: BTU.In

Damper	N	Mean	StDev	SE Mean
1	40	9.91	3.02	0.48
2	50	10.14	2.77	0.39

Estimation for Difference

Difference	Pooled StDev	95% CI for Difference
-0.235	2.882	(-1.450, 0.980)

Test

Null hypothesis H_0: $\mu_1 - \mu_2 = 0$
Alternative hypothesis H_1: $\mu_1 - \mu_2 \neq 0$

T-Value	DF	P-Value
-0.38	88	0.701

圖 4-56

實例演練 9　相等變異數的檢定演練

爲了探討兩個零件對瓦斯加熱系統效能的影響，將兩個零件個別安裝後每小時紀錄熱能消耗的情形，這兩個零件一個是電動式噴氣閥（Damper=1），另一個是熱動式噴氣閥（Damper=2），熱能消耗的紀錄值全部列在同一個資料列（BTU.In），另外以分組變數（Damper）來判別資料屬於那一個零件所產生的，我們要探討的兩組樣本的變異數是否相等。

1. 開啓 Minitab 軟體，並打開隨書所附之 Excel 資料檔中「第四章」工作表。將 G 行及 H 行資料，複製到 Minitab 中，見圖 4-57。

	G	H
1	BTU.In	Damper
2	7.87	1
3	9.43	1
4	7.16	1
5	8.67	1
6	12.31	1
7	9.84	1
8	16.9	1
9	10.04	1
10	12.62	1
11	7.62	1
12	11.12	1
13	13.43	1
14	9.07	1
15	6.94	1
16	10.28	1
17	9.37	1
18	7.93	1
19	13.96	1
20	6.8	1
21	4	1
22	8.58	1
23	8	1
24	5.98	1
25	15.24	1
26	8.54	1
27	11.09	1
28	11.7	1

圖 4-57

2. 開啓模組，見圖 4-58，塡入資料，見圖 4-59、設定「Options」，見圖 4-60 及設定「Graphs」，見圖 4-61。

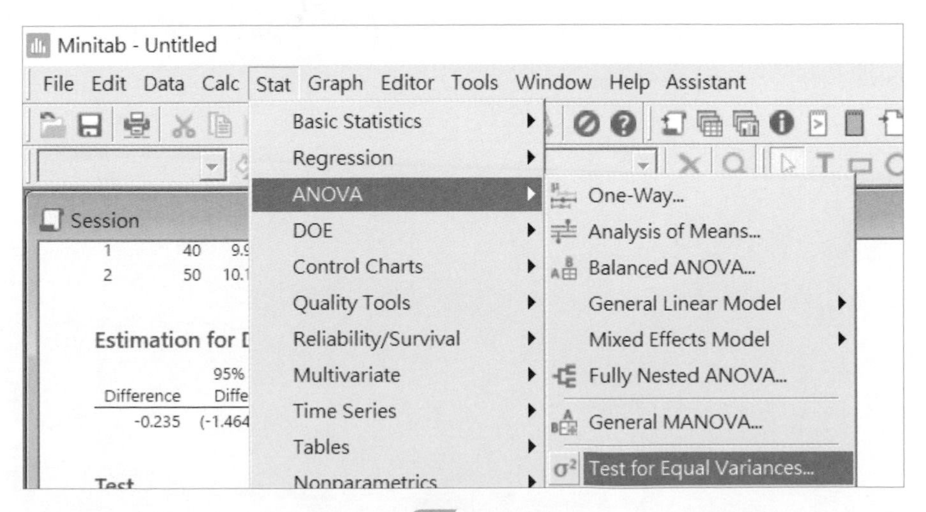

圖 4-58

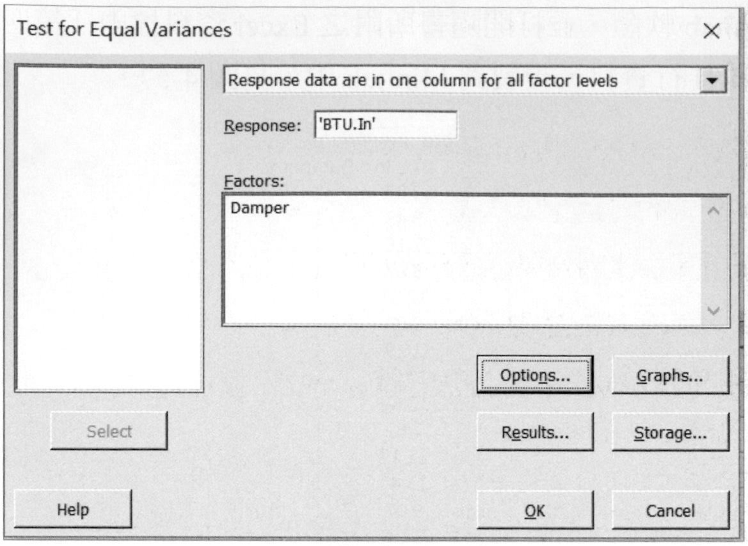

Test for Equal Variances

Response data are in one column for all factor levels

Response: 'BTU.In'

Factors:

Damper

Options... Graphs...

Select

Results... Storage...

Help OK Cancel

圖 4-59

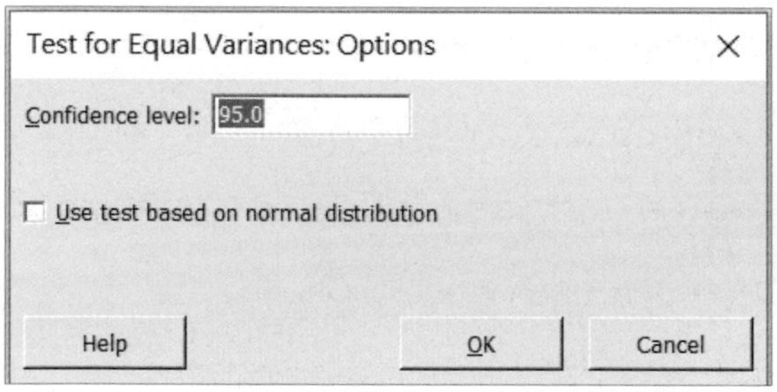

Test for Equal Variances: Options

Confidence level: 95.0

☐ Use test based on normal distribution

Help OK Cancel

圖 4-60

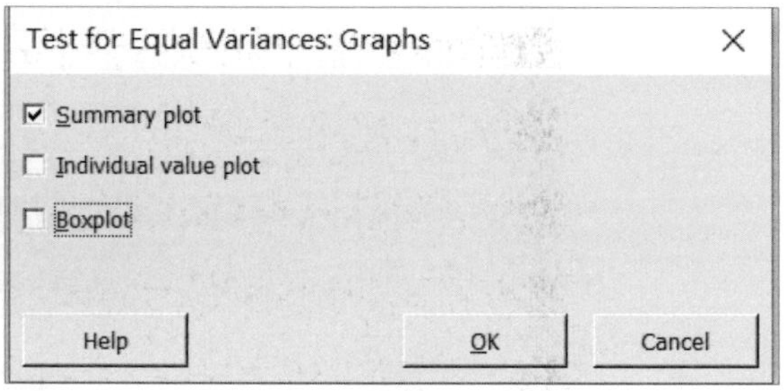

Test for Equal Variances: Graphs

☑ Summary plot

☐ Individual value plot

☐ Boxplot

Help OK Cancel

圖 4-61

3. 圖 4-62 及圖 4-63 中，檢定的 P 值均大於 0.05，故 H_0 爲眞，即兩組樣本的變異數相等。

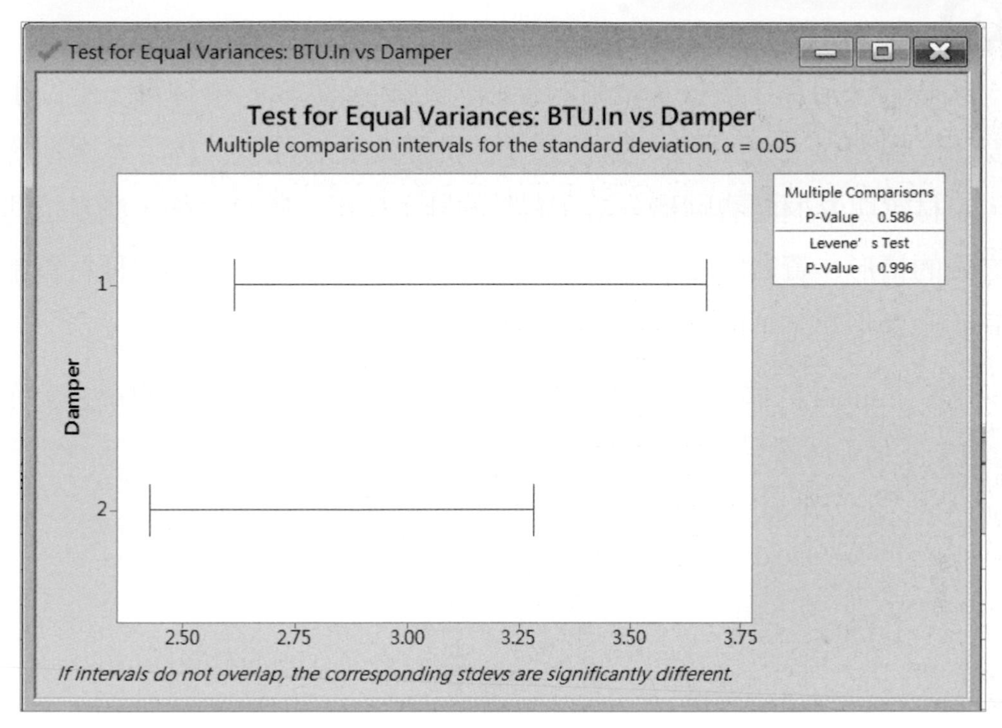

圖 4-62

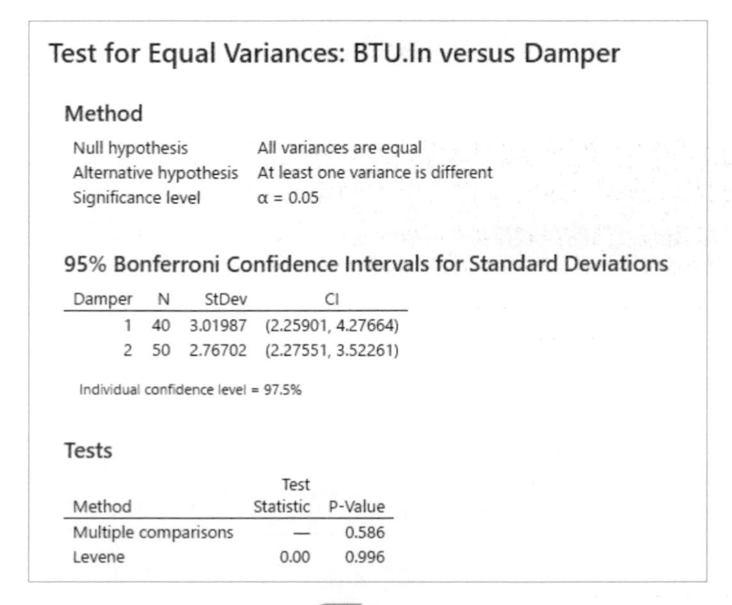

Test for Equal Variances: BTU.In versus Damper

Method

Null hypothesis	All variances are equal
Alternative hypothesis	At least one variance is different
Significance level	α = 0.05

95% Bonferroni Confidence Intervals for Standard Deviations

Damper	N	StDev	CI
1	40	3.01987	(2.25901, 4.27664)
2	50	2.76702	(2.27551, 3.52261)

Individual confidence level = 97.5%

Tests

Method	Test Statistic	P-Value
Multiple comparisons	—	0.586
Levene	0.00	0.996

圖 4-63

實例演練 10　成對樣本的 t- 檢定與信賴區間

一家製鞋公司爲了要找童鞋用的鞋底，比較 A 與 B 兩種材質，十位小男生分別穿上一腳用 A 材質、另一腳穿上用 B 材質做成的鞋子。爲了考慮系統性的差異，A 材質與 B 材質會隨機分給左右腳的鞋子使用。數月之後，測量這些鞋子穿著之後的情形。資料的搜集適合用「成對樣本」的方法，因爲兩種材質都同時讓相同的小男生穿著，所以用成對樣本的 t- 方法會較爲恰當。

1. 開啓 Minitab 軟體，並打開隨書所附之 Excel 資料檔中「第四章」工作表。將 I 行及 J 行資料，複製到 Minitab 中，見圖 4-64。

	I	J
1	材料A	材料B
2	13.2	14
3	8.2	8.8
4	10.9	11.2
5	14.3	14.2
6	10.7	11.8
7	6.6	6.4
8	9.5	9.8
9	10.8	11.3
10	8.8	9.3
11	13.3	13.6

圖 4-64

2. 開啓模組，見圖 4-65。

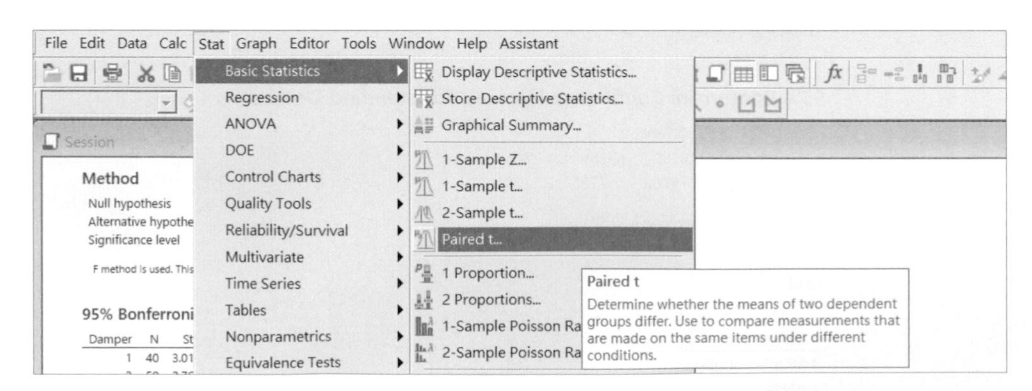

圖 4-65

3. 依照所給予之條件輸入資料見，見圖 4-66。

Paired t for the Mean

Each sample is in a column

Sample 1: 材料A

Sample 2: 材料B

Select　Options...　Graphs...

Help　OK　Cancel

圖 4-66

4. 圖 4-67 中，P 值（0.009）小於 0.05，故棄卻 H_0，即 A 與 B 兩種材質有明顯差異。

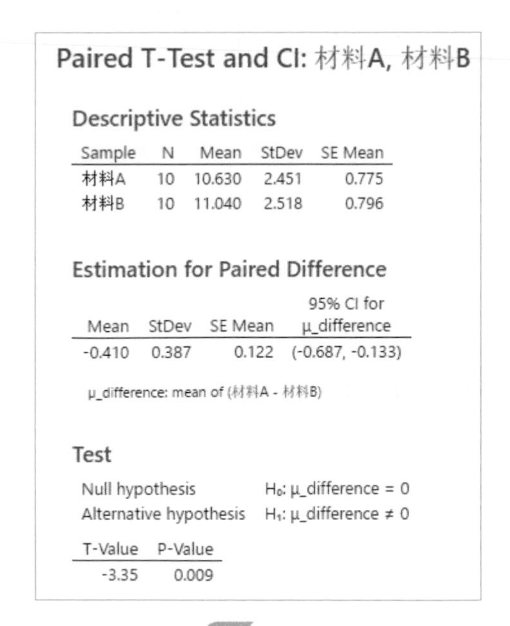

Paired T-Test and CI: 材料A, 材料B

Descriptive Statistics

Sample	N	Mean	StDev	SE Mean
材料A	10	10.630	2.451	0.775
材料B	10	11.040	2.518	0.796

Estimation for Paired Difference

Mean	StDev	SE Mean	95% CI for μ_difference
-0.410	0.387	0.122	(-0.687, -0.133)

μ_difference: mean of (材料A - 材料B)

Test

Null hypothesis　H_0: μ_difference = 0

Alternative hypothesis　H_1: μ_difference ≠ 0

T-Value	P-Value
-3.35	0.009

圖 4-67

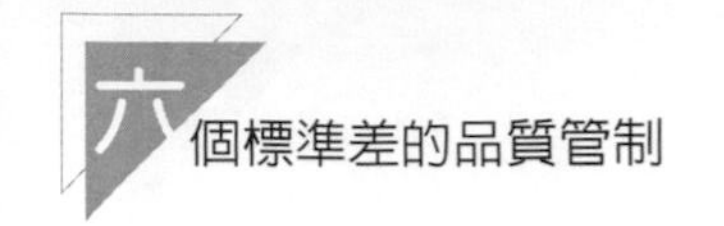

實例演練 11 單比例的檢定與信賴區間

使用 1 Proportion 求單一比例的信賴區間與假設檢定。一郡檢察官，準備競選州檢察官。只要有超過 65% 的黨代表支持這項作法，他就決定進行競選。所以你要檢定的是 $H_0 : p \le 0.65$ *vs* $H_a : p > 0.65$。

你身爲競選經理，由所有黨代表中隨機抽取了 950 人做調查，發現共 560 人支持郡檢察官競選州檢察官。現在進行單一比例檢定，以判斷是否支持者的比例會大於所需要的 65%。在 95% 水準之下進行該檢定。

1. 開啓模組，見圖 4-68。

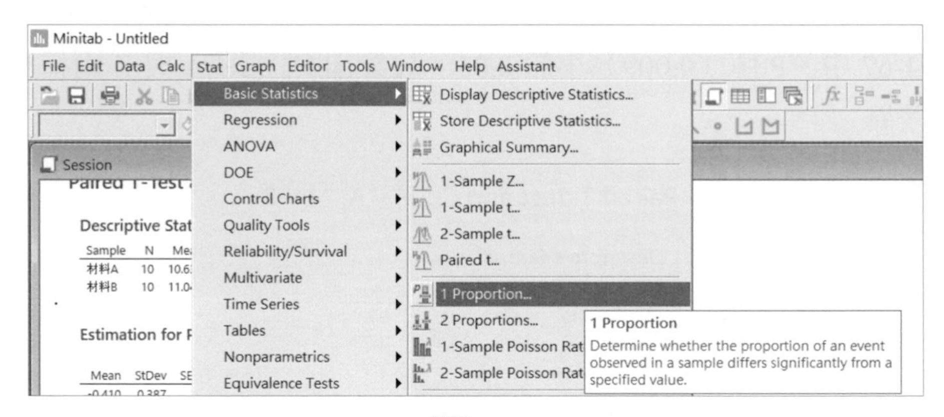

圖 4-68

2. 依照所給予之條件輸入資料後，點擊「Options」並輸入資料，見圖 4-69 及圖 4-70。

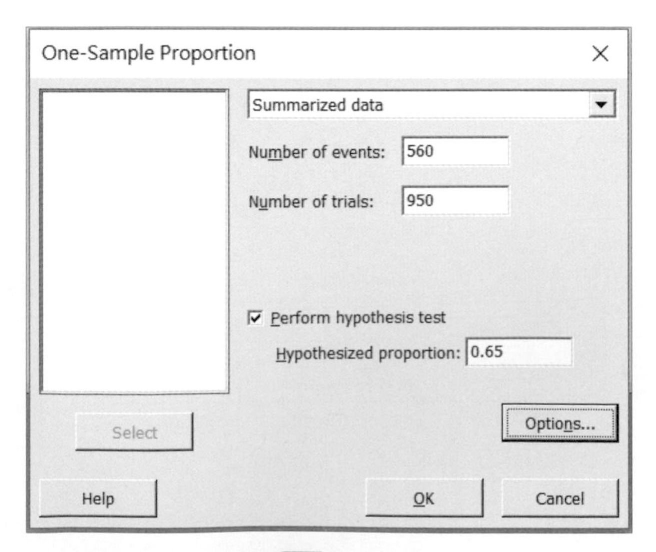

圖 4-69

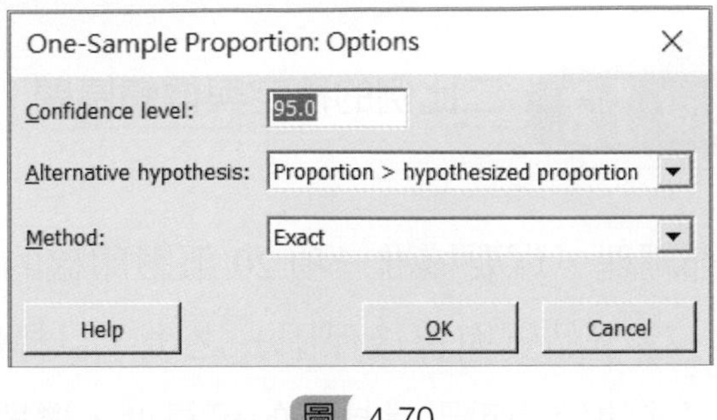

圖 4-70

3. 圖 4-71 中，P 值（1.000）大於 α（0.05），故無法棄卻 H_0，支持者的比例小於所需要的 65%。

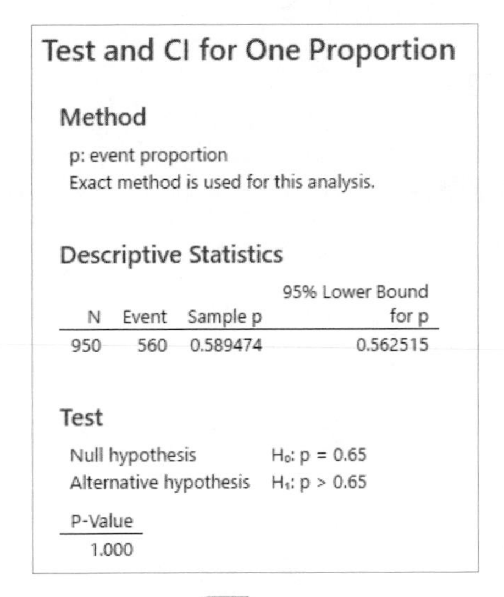

Test and CI for One Proportion

Method

p: event proportion
Exact method is used for this analysis.

Descriptive Statistics

N	Event	Sample p	95% Lower Bound for p
950	560	0.589474	0.562515

Test

Null hypothesis H_0: p = 0.65
Alternative hypothesis H_1: p > 0.65

P-Value
1.000

圖 4-71

實例演練 12　二比例的檢定與信賴區間

身為公司的採購部經理，你要核准一項 20 部影印機的採購案。在不同因素的比較（價格、功能、影印品質與售後保固）之後，目標廠商過濾後剩下兩家 Brand X 與 Brand Y。最後決定的重點是機器的可靠度，機器的可靠度定義為「售後一年內需到場維修的次數」。目前這兩家廠商的機器都在使用中，所以隨機由兩個廠牌各挑選 50 台機器看看過去因故障的維修紀錄，紀錄顯示 Brand X 有 6 台需叫修，而 Brand Y 則有 8 台需叫修。

1. 開啓模組，見圖 4-72。

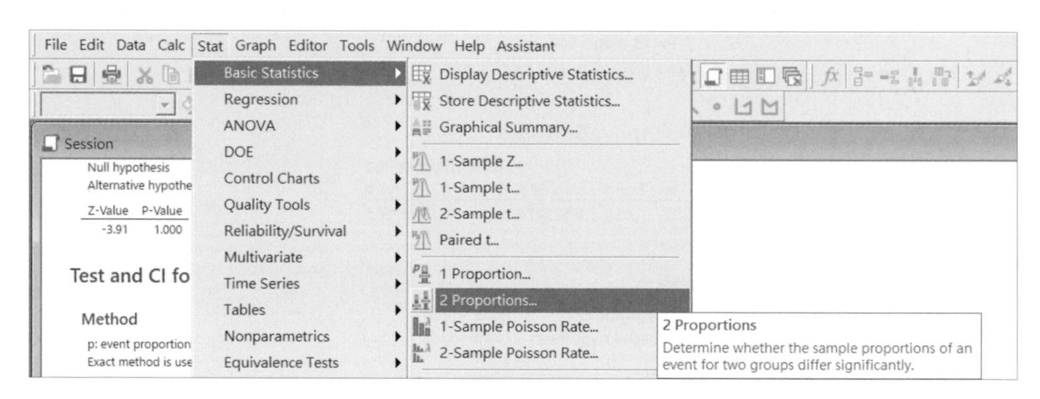

圖 4-72

2. 依照所給予之條件輸入資料後，點擊「Options」並輸入資料，見圖 4-73 及圖 4-74。

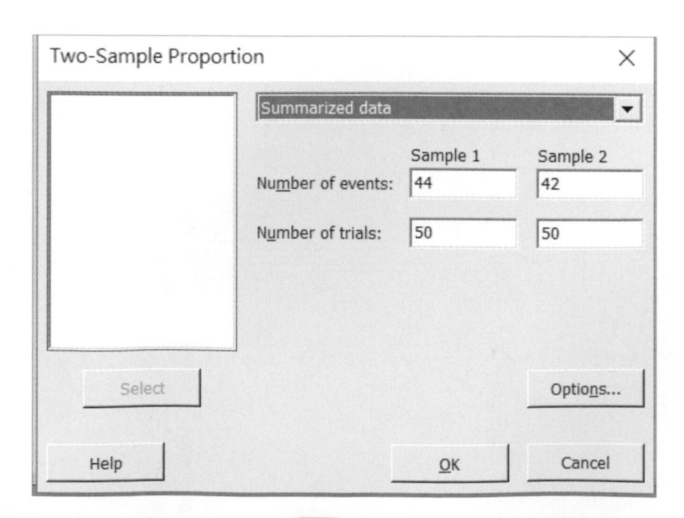

圖 4-73

Two-Sample Proportion: Options

Difference = (sample 1 proportion) - (sample 2 proportion)

Confidence level: 95.0

Hypothesized difference: 0.0

Alternative hypothesis: Difference ≠ hypothesized difference

Test method: Estimate the proportions separately

Help OK Cancel

圖 4-74

3. 圖 4-75 中，在底部結果 P 值均大於 α（0.05），故無法棄卻 H_0，即兩家公司的可靠度並無明顯差異。

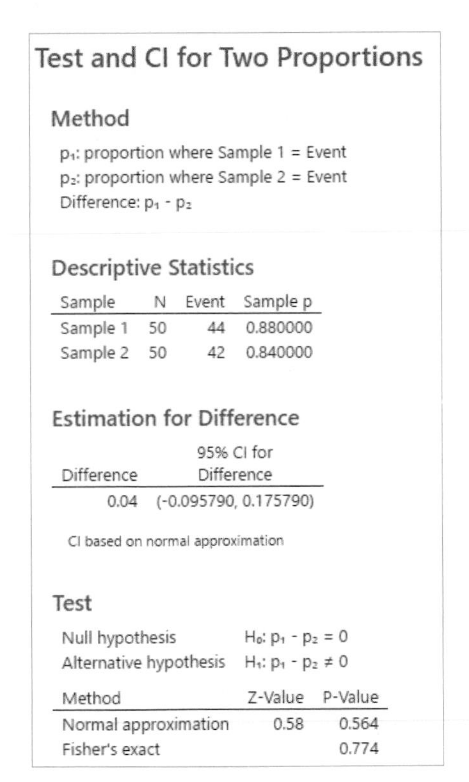

Test and CI for Two Proportions

Method

p_1: proportion where Sample 1 = Event
p_2: proportion where Sample 2 = Event
Difference: $p_1 - p_2$

Descriptive Statistics

Sample	N	Event	Sample p
Sample 1	50	44	0.880000
Sample 2	50	42	0.840000

Estimation for Difference

Difference	95% CI for Difference
0.04	(-0.095790, 0.175790)

CI based on normal approximation

Test

Null hypothesis H_0: $p_1 - p_2 = 0$
Alternative hypothesis H_1: $p_1 - p_2 \neq 0$

Method	Z-Value	P-Value
Normal approximation	0.58	0.564
Fisher's exact		0.774

圖 4-75

實例演練 13 1-Sample Poisson Rate

有一個電視製造廠收集近十年每季生產有螢幕缺陷電視的個數，並決定每季有螢幕缺陷電視的個數需小於 20 件。請依照資料決定該廠是不是符合規範。

1. 開啓 Minitab 軟體，並打開隨書所附之 Excel 資料檔中「第四章」工作表。將 K 行資料，複製到 Minitab 中，見圖 4-76。

	K
1	Defective A
2	18
3	18
4	21
5	14
6	19
7	14
8	21
9	18
10	19
11	27
12	18
13	19
14	18
15	15
16	19
17	10
18	16
19	20
20	22
21	15
22	24
23	9
24	22
25	15
26	16
27	14
28	14
29	19
30	21
31	14

圖 4-76

2. 開啓模組，見圖 4-77。

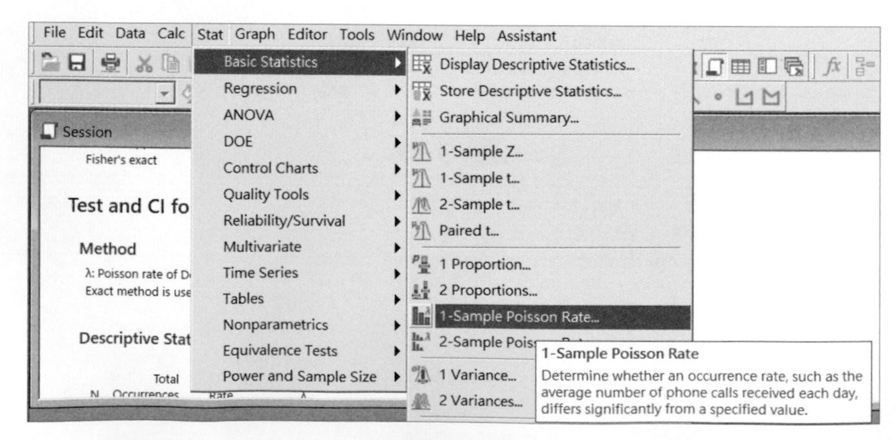

圖 4-77

3. 依照所給予之條件輸入資料，見圖 4-78，點擊「Options」並輸入資料，見圖 4-79。

One-Sample Poisson Rate

C1 Defective A

One or more samples, each in a column

Sample columns: 'Defective A'

Frequency columns (optional):

☑ Perform hypothesis test

Hypothesized rate: 20

Select　Options...

Help　OK　Cancel

圖 4-78

One-Sample Poisson Rate: Options

Confidence level: 95.0

Alternative hypothesis: Rate < hypothesized rate

Method: Exact

Length of observation: 1.0 (time, items, area, etc.)

Help　OK　Cancel

圖 4-79

4. 圖 4-80 中，P 值（0.001）小於 0.05，故棄卻 H_0。所以，每季電視螢幕的缺陷低於 20 件。

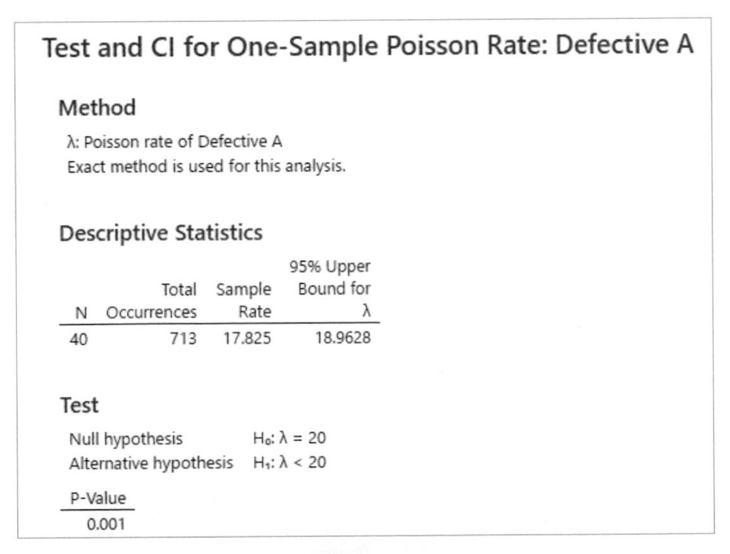

Test and CI for One-Sample Poisson Rate: Defective A

Method

λ: Poisson rate of Defective A

Exact method is used for this analysis.

Descriptive Statistics

N	Total Occurrences	Sample Rate	95% Upper Bound for λ
40	713	17.825	18.9628

Test

Null hypothesis　H_0: λ = 20

Alternative hypothesis　H_1: λ < 20

P-Value
0.001

圖 4-80

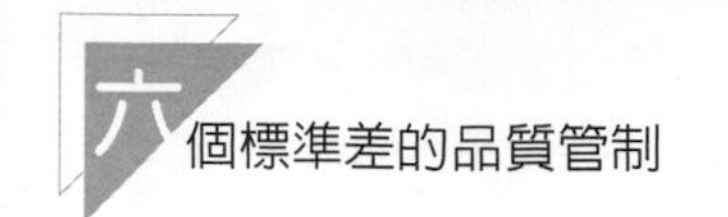

實例演練 14 2-Sample Poisson Rate

有 A 與 B 兩間個電視製造廠收集近十年生產有螢幕缺陷電視的個數。A 廠商每三個月收集一次，B 廠商每六個月收集一次資料。你是電子販賣通路商，並想要針對較低缺陷的哪一個廠商進行較多的採購。請利用「2-Sample Poisson Rate」檢定找出哪一個廠商有較低的缺陷。

1. 開啓 Minitab 軟體，並打開隨書所附之 Excel 資料檔中「第四章」工作表。將 K 行及 L 行資料，複製到 Minitab 中，見圖 4-81。

	K	L
1	Defective A	Defective B
2	18	20
3	18	35
4	21	19
5	14	30
6	19	26
7	14	22
8	21	20
9	18	19
10	19	27
11	27	23
12	18	27
13	19	24
14	18	31
15	15	30
16	19	24
17	10	25
18	16	31
19	20	25
20	22	22
21	15	35
22	24	
23	9	
24	22	
25	15	
26	16	

圖 4-81

2. 開啓模組，見圖 4-82。

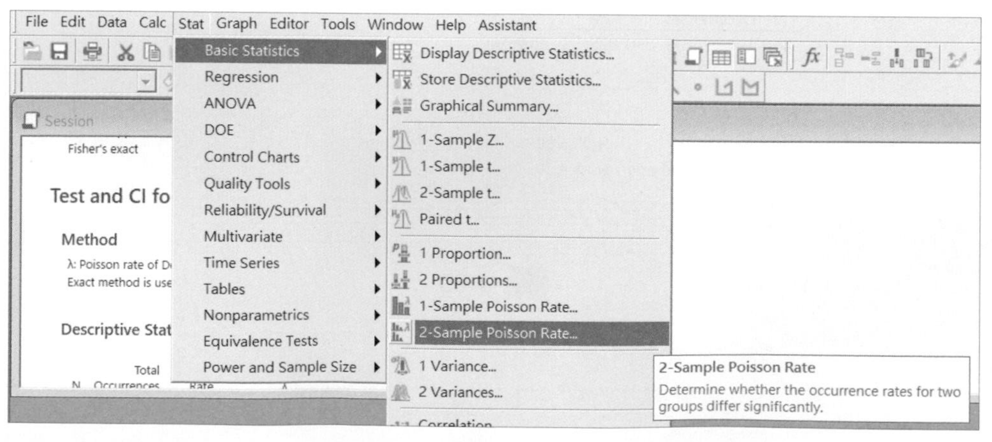

圖 4-82

3. 依照所給予之條件輸入資料，見圖 4-83，點擊「Options」並輸入資料，見圖 4-84。

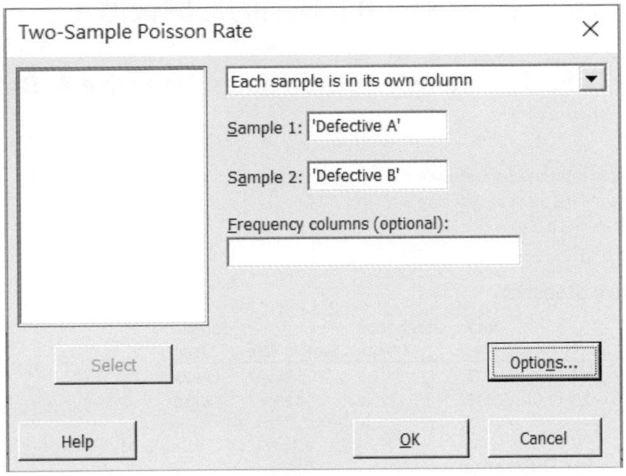

Two-Sample Poisson Rate
Each sample is in its own column
Sample 1: 'Defective A'
Sample 2: 'Defective B'
Frequency columns (optional):
Select
Options...
Help
OK
Cancel

圖 4-83

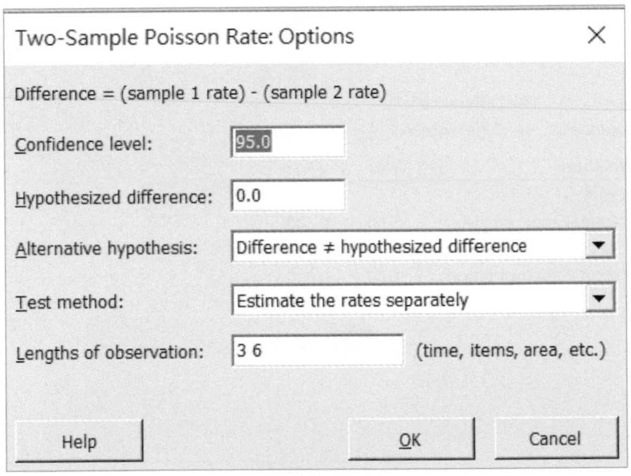

Two-Sample Poisson Rate: Options
Difference = (sample 1 rate) - (sample 2 rate)
Confidence level: 95.0
Hypothesized difference: 0.0
Alternative hypothesis: Difference ≠ hypothesized difference
Test method: Estimate the rates separately
Lengths of observation: 3 6 (time, items, area, etc.)
Help
OK
Cancel

圖 4-84

4. 圖 4-85 中，在底部結果 P 值（0.000）均小於 0.05，故棄卻 H_0，即 A 與 B 兩間電視製造廠收集近十年生產有螢幕缺陷電視的個數有明顯差異。且就生產缺陷的比例而言，廠商「B」缺陷的比例較低。

Test and CI for Two-Sample Poisson Rates: Defective A, Defective B

Method

λ₁, μ₁: Poisson rate, mean of Defective A
λ₂, μ₂: Poisson rate, mean of Defective B
Difference: λ₁ - λ₂, μ₁ - μ₂

Descriptive Statistics

Sample	N	Total Occurrences	Observation Length	Sample Rate	Sample Mean
Defective A	40	713	3	5.94167	17.825
Defective B	20	515	6	4.29167	25.750

Estimation for Difference

Difference	Estimated Difference	95% CI for Difference
Rates	1.650	(1.0776, 2.22236)
Means	-7.925	(-10.5053, -5.34474)

Test

Null hypothesis　　　H_0: Difference = 0
Alternative hypothesis　H_1: Difference ≠ 0

Difference	Method	Z-Value	P-Value
Rates	Exact		0.000
	Normal approximation	5.65	0.000
Means	Exact		0.000
	Normal approximation	-6.02	0.000

 4-85

1 Sample t 檢定，以 Excel 示範

一牛奶製造商宣稱其產品可平均保存超過 12 天，現在由生產線隨機選出十件產品並測其保存期限值如下：α 值取 0.05。

表 4-6　實驗結果

保存天數	
13	14
12	9
10	12
13	11
10	11

因爲要檢定平均值，且與一定值作比較，而母體變異數未知，故採用 1 Sample t 檢定（表 4-5 與附表 D）。

假設如下：

虛無假設：產品平均保存天數≦ 12。

對立假設：產品平均保存天數＞ 12。

$$\text{統計檢定量} = \frac{\bar{y} - \mu_0}{s / \sqrt{n}} \quad \text{（式 4-7）}$$

n（樣本數）：10

μ_0（常數）：12

$\bar{y}$（樣本平均值）：用「average」指令

s：（樣本標準差）：用「stdev」指令

1. 依照表 4-6 輸入數字，見圖 4-86，並依照式 4-7 計算統計檢定量爲「-3」，見圖 4-86。

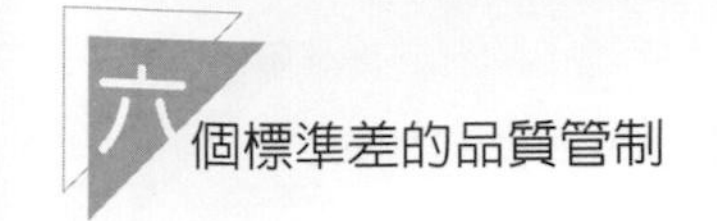

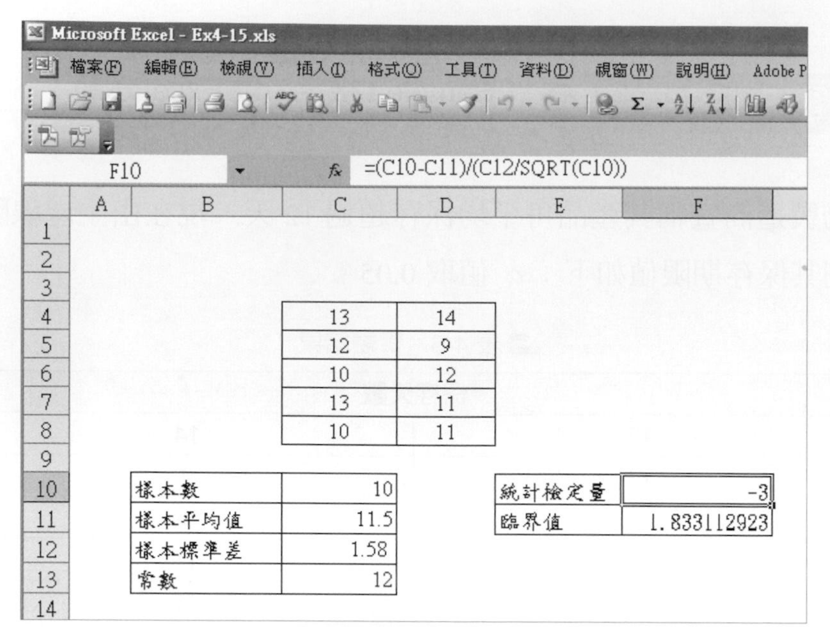

圖 4-86

2. 運用 Excel 指令計算臨界值，其中臨界值爲 $t_{\alpha,n-1}$，在 Excel，如果虛無假設爲「大於」或「小於」時（又稱爲單邊對立假設），視爲單邊對立假設，故 Tinv 函數中的第一個參數輸入值爲所選定 α 值（0.05）的 2 倍。以本例即爲「0.1」，見圖 4-87。

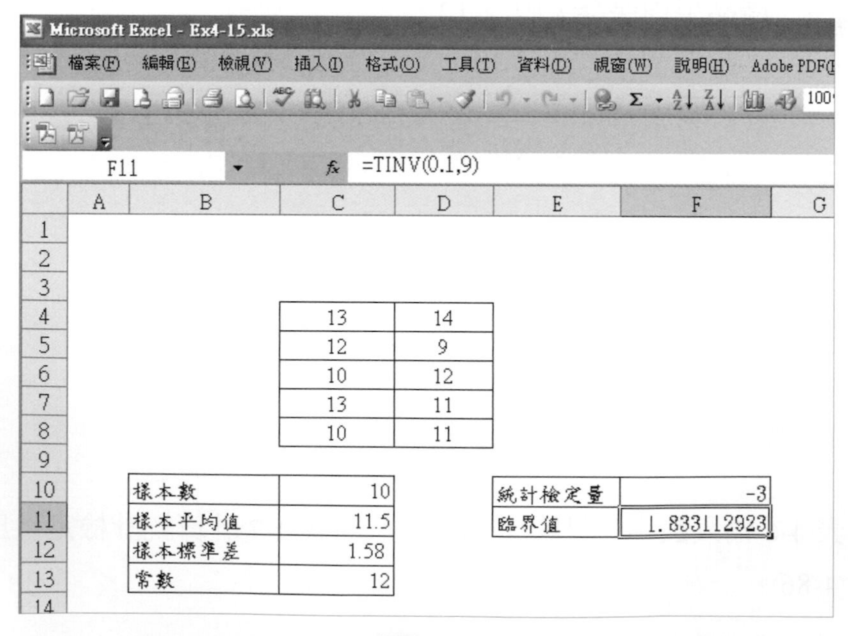

圖 4-87

3. 因統計檢定量（-3）不大於臨界值（也可查附表 D，$t_{0.05,10-1}$ =1.833），故無法棄卻 H_0，所以 H_0 爲眞。

實例演練 16 1 Sample Z 檢定，以 Excel 示範

一牛奶製造商需填充牛奶至 1000 c.c.。且依據以往經驗，製程爲常態分配且標準差爲 40。現在由生產線隨機選出十件產品並測其填充值如下：α 值取 0.05，試依下列資料決定現今製程是否符合規範。

表 4-7 實驗結果

填充量	
1002	980
1020	950
1100	1005
1030	965
1010	990

因爲要檢定平均值，且與一定值作比較，而母體變異數已知，故採用 1 Sample Z 檢定（表 4-4 與附表 C）。

假設如下：

虛無假設：產品填充量＝ 1000

對立假設：產品填充量≠ 1000

$$統計檢定量=\frac{\bar{y}-\mu_0}{\sigma/\sqrt{n}} \quad （式 4-8）$$

n（樣本數）＝ 10

μ_0（常數）＝ 1000

$\bar{y}$（樣本平均值）→用「average」指令

σ（樣本標準差）＝ 40

1. 依照表4-7輸入數字，見圖4-88，並依照式4-8計算統計檢定量爲「0.411」，見圖4-88。

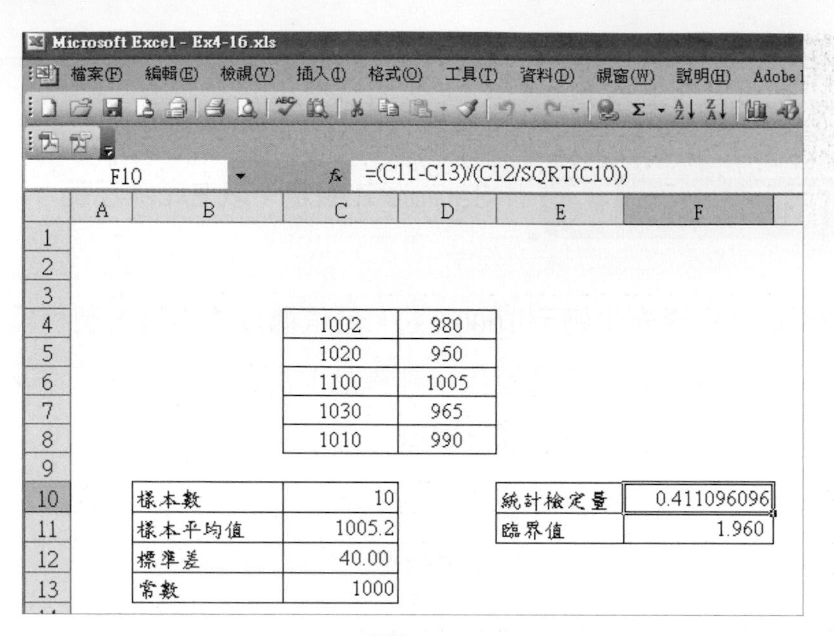

圖 4-88

2. 運用 Excel 指令計算臨界值，其中臨界值爲 $Z_{0.05/2}$ ，在 Excel，如果虛無假設爲「不等於」時（又稱爲雙邊對立假設），由於是雙邊對立假設，α 風險被分散在兩側，故 Normsinv 函數中的參數輸入值「1- α /2」。以本例即爲「0.975」，見圖 4-89。

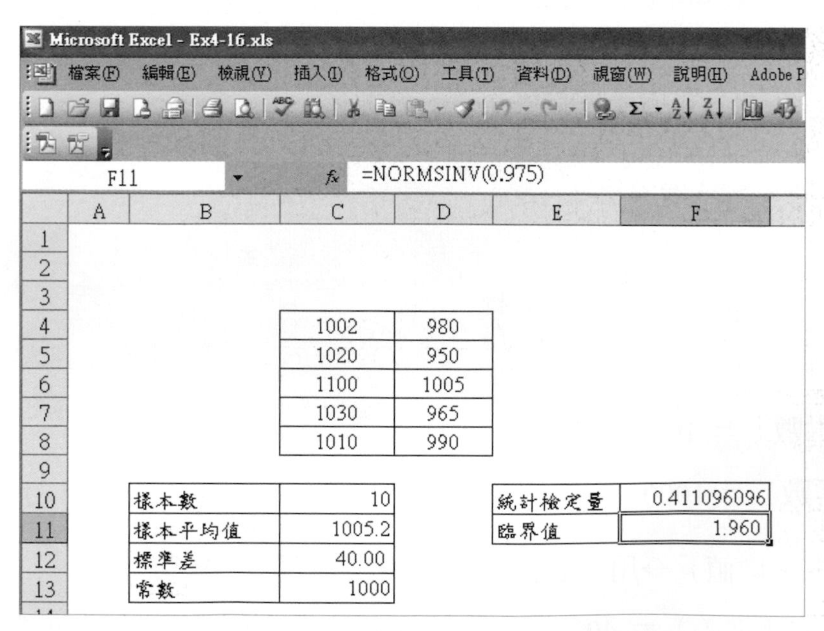

圖 4-89

3. 因統計檢定量不大於臨界值（也可查附表 C，$Z_{0.05/2}$ =1.96），故無法棄卻 H_0，所以 H_0 爲眞。

實例演練 17 先進行變異數檢定再作 2 Sample t 檢定以 Excel 示範

有一電池製造場研發出 A 與 B 兩種電池，爲了測試何種電池的持久性較佳，分別取出 10 個樣本進行測試。其資料如表 4-8：

表 4-8　實驗結果

A 電池（小時）	B 電池（小時）
65	64
70	71
82	56
81	69
67	83
57	59
59	65
66	74
75	82
82	79

1. 在 α 值 0.05 下，檢定變異數相等的假設。
2. 在 α 值 0.05 下，檢定平均值相等的假設。
   (1) 輸入資料並開啓「資料分析」模組，見圖 4-90。

Microsoft Excel - Ex4-17.xls

檔案(F) 編輯(E) 檢視(V) 插入(I) 格式(O) 工具(T) 資料(D) 視窗(W) 說明(H) Ad

K13 fx

	A	B	C	E
1				
2				
3			A 電池（小時）	
4			65	
5			70	
6			82	
7			81	
8			67	
9			57	
10			59	
11			66	
12			75	
13			82	
14				
15				

拼字檢查(S)... F7
參考資料(R)... Alt+ 按一下
錯誤檢查(K)...
共用工作區(D)...
共用活頁簿(B)...
追蹤修訂(T)
比較並合併活頁簿(W)...
保護(P)
線上共同作業(N)
目標搜尋(G)...
分析藍本(E)...
公式稽核(U)
巨集(M)
增益集(I)...
自動校正選項(A)...
自訂(C)...
選項(O)...
資料分析(D)...

圖 4-90

(2) 選擇「F 檢定」，見圖 4-91。

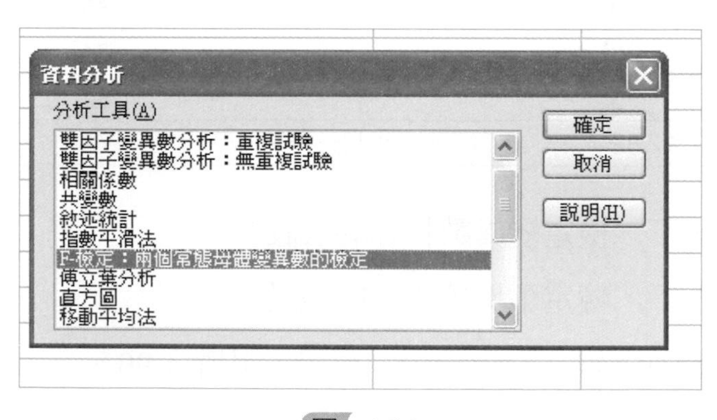

圖 4-91

(3) 分別輸入「變數 1」及「變數 2」，並輸入「α」，見圖 4-92。

A電池（小時）	B電池（小時）
65	64
70	71
82	56
81	69
67	83
57	59
59	65
66	74
75	82
82	79

F-檢定：兩個常態母體變異數的檢定

輸入

變數 1 的範圍(1): $C$4:$C$13

變數 2 的範圍(2): $D$4:$D$13

標記(L)

α(A): 0.05

輸出選項

輸出範圍(O): $F$3

新工作表(P):

新活頁簿(W)

確定 取消 說明(H)

圖 4-92

(4) 輸出結果如圖 4-93。

A電池（小時）	B電池（小時）
65	64
70	71
82	56
81	69
67	83
57	59
59	65
66	74
75	82
82	79

F 檢定：兩個常態母體變異數的檢定

	變數 1	變數 2
平均數	70.4	70.2
變異數	85.82222222	87.73333333
觀察值個數	10	10
自由度	9	9
F	0.978216819	
P(F<=f) 單尾	0.487183246	
臨界值：單尾	0.314574906	

圖 4-93

(5) 依表 4-3 與附表 B 求得臨界值為 $F_{\alpha/2,n_1-1,n_2-1} = F_{0.025,9,9} = 4.03$。因統計檢定量 F（=0.978），見圖 4-93，並不大於 $F_{0.025,9,9}$，故無法棄卻 H_0。所以 α 值 0.05 下檢定電池 A 與電池 B 持久性的變異數相等。

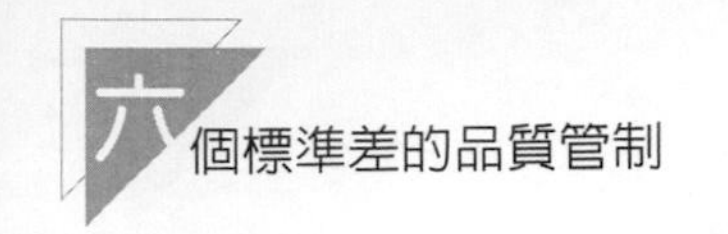

3. 進一步在 α 值 0.05 下檢定平均值相等的假設

(1) 開啓「資料分析」模組，見圖 4-94。

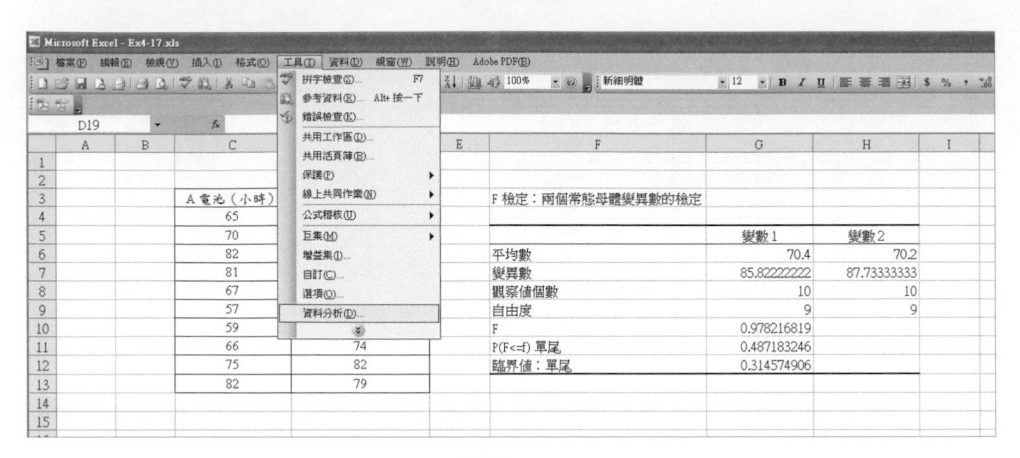

圖 4-94

(2) 選「t 檢定：兩個母體平均數差的檢定，假設變異數相等」，如果之前的變異數檢定不相等，則選「t 檢定：兩個母體平均數差的檢定，假設變異數不相等」，見圖 4-95。

圖 4-95

(3) 分別輸入「變數 1」及「變數 2」，並輸入「α」，見圖 4-96。

A電池（小時）	B電池（小時）
65	64
70	71
82	56
81	69
67	83
57	59
59	65
66	74
75	82
82	79

F 檢定：兩個常態母體變異數的檢定

	變數 1	變數 2
平均數	70.4	70.2
變異數	85.82222222	87.73333333
觀察值個數	10	10
自由度	9	9
F	0.978216819	
P(F<=f) 單尾	0.487183246	
臨界值：單尾	0.314574906	

t 檢定：兩個母體平均數差的檢定，假設變異數相等

輸入

變數 1 的範圍(1): $C$4:$C$13

變數 2 的範圍(2): $D$4:$D$13

假設的均數差(P):

標記(L)

α(A): 0.05

輸出選項

輸出範圍(O): $F$16

新工作表(P):

新活頁簿(W)

確定 取消 說明(H)

圖 4-96

(4) 輸出結果如圖 4-97。

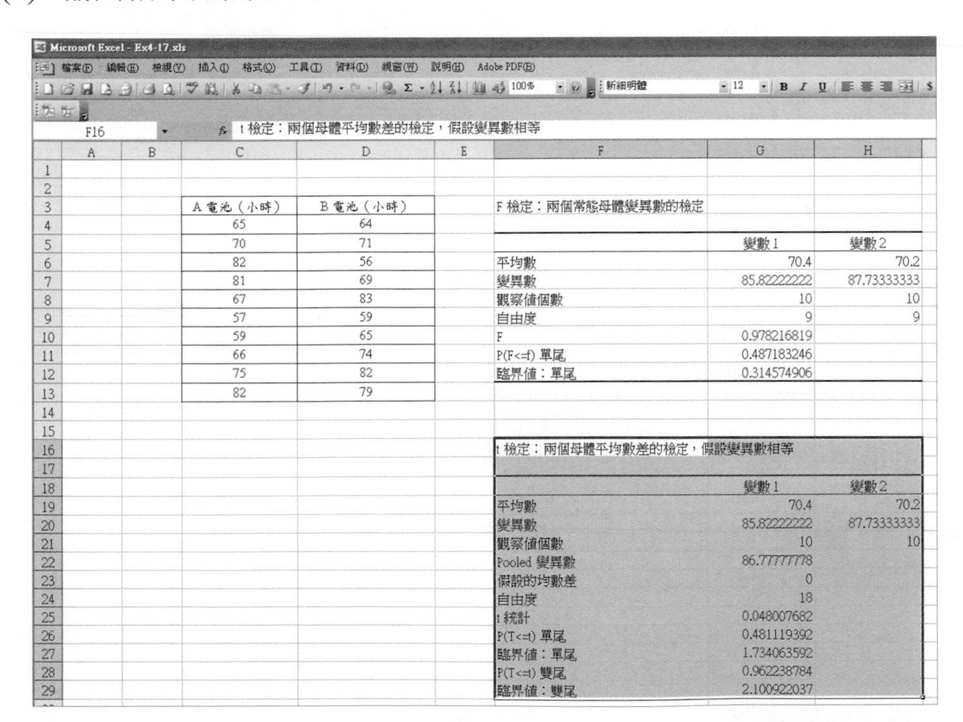

Microsoft Excel - Ex4-17.xls

F16 t 檢定：兩個母體平均數差的檢定，假設變異數相等

A電池（小時）	B電池（小時）
65	64
70	71
82	56
81	69
67	83
57	59
59	65
66	74
75	82
82	79

F 檢定：兩個常態母體變異數的檢定

	變數 1	變數 2
平均數	70.4	70.2
變異數	85.82222222	87.73333333
觀察值個數	10	10
自由度	9	9
F	0.978216819	
P(F<=f) 單尾	0.487183246	
臨界值：單尾	0.314574906	

t 檢定：兩個母體平均數差的檢定，假設變異數相等

	變數 1	變數 2
平均數	70.4	70.2
變異數	85.82222222	87.73333333
觀察值個數	10	10
Pooled 變異數	86.77777778	
假設的均數差	0	
自由度	18	
t 統計	0.048007682	
P(T<=t) 單尾	0.481119392	
臨界值：單尾	1.734063592	
P(T<=t) 雙尾	0.962238784	
臨界值：雙尾	2.100922037	

圖 4-97

(5) 依表 4-5 與附表 D，求得臨界值 $t_{\alpha/2,\upsilon} = t_{0.025,18} = 2.101$。因爲統計檢定量 t_0（=0.96），見圖 4-97，並不大於 $t_{0.025,18}$，故無法棄卻 H_0。所以 α 值 0.05 下檢定電池 A 與電池 B 持久性的平均值相等。

實例演練 18　2 Sample Z 檢定，以 Excel 示範

有 A 與 B 兩台機器用來填裝牛奶至 200 克重，且已知此流程遵循常態分配。裝填的變異數分別爲 1.5 與 2.0。從兩台機器分別隨機抽十個樣本。資料如表 4-9：

表 4-9　實驗結果

A 機器	B 機器
200.2	201.5
201.1	200.8
199.9	201.7
199.7	202.0
200.3	201.8
200.1	199.5
200.0	198.6
201.1	198.9
201.3	201.3
198.5	200.6

試檢定這兩台機器是否有相同的塡充平均值。α 值取 0.05。

1. 輸入資料並開啓「資料分析」模組，見圖 4-98。

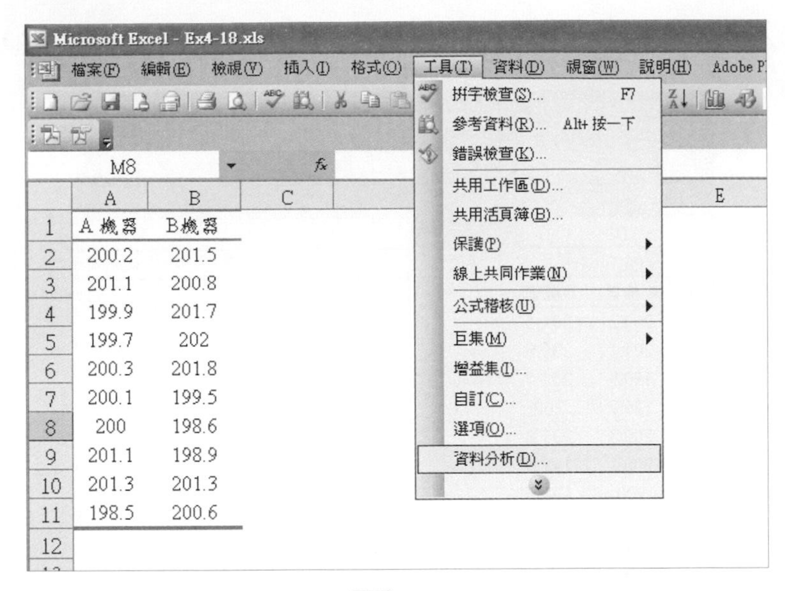

圖 4-98

2. 選「Z 檢定：兩個母體平均數差異檢定」，見圖 4-99。

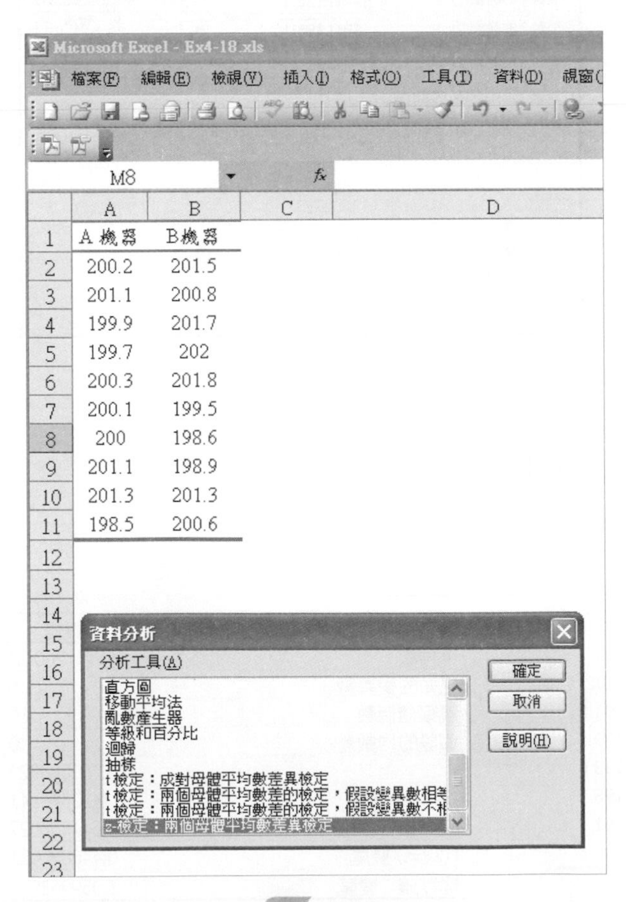

圖 4-99

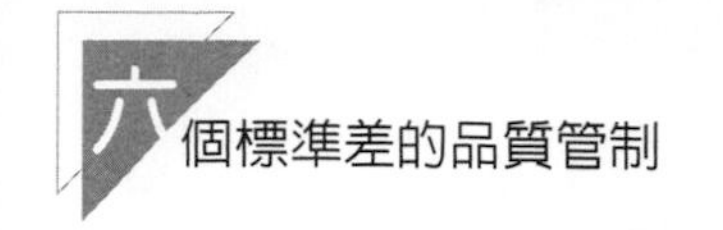

3. 分別輸入「變數1」及「變數2」，並輸入「α」及個別之變異數，見圖4-100。

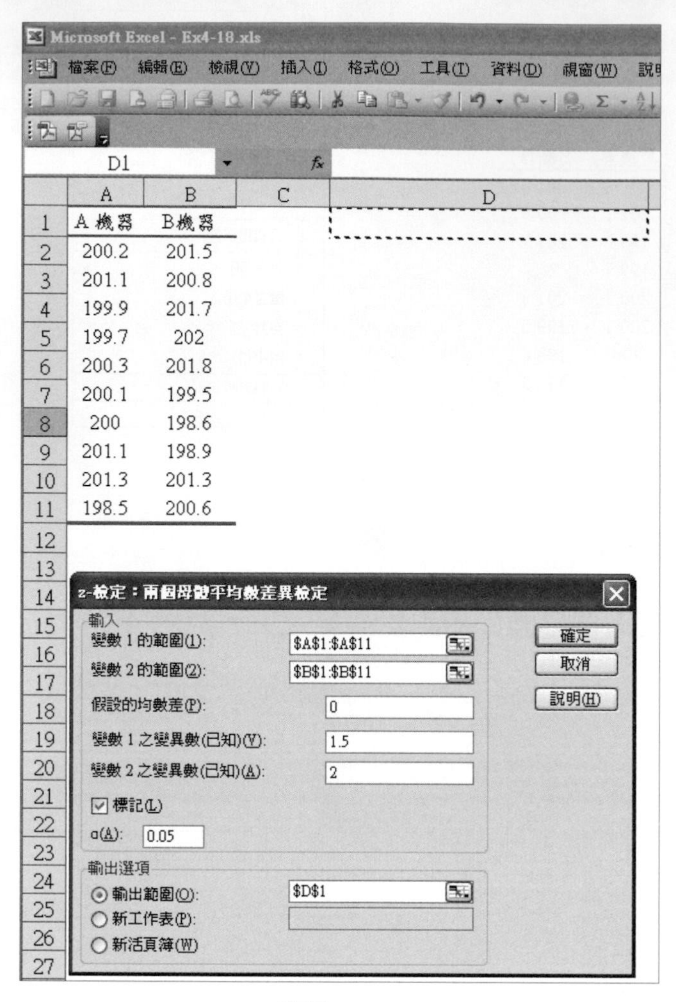

圖 4-100

4. 輸出結果見圖 4-101。

	A	B	C	D	E	F
1	A機器	B機器		z 檢定：兩個母體平均數差異檢定		
2	200.2	201.5				
3	201.1	200.8			A機器	B機器
4	199.9	201.7		平均數	200.22	200.67
5	199.7	202		已知的變異數	1.5	2
6	200.3	201.8		觀察值個數	10	10
7	200.1	199.5		假設的均數差	0	
8	200	198.6		z	-0.760638829	
9	201.1	198.9		P(Z<=z) 單尾	0.22343641	
10	201.3	201.3		臨界值：單尾	1.644853627	
11	198.5	200.6		P(Z<=z) 雙尾	0.446872821	
12				臨界值：雙尾	1.959963985	
13						

圖 4-101

5. 依表 4-4 與附表 C 及圖 4-101，因爲要檢定 A 機器與 B 機器塡充平均值是否相等，故爲雙邊對立假設，進一步可求得臨界值 $Z_{\alpha/2}=Z_{0.025}=1.96$。因此統計檢定量 $Z_0=-0.76$，見圖 4-109，並不大於 $Z_{0.025}$，故無法棄卻 H_0。所以 α 值 0.05 下檢定 A 機器與 B 機器塡充平均值相等。

實例演練 19 常態單一母體變異數檢定 以 Excel 示範

一運動員其撐竿跳成績如表 4-10：

表 4-10 撐竿跳成績

5.34	5.63	5.97	6.45
6.65	6.25	5.76	6.34
4.76	7.35	6.34	7.10
5.99	5.54	6.80	6.65
7.30	6.00	7.22	6.88
6.62	5.32	6.55	5.98

在 $\alpha=0.05$ 之下檢定，$\sigma^2=1.0$ 的假設。

首先寫出假設如下

虛無假設：$\sigma^2=1.0$

對立假設：$\sigma^2\neq 1.0$

1. 將資料輸入 Excel 工作表，見圖 4-102。

	A
1	撐竿跳成績
2	5.34
3	6.65
4	4.76
5	5.99
6	7.3
7	6.62
8	5.63
9	6.25
10	7.35
11	5.54
12	6
13	5.32
14	5.97
15	5.76
16	6.34
17	6.8
18	7.22
19	6.55
20	6.45
21	6.34
22	7.1
23	6.65
24	6.88
25	5.98
26	

圖 4-102

2. 計算樣本變異數，見圖 4-103。

D1 | f_x =VAR(A2:A25)

	A	B	C	D	E
1	撐竿跳成績		樣本變異數	0.459804	
2	5.34		卡方統計量	10.5755	
3	6.65		臨界值	38.07563	
4	4.76				
5	5.99		P值	0.012883	
6	7.3				
7	6.62				
8	5.63				

圖 4-103

3. 計算卡方統計量，見圖 4-104。

D2 | f_x =(24-1)*D1/1^2

	A	B	C	D	E
1	撐竿跳成績		樣本變異數	0.459804	
2	5.34		卡方統計量	10.5755	
3	6.65		臨界值	38.07563	
4	4.76				
5	5.99		P值	0.012883	
6	7.3				
7	6.62				
8	5.63				
9	6.25				
10	7.35				
11	5.54				
12	6				

圖 4-104

4. 計算臨界值，見圖 4-105。

D3 | f_x =CHIINV(0.05/2,24-1)

	A	B	C	D	E
1	撐竿跳成績		樣本變異數	0.459804	
2	5.34		卡方統計量	10.5755	
3	6.65		臨界值	38.07563	
4	4.76				
5	5.99		P值	0.012883	
6	7.3				
7	6.62				
8	5.63				
9	6.25				
10	7.35				

圖 4-105

5. 計算 P 值，見圖 4-106。

D5	fx =1-CHIDIST(D2,24-1)			
	A	B	C	D
1	撐竿跳成績		樣本變異數	0.459804
2	5.34		卡方統計量	10.5755
3	6.65		臨界值	38.07563
4	4.76			
5	5.99		P值	0.012883
6	7.3			
7	6.62			
8	5.63			
9	6.25			
10	7.35			

圖 4-106

6. 因為 P 值小於 0.05，故棄卻 H_0。即 $\sigma^2 \neq 1.0$。或依表 4-3 與附表 A，可知，$x_0^2 = 10.5755 < x^2_{1-\alpha/2,n-1}(x^2_{1-0.05/2,24-1} = x^2_{0.975,23} = 11.69)$，故棄卻 H_0。

4.3.2 變異數分析

前述之方法僅適用於一個母體與一定值或兩個母體間平均值 / 變異數的檢定。當要檢定兩個以上的母體平均數時，就應使用變異數分析法（Analysis of Variance, ANOVA）。如果不是使用 ANOVA 進行分析，而是採用兩兩比較的方式，每一次的兩個母體比較只有 95% 的信心水準（即有 5% 犯第一型誤差的機率）。

假設有三個母體要檢定其平均值是否相等，且採用兩兩比較的方式進行檢定，我們需進行三對平均數的檢定，而每次的檢定只有 95% 的信心水準，故三次的檢定都得到正確答案的機率只有：0.95×0.95×0.95=0.86，而非預期的 0.95。

在進行變異數分析前，必須先檢查資料符合以下條件：

1. 資料須呈現常態分配。
2. 各不同水準的變異數必須相等。
3. 樣本必須為隨機且獨立。運用殘差分析（將在「改進階段」敘述）可判定樣本是否為隨機且獨立。

變異數分析本身是用來檢定多個（假設有「a」個）母體的平均值是否有差異，而不是用來檢定母體的變異數是否相等。其虛無假設與對立假設如下：

H_0：$\mu_1=\mu_2=\mu_3=\cdots=\mu_a$。

H_a：母體的平均值至少有一組不相等。

在變異數分析裡，將總變異分為組間變異（SStreatment）與組內變異（SS_E）。即如下式：

$$SS_T = SS_{treatment} + SS_E \quad \text{（式 4-9）}$$

$$\sum_{i=1}^{a}\sum_{j=1}^{n_i}\left(y_{ij}-\overline{y_{..}}\right)^2 = SS_T = SS_{treatment} + SS_E = \sum_{i=1}^{a} n_i\left(\overline{y_{i.}}-\overline{y_{..}}\right)^2 + \sum_{i=1}^{a}\sum_{j=1}^{n_i}\left(y_{ij}-\overline{y_{i.}}\right)^2 \quad \text{（式 4-10）}$$

y_{ij} = 第 i 個水準（treatment）下的第 j 個觀測值

$\overline{y_{i.}}$ = 第 i 個水準（treatment）下所有觀測值的平均值（i=1…a，共 a 個水準）

n_i= 第 i 個水準（treatment）下觀測的次數

$\overline{y_{..}}$ = 表示全部觀測值的平均值

N ＝資料點總數

例如，要知道調整不同的「溫度」水準（Treatment）對於某一個輸出是否有影響。你便可設計一個實驗將不同「溫度」水準下的輸出記錄下來。再利用式 4-9 與式 4-10 及表 4-11 來檢測「溫度」在考量的範圍內對於這一個輸出到底是否有顯著的影響。在表 4-11 中組內的變異（SS_E）主要來至外界的雜訊，而組間變異（$SS_{treatment}$）則來至因子本身水準的變動。如果將變異分別除以自由度，稱為均方值（Mean Square）。如果水準的變動所產生的均方值明顯的大於來至外界的雜訊所產生的均方值，我們便可確定該選定的因子對輸出有顯著的影響。因此變異數分析也非常適合用來篩選所考量的因子是否為重要的因子。如果是重要的因子，在「改善階段」時，便可加入在實驗設計中，當作設計的參數。

表 4-11　單一因子的變異數分析表

變異來源	平方和	自由度	均方	F_0
組間	$SS_{Treatment} = \sum_{i=1}^{a} n_i(\overline{y}_i - \overline{y})^2$	$a-1$	$MS_{Treatment} = SS_{Treatment}/(a-1)$	$F_0 = \frac{MS_{Treatment}}{MS_E}$
組內(誤差)	$SS_E = SS_T - SS_{Treatment}$	$N-a$	$MS_E = SS_E/(N-a)$	
總和	$SS_T = \sum_{i=1}^{a}\sum_{j=1}^{n_i}(y_{ij} - \overline{y}_{..})^2$	$N-1$		

表 4-11 中當所求的 $F_0 > F_{\alpha, a-1, N-a}$ 時，則需拒絕 H_0，代表該因子水準的變動對輸出有顯著的影響。

實例演練 20　單因子變異數分析以 Minitab 為示範

設計一個實驗來比較四種不同地毯的耐久性，將每一種地毯都取個樣本鋪設在四戶不同的人家，60 天之後再來測量每一種地毯的耐久性，因爲目的是要檢測四種地毯平均壽命是否相等以評估平均壽命的差異，所以要用單因子變異數分析的方法（資料放在同一行）。

1. 開啟 Minitab 軟體，並打開隨書所附之 Excel 資料檔中「第四章」工作表。將 M 行及 N 行資料，複製到 Minitab 中，見圖 4-107。

	M	N
1	Durability	Carpet
2	18.95	1
3	12.62	1
4	11.94	1
5	14.42	1
6	10.06	2
7	7.19	2
8	7.03	2
9	14.66	2
10	10.92	3
11	13.28	3
12	14.52	3
13	12.51	3
14	10.46	4
15	21.4	4
16	18.1	4
17	22.5	4

圖 4-107

2. 工作表單中，見圖4-107，第一行爲耐久性的指標，第二行則爲地毯的編號。
3. 開啓模組，見圖 4-108。

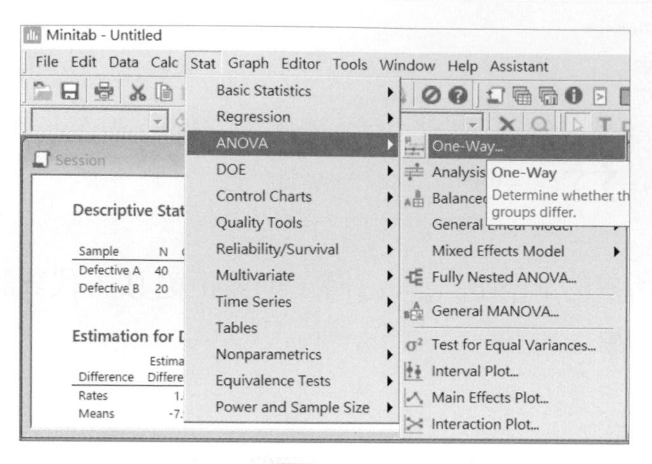

圖 4-108

4. 輸入資料，見圖 4-109。

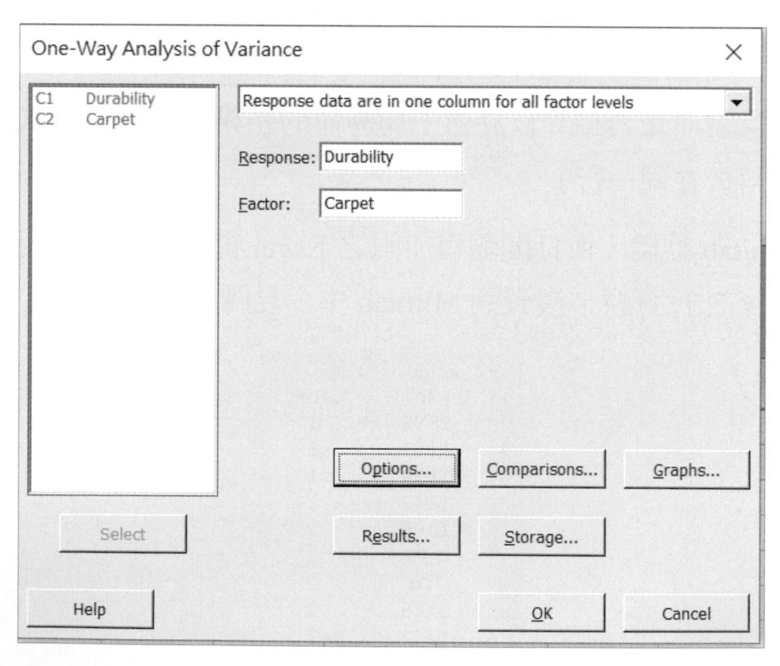

圖 4-109

5. 圖 4-110 中，P 值 0.047 小於 0.05，所以棄卻 H_0，因此，至少有一對的耐久性不一樣。

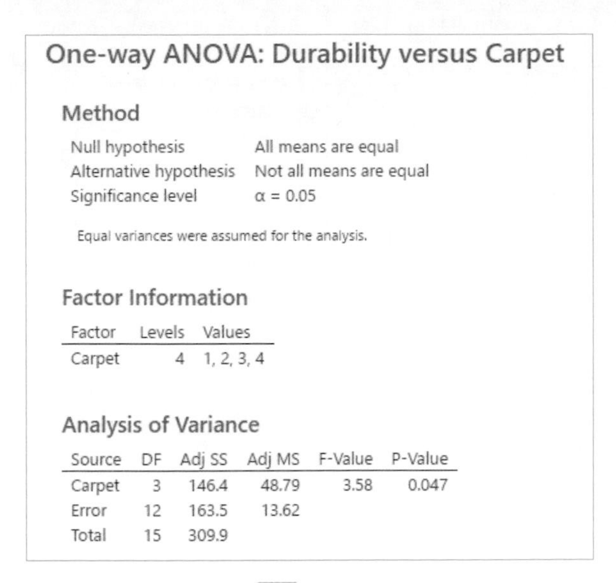
One-way ANOVA: Durability versus Carpet

Method

Null hypothesis	All means are equal
Alternative hypothesis	Not all means are equal
Significance level	α = 0.05

Equal variances were assumed for the analysis.

Factor Information

Factor	Levels	Values
Carpet	4	1, 2, 3, 4

Analysis of Variance

Source	DF	Adj SS	Adj MS	F-Value	P-Value
Carpet	3	146.4	48.79	3.58	0.047
Error	12	163.5	13.62		
Total	15	309.9			

圖 4-110

實例演練 21 單因子變異數分析，以 Excel 為示範

設計一個實驗來比較四種不同地毯的耐久性，將每一種地毯都取一個樣本鋪設在四戶不同的人家，60 天之後再來測量每一種地毯的耐久性，因為目的是要檢測四種地毯平均壽命是否相等以評估平均壽命的差異，所以要用單因子變異數分析的方法。

1. 依照圖 4-111 方式輸入資料。

	A	B	C	D	E	F
1						
2		地毯一	地毯二	地毯三	地毯四	
3		18.95	10.06	10.92	10.46	
4		12.62	7.19	13.28	21.4	
5		11.94	7.03	14.52	18.1	
6		14.42	14.66	12.51	22.5	
7						
8						

圖 4-111

2. 開啟「資料分析」模組，見圖 4-112。

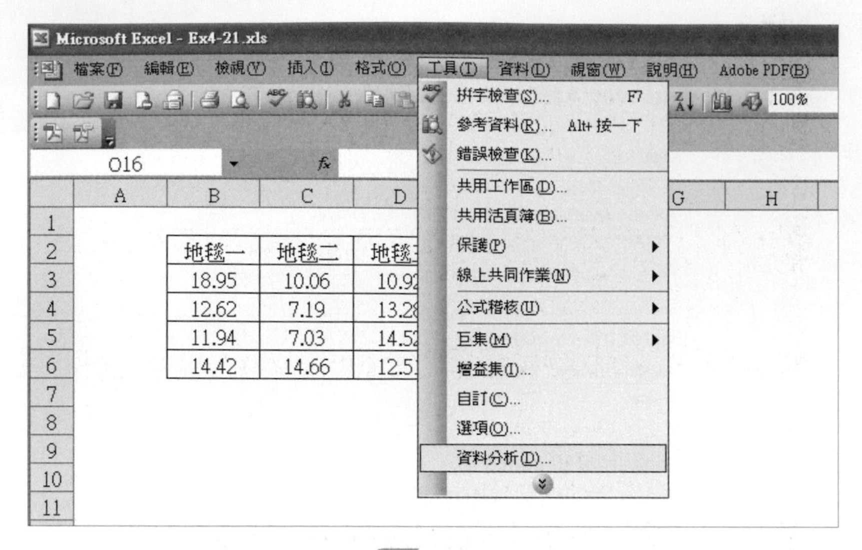

圖 4-112

3. 選「單因子變異數分析」，見圖 4-113。

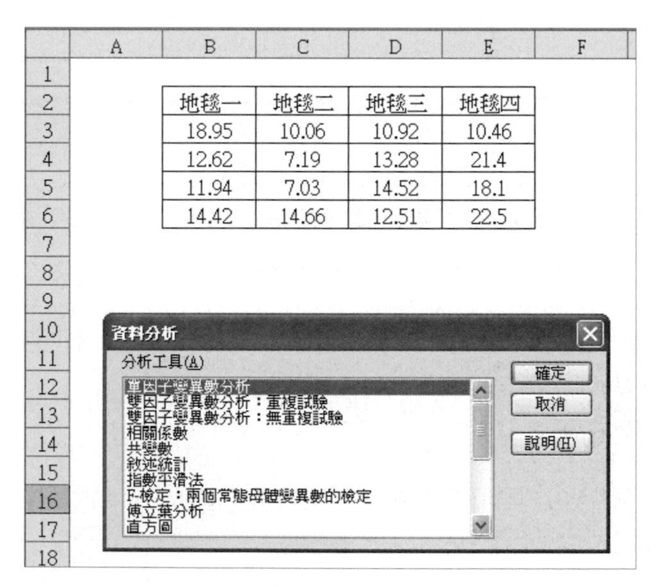

圖 4-113

4. 輸入分析範圍，並輸入「α」，見圖 4-114。

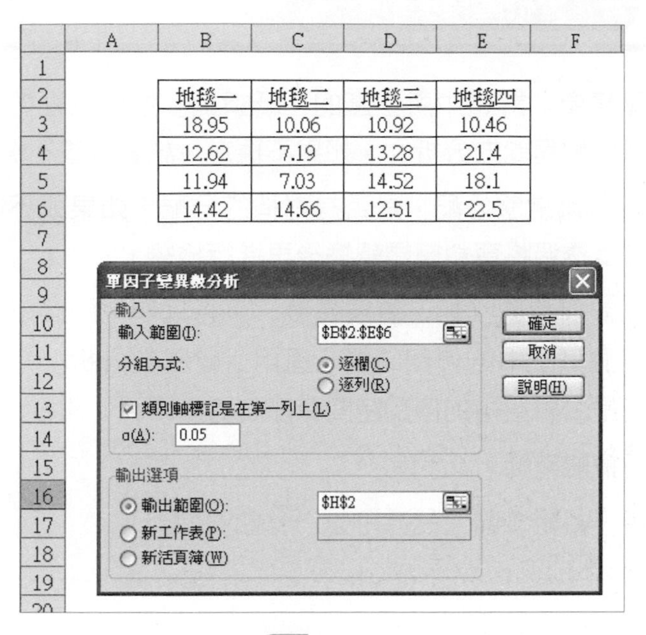

地毯一	地毯二	地毯三	地毯四
18.95	10.06	10.92	10.46
12.62	7.19	13.28	21.4
11.94	7.03	14.52	18.1
14.42	14.66	12.51	22.5

圖 4-114

5. 輸出結果見圖 4-115。

地毯一	地毯二	地毯三	地毯四
18.95	10.06	10.92	10.46
12.62	7.19	13.28	21.4
11.94	7.03	14.52	18.1
14.42	14.66	12.51	22.5

單因子變異數分析

摘要

組	個數	總和	平均	變異數
地毯一	4	57.93	14.4825	9.965225
地毯二	4	38.94	9.735	12.71843
地毯三	4	51.23	12.8075	2.269025
地毯四	4	72.46	18.115	29.53957

ANOVA

變源	SS	自由度	MS	F	P-值	臨界值
組間	146.3737	3	48.79122	3.581516	0.046736	3.490295
組內	163.4768	12	13.62306			
總和	309.8504	15				

圖 4-115

6. 圖 4-115 中，P 值 0.047 小於 0.05，所以棄卻 H_0，因此，至少有一對的耐久性不一樣。

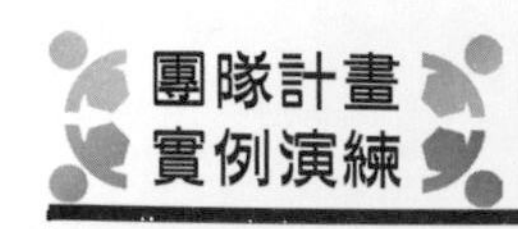

「分析階段」

1. 試針對「紙蜻蜓」計畫中所生產的「紙蜻蜓」進行流程穩定性分析，如果穩定，進行「製程能力分析」。如果不穩定，試著檢查不穩定的來源。
2. 檢查資料是否為常態分配，是否為對稱的分配。如果既不為常態分配，也不對稱，試著透過將資料座標轉換後再進行檢驗。
3. 選定某一個設計參數（如：翼展長度），將其變化兩個以上的水準，並重複數次，量測其空中的停留時間，運用「變異數分析」方式檢驗，該設計參數的變化是否對空中的停留時間有顯著的影響。
4. 討論與進行實驗時間：4 小時。
5. 完成討論後，各組準備上台進行 20 分鐘的簡報。

問題與討論

1. 試繪出製程能力分析之建議思考流程。
2. 列出當透過 Minitab 之「Run Chart」分析時，出現串集、混合、趨勢、震盪、與循環周期狀態時可能的原因。
3. 寫出 Cp 與 Cpk 的式子。
4. 列出標竿法中，標竿針對的對象不同時，比較其優缺點。
5. 式列出五項實施標竿法時，可能之資料來源。
6. 試繪出檢定平均值與標準差的建議思考流程。
7. 在進行變異數分析前，必須先檢查資料符合的條件為何？
8. 有一種感應器用來感應腳踩後產生的扭力，現在把感應器安裝在測試平台上去讀取數值，再分別用左右腳去踩踏，左右腳踩踏後所得之讀值如下：

左腳	右腳
140	167
83	96
183	103
135	161
136	96

(1) 該用何種方式檢定來檢查左右腳是否讀值相等與否？

(2) 請寫出假設。

(3) 檢定後，你的結論為何？

附表 A

附表 A（卡方分配，使用 Excel 指令「Chinv」產生）

ν \ α	0.995	0.990	0.975	0.950	0.500	0.050	0.025	0.010	0.005
1	0.00+	0.00+	0.00+	0.00+	0.45	3.84	5.02	6.63	7.88
2	0.01	0.02	0.05	0.10	1.39	5.99	7.38	9.21	10.60
3	0.07	0.11	0.22	0.35	2.37	7.81	9.35	11.34	12.84
4	0.21	0.30	0.48	0.71	3.36	9.49	11.14	13.28	14.86
5	0.41	0.55	0.83	1.15	4.35	11.07	12.83	15.09	16.75
6	0.68	0.87	1.24	1.64	5.35	12.59	14.45	16.81	18.55
7	0.99	1.24	1.69	2.17	6.35	14.07	16.01	18.48	20.28
8	1.34	1.65	2.18	2.73	7.34	15.51	17.53	20.09	21.95
9	1.73	2.09	2.70	3.33	8.34	16.92	19.02	21.67	23.59
10	2.16	2.56	3.25	3.94	9.34	18.31	20.48	23.21	25.19
11	2.60	3.05	3.82	4.57	10.34	19.68	21.92	24.72	26.76
12	3.07	3.57	4.40	5.23	11.34	21.03	23.34	26.22	28.30
13	3.57	4.11	5.01	5.89	12.34	22.36	24.74	27.69	29.82
14	4.07	4.66	5.63	6.57	13.34	23.68	26.12	29.14	31.32
15	4.60	5.23	6.26	7.26	14.34	25.00	27.49	30.58	32.80
16	5.14	5.81	6.91	7.96	15.34	26.30	28.85	32.00	34.27
17	5.70	6.41	7.56	8.67	16.34	27.59	30.19	33.41	35.72
18	6.26	7.01	8.23	9.39	17.34	28.87	31.53	34.81	37.16
19	6.84	7.63	8.91	10.12	18.34	30.14	32.85	36.19	38.58
20	7.43	8.26	9.59	10.85	19.34	31.41	34.17	37.57	40.00
25	10.52	11.52	13.12	14.61	24.34	37.65	40.65	44.31	46.93
30	13.79	14.95	16.79	18.49	29.34	43.77	46.98	50.89	53.67
40	20.71	22.16	24.43	26.51	39.34	55.76	59.34	63.69	66.77
50	27.99	29.71	32.36	34.76	49.33	67.50	71.42	76.15	79.49
60	35.53	37.48	40.48	43.19	59.33	79.08	83.30	88.38	91.95
70	43.28	45.44	48.76	51.74	69.33	90.53	95.02	100.43	104.21
80	51.17	53.54	57.15	60.39	79.33	101.88	106.63	112.33	116.32
90	59.20	61.75	65.65	69.13	89.33	113.15	118.14	124.12	128.30
100	67.33	70.06	74.22	77.93	99.33	124.34	129.56	135.81	140.17

附表 B1

$F_{0.01, v1, v2}$（F 分配，使用 Excel 指令「Finv」產生）

ν2 \ ν1	分子 自由度（ν1）																		
分母自由度（ν2）	1	2	3	4	5	6	7	8	9	10	12	15	20	24	30	40	60	120	∞
1	4052	4999	5403	5625	5764	5859	5928	5981	6022	6056	6106	6157	6209	6235	6261	6287	6313	6339	6366
2	98.50	99.00	99.17	99.25	99.30	99.33	99.36	99.37	99.39	99.40	99.42	99.43	99.45	99.46	99.47	99.47	99.48	99.49	99.50
3	34.12	30.82	29.46	28.71	28.24	27.91	27.67	27.49	27.35	27.23	27.05	26.87	26.69	26.60	26.50	26.41	26.32	26.22	26.13
4	21.20	18.00	16.69	15.98	15.52	15.21	14.98	14.80	14.66	14.55	14.37	14.20	14.02	13.93	13.84	13.75	13.65	13.56	13.46
5	16.26	13.27	12.06	11.39	10.97	10.67	10.46	10.29	10.16	10.05	9.89	9.72	9.55	9.47	9.38	9.29	9.20	9.11	9.02
6	13.75	10.92	9.78	9.15	8.75	8.47	8.26	8.10	7.98	7.87	7.72	7.56	7.40	7.31	7.23	7.14	7.06	6.97	6.88
7	12.25	9.55	8.45	7.85	7.46	7.19	6.99	6.84	6.72	6.62	6.47	6.31	6.16	6.07	5.99	5.91	5.82	5.74	5.65
8	11.26	8.65	7.59	7.01	6.63	6.37	6.18	6.03	5.91	5.81	5.67	5.52	5.36	5.28	5.20	5.12	5.03	4.95	4.86
9	10.56	8.02	6.99	6.42	6.06	5.80	5.61	5.47	5.35	5.26	5.11	4.96	4.81	4.73	4.65	4.57	4.48	4.40	4.31
10	10.04	7.56	6.55	5.99	5.64	5.39	5.20	5.06	4.94	4.85	4.71	4.56	4.41	4.33	4.25	4.17	4.08	4.00	3.91
11	9.65	7.21	6.22	5.67	5.32	5.07	4.89	4.74	4.63	4.54	4.40	4.25	4.10	4.02	3.94	3.86	3.78	3.69	3.60
12	9.33	6.93	5.95	5.41	5.06	4.82	4.64	4.50	4.39	4.30	4.16	4.01	3.86	3.78	3.70	3.62	3.54	3.45	3.36
13	9.07	6.70	5.74	5.21	4.86	4.62	4.44	4.30	4.19	4.10	3.96	3.82	3.66	3.59	3.51	3.43	3.34	3.25	3.17
14	8.86	6.51	5.56	5.04	4.69	4.46	4.28	4.14	4.03	3.94	3.80	3.66	3.51	3.43	3.35	3.27	3.18	3.09	3.00
15	8.68	6.36	5.42	4.89	4.56	4.32	4.14	4.00	3.89	3.80	3.67	3.52	3.37	3.29	3.21	3.13	3.05	2.96	2.87
16	8.53	6.23	5.29	4.77	4.44	4.20	4.03	3.89	3.78	3.69	3.55	3.41	3.26	3.18	3.10	3.02	2.93	2.84	2.75
17	8.40	6.11	5.18	4.67	4.34	4.10	3.93	3.79	3.68	3.59	3.46	3.31	3.16	3.08	3.00	2.92	2.83	2.75	2.65
18	8.29	6.01	5.09	4.58	4.25	4.01	3.84	3.71	3.60	3.51	3.37	3.23	3.08	3.00	2.92	2.84	2.75	2.66	2.57
19	8.18	5.93	5.01	4.50	4.17	3.94	3.77	3.63	3.52	3.43	3.30	3.15	3.00	2.92	2.84	2.76	2.67	2.58	2.49
20	8.10	5.85	4.94	4.43	4.10	3.87	3.70	3.56	3.46	3.37	3.23	3.09	2.94	2.86	2.78	2.69	2.61	2.52	2.42
21	8.02	5.78	4.87	4.37	4.04	3.81	3.64	3.51	3.40	3.31	3.17	3.03	2.88	2.80	2.72	2.64	2.55	2.46	2.36
22	7.95	5.72	4.82	4.31	3.99	3.76	3.59	3.45	3.35	3.26	3.12	2.98	2.83	2.75	2.67	2.58	2.50	2.40	2.31
23	7.88	5.66	4.76	4.26	3.94	3.71	3.54	3.41	3.30	3.21	3.07	2.93	2.78	2.70	2.62	2.54	2.45	2.35	2.26
24	7.82	5.61	4.72	4.22	3.90	3.67	3.50	3.36	3.26	3.17	3.03	2.89	2.74	2.66	2.58	2.49	2.40	2.31	2.21
25	7.77	5.57	4.68	4.18	3.85	3.63	3.46	3.32	3.22	3.13	2.99	2.85	2.70	2.62	2.54	2.45	2.36	2.27	2.17
26	7.72	5.53	4.64	4.14	3.82	3.59	3.42	3.29	3.18	3.09	2.96	2.81	2.66	2.58	2.50	2.42	2.33	2.23	2.13
27	7.68	5.49	4.60	4.11	3.78	3.56	3.39	3.26	3.15	3.06	2.93	2.78	2.63	2.55	2.47	2.38	2.29	2.20	2.10
28	7.64	5.45	4.57	4.07	3.75	3.53	3.36	3.23	3.12	3.03	2.90	2.75	2.60	2.52	2.44	2.35	2.26	2.17	2.06
29	7.60	5.42	4.54	4.04	3.73	3.50	3.33	3.20	3.09	3.00	2.87	2.73	2.57	2.49	2.41	2.33	2.23	2.14	2.03
30	7.56	5.39	4.51	4.02	3.70	3.47	3.30	3.17	3.07	2.98	2.84	2.70	2.55	2.47	2.39	2.30	2.21	2.11	2.01
40	7.31	5.18	4.31	3.83	3.51	3.29	3.12	2.99	2.89	2.80	2.66	2.52	2.37	2.29	2.20	2.11	2.02	1.92	1.80
60	7.08	4.98	4.13	3.65	3.34	3.12	2.95	2.82	2.72	2.63	2.50	2.35	2.20	2.12	2.03	1.94	1.84	1.73	1.60
120	6.85	4.79	3.95	3.48	3.17	2.96	2.79	2.66	2.56	2.47	2.34	2.19	2.03	1.95	1.86	1.76	1.66	1.53	1.38
∞	6.63	4.61	3.78	3.32	3.02	2.80	2.64	2.51	2.41	2.32	2.18	2.04	1.88	1.79	1.70	1.59	1.47	1.32	1.00

附表 B2

$F_{0.05, \upsilon 1, \upsilon 2}$（F 分配，使用 Excel 指令「Finv」產生）

分子自由度（ν1）；分母自由度（ν2）

ν2 \ ν1	1	2	3	4	5	6	7	8	9	10	12	15	20	24	30	40	60	120	∞
1	161.4	199.5	215.7	224.6	230.2	234.0	236.8	238.9	240.5	241.9	243.9	245.9	248.0	249.1	250.1	251.1	252.2	253.3	254.3
2	18.51	19.00	19.16	19.25	19.30	19.33	19.35	19.37	19.38	19.40	19.41	19.43	19.45	19.45	19.46	19.47	19.48	19.49	19.50
3	10.13	9.55	9.28	9.12	9.01	8.94	8.89	8.85	8.81	8.79	8.74	8.70	8.66	8.64	8.62	8.59	8.57	8.55	8.53
4	7.71	6.94	6.59	6.39	6.26	6.16	6.09	6.04	6.00	5.96	5.91	5.86	5.80	5.77	5.75	5.72	5.69	5.66	5.63
5	6.61	5.79	5.41	5.19	5.05	4.95	4.88	4.82	4.77	4.74	4.68	4.62	4.56	4.53	4.50	4.46	4.43	4.40	4.36
6	5.99	5.14	4.76	4.53	4.39	4.28	4.21	4.15	4.10	4.06	4.00	3.94	3.87	3.84	3.81	3.77	3.74	3.70	3.67
7	5.59	4.74	4.35	4.12	3.97	3.87	3.79	3.73	3.68	3.64	3.57	3.51	3.44	3.41	3.38	3.34	3.30	3.27	3.23
8	5.32	4.46	4.07	3.84	3.69	3.58	3.50	3.44	3.39	3.35	3.28	3.22	3.15	3.12	3.08	3.04	3.01	2.97	2.93
9	5.12	4.26	3.86	3.63	3.48	3.37	3.29	3.23	3.18	3.14	3.07	3.01	2.94	2.90	2.86	2.83	2.79	2.75	2.71
10	4.96	4.10	3.71	3.48	3.33	3.22	3.14	3.07	3.02	2.98	2.91	2.85	2.77	2.74	2.70	2.66	2.62	2.58	2.54
11	4.84	3.98	3.59	3.36	3.20	3.09	3.01	2.95	2.90	2.85	2.79	2.72	2.65	2.61	2.57	2.53	2.49	2.45	2.40
12	4.75	3.89	3.49	3.26	3.11	3.00	2.91	2.85	2.80	2.75	2.69	2.62	2.54	2.51	2.47	2.43	2.38	2.34	2.30
13	4.67	3.81	3.41	3.18	3.03	2.92	2.83	2.77	2.71	2.67	2.60	2.53	2.46	2.42	2.38	2.34	2.30	2.25	2.21
14	4.60	3.74	3.34	3.11	2.96	2.85	2.76	2.70	2.65	2.60	2.53	2.46	2.39	2.35	2.31	2.27	2.22	2.18	2.13
15	4.54	3.68	3.29	3.06	2.90	2.79	2.71	2.64	2.59	2.54	2.48	2.40	2.33	2.29	2.25	2.20	2.16	2.11	2.07
16	4.49	3.63	3.24	3.01	2.85	2.74	2.66	2.59	2.54	2.49	2.42	2.35	2.28	2.24	2.19	2.15	2.11	2.06	2.01
17	4.45	3.59	3.20	2.96	2.81	2.70	2.61	2.55	2.49	2.45	2.38	2.31	2.23	2.19	2.15	2.10	2.06	2.01	1.96
18	4.41	3.55	3.16	2.93	2.77	2.66	2.58	2.51	2.46	2.41	2.34	2.27	2.19	2.15	2.11	2.06	2.02	1.97	1.92
19	4.38	3.52	3.13	2.90	2.74	2.63	2.54	2.48	2.42	2.38	2.31	2.23	2.16	2.11	2.07	2.03	1.98	1.93	1.88
20	4.35	3.49	3.10	2.87	2.71	2.60	2.51	2.45	2.39	2.35	2.28	2.20	2.12	2.08	2.04	1.99	1.95	1.90	1.84
21	4.32	3.47	3.07	2.84	2.68	2.57	2.49	2.42	2.37	2.32	2.25	2.18	2.10	2.05	2.01	1.96	1.92	1.87	1.81
22	4.30	3.44	3.05	2.82	2.66	2.55	2.46	2.40	2.34	2.30	2.23	2.15	2.07	2.03	1.98	1.94	1.89	1.84	1.78
23	4.28	3.42	3.03	2.80	2.64	2.53	2.44	2.37	2.32	2.27	2.20	2.13	2.05	2.01	1.96	1.91	1.86	1.81	1.76
24	4.26	3.40	3.01	2.78	2.62	2.51	2.42	2.36	2.30	2.25	2.18	2.11	2.03	1.98	1.94	1.89	1.84	1.79	1.73
25	4.24	3.39	2.99	2.76	2.60	2.49	2.40	2.34	2.28	2.24	2.16	2.09	2.01	1.96	1.92	1.87	1.82	1.77	1.71
26	4.23	3.37	2.98	2.74	2.59	2.47	2.39	2.32	2.27	2.22	2.15	2.07	1.99	1.95	1.90	1.85	1.80	1.75	1.69
27	4.21	3.35	2.96	2.73	2.57	2.46	2.37	2.31	2.25	2.20	2.13	2.06	1.97	1.93	1.88	1.84	1.79	1.73	1.67
28	4.20	3.34	2.95	2.71	2.56	2.45	2.36	2.29	2.24	2.19	2.12	2.04	1.96	1.91	1.87	1.82	1.77	1.71	1.65
29	4.18	3.33	2.93	2.70	2.55	2.43	2.35	2.28	2.22	2.18	2.10	2.03	1.94	1.90	1.85	1.81	1.75	1.70	1.64
30	4.17	3.32	2.92	2.69	2.53	2.42	2.33	2.27	2.21	2.16	2.09	2.01	1.93	1.89	1.84	1.79	1.74	1.68	1.62
40	4.08	3.23	2.84	2.61	2.45	2.34	2.25	2.18	2.12	2.08	2.00	1.92	1.84	1.79	1.74	1.69	1.64	1.58	1.51
60	4.00	3.15	2.76	2.53	2.37	2.25	2.17	2.10	2.04	1.99	1.92	1.84	1.75	1.70	1.65	1.59	1.53	1.47	1.39
120	3.92	3.07	2.68	2.45	2.29	2.18	2.09	2.02	1.96	1.91	1.83	1.75	1.66	1.61	1.55	1.50	1.43	1.35	1.25
∞	3.84	3.00	2.60	2.37	2.21	2.10	2.01	1.94	1.88	1.83	1.75	1.67	1.57	1.52	1.46	1.39	1.32	1.22	1.00

附表 B3

$F_{0.10, \upsilon 1, \upsilon 2}$（F 分配，使用 Excel 指令「Finv」產生）

ν2 \ ν1	分子自由度（ν1）																		
分母自由度（ν2）	1	2	3	4	5	6	7	8	9	10	12	15	20	24	30	40	60	120	∞
1	39.86	49.50	53.59	55.83	57.24	58.20	58.91	59.44	59.86	60.19	60.71	61.22	61.74	62.00	62.26	62.53	62.79	63.06	63.33
2	8.53	9.00	9.16	9.24	9.29	9.33	9.35	9.37	9.38	9.39	9.41	9.42	9.44	9.45	9.46	9.47	9.47	9.48	9.49
3	5.54	5.46	5.39	5.34	5.31	5.28	5.27	5.25	5.24	5.23	5.22	5.20	5.18	5.18	5.17	5.16	5.15	5.14	5.13
4	4.54	4.32	4.19	4.11	4.05	4.01	3.98	3.95	3.94	3.92	3.90	3.87	3.84	3.83	3.82	3.80	3.79	3.78	3.76
5	4.06	3.78	3.62	3.52	3.45	3.40	3.37	3.34	3.32	3.30	3.27	3.24	3.21	3.19	3.17	3.16	3.14	3.12	3.10
6	3.78	3.46	3.29	3.18	3.11	3.05	3.01	2.98	2.96	2.94	2.90	2.87	2.84	2.82	2.80	2.78	2.76	2.74	2.72
7	3.59	3.26	3.07	2.96	2.88	2.83	2.78	2.75	2.72	2.70	2.67	2.63	2.59	2.58	2.56	2.54	2.51	2.49	2.47
8	3.46	3.11	2.92	2.81	2.73	2.67	2.62	2.59	2.56	2.54	2.50	2.46	2.42	2.40	2.38	2.36	2.34	2.32	2.29
9	3.36	3.01	2.81	2.69	2.61	2.55	2.51	2.47	2.44	2.42	2.38	2.34	2.30	2.28	2.25	2.23	2.21	2.18	2.16
10	3.29	2.92	2.73	2.61	2.52	2.46	2.41	2.38	2.35	2.32	2.28	2.24	2.20	2.18	2.16	2.13	2.11	2.08	2.06
11	3.23	2.86	2.66	2.54	2.45	2.39	2.34	2.30	2.27	2.25	2.21	2.17	2.12	2.10	2.08	2.05	2.03	2.00	1.97
12	3.18	2.81	2.61	2.48	2.39	2.33	2.28	2.24	2.21	2.19	2.15	2.10	2.06	2.04	2.01	1.99	1.96	1.93	1.90
13	3.14	2.76	2.56	2.43	2.35	2.28	2.23	2.20	2.16	2.14	2.10	2.05	2.01	1.98	1.96	1.93	1.90	1.88	1.85
14	3.10	2.73	2.52	2.39	2.31	2.24	2.19	2.15	2.12	2.10	2.05	2.01	1.96	1.94	1.91	1.89	1.86	1.83	1.80
15	3.07	2.70	2.49	2.36	2.27	2.21	2.16	2.12	2.09	2.06	2.02	1.97	1.92	1.90	1.87	1.85	1.82	1.79	1.76
16	3.05	2.67	2.46	2.33	2.24	2.18	2.13	2.09	2.06	2.03	1.99	1.94	1.89	1.87	1.84	1.81	1.78	1.75	1.72
17	3.03	2.64	2.44	2.31	2.22	2.15	2.10	2.06	2.03	2.00	1.96	1.91	1.86	1.84	1.81	1.78	1.75	1.72	1.69
18	3.01	2.62	2.42	2.29	2.20	2.13	2.08	2.04	2.00	1.98	1.93	1.89	1.84	1.81	1.78	1.75	1.72	1.69	1.66
19	2.99	2.61	2.40	2.27	2.18	2.11	2.06	2.02	1.98	1.96	1.91	1.86	1.81	1.79	1.76	1.73	1.70	1.67	1.63
20	2.97	2.59	2.38	2.25	2.16	2.09	2.04	2.00	1.96	1.94	1.89	1.84	1.79	1.77	1.74	1.71	1.68	1.64	1.61
21	2.96	2.57	2.36	2.23	2.14	2.08	2.02	1.98	1.95	1.92	1.87	1.83	1.78	1.75	1.72	1.69	1.66	1.62	1.59
22	2.95	2.56	2.35	2.22	2.13	2.06	2.01	1.97	1.93	1.90	1.86	1.81	1.76	1.73	1.70	1.67	1.64	1.60	1.57
23	2.94	2.55	2.34	2.21	2.11	2.05	1.99	1.95	1.92	1.89	1.84	1.80	1.74	1.72	1.69	1.66	1.62	1.59	1.55
24	2.93	2.54	2.33	2.19	2.10	2.04	1.98	1.94	1.91	1.88	1.83	1.78	1.73	1.70	1.67	1.64	1.61	1.57	1.53
25	2.92	2.53	2.32	2.18	2.09	2.02	1.97	1.93	1.89	1.87	1.82	1.77	1.72	1.69	1.66	1.63	1.59	1.56	1.52
26	2.91	2.52	2.31	2.17	2.08	2.01	1.96	1.92	1.88	1.86	1.81	1.76	1.71	1.68	1.65	1.61	1.58	1.54	1.50
27	2.90	2.51	2.30	2.17	2.07	2.00	1.95	1.91	1.87	1.85	1.80	1.75	1.70	1.67	1.64	1.60	1.57	1.53	1.49
28	2.89	2.50	2.29	2.16	2.06	2.00	1.94	1.90	1.87	1.84	1.79	1.74	1.69	1.66	1.63	1.59	1.56	1.52	1.48
29	2.89	2.50	2.28	2.15	2.06	1.99	1.93	1.89	1.86	1.83	1.78	1.73	1.68	1.65	1.62	1.58	1.55	1.51	1.47
30	2.88	2.49	2.28	2.14	2.05	1.98	1.93	1.88	1.85	1.82	1.77	1.72	1.67	1.64	1.61	1.57	1.54	1.50	1.46
40	2.84	2.44	2.23	2.09	2.00	1.93	1.87	1.83	1.79	1.76	1.71	1.66	1.61	1.57	1.54	1.51	1.47	1.42	1.38
60	2.79	2.39	2.18	2.04	1.95	1.87	1.82	1.77	1.74	1.71	1.66	1.60	1.54	1.51	1.48	1.44	1.40	1.35	1.29
120	2.75	2.35	2.13	1.99	1.90	1.82	1.77	1.72	1.68	1.65	1.60	1.55	1.48	1.45	1.41	1.37	1.32	1.26	1.19
∞	2.71	2.30	2.08	1.94	1.85	1.77	1.72	1.67	1.63	1.60	1.55	1.49	1.42	1.38	1.34	1.30	1.24	1.17	1.00

附表 B4

$F_{0.25, \nu 1, \nu 2}$（F 分配，使用 Excel 指令「Finv」產生）

分母自由度（ν2） \ 分子自由度（ν1）	1	2	3	4	5	6	7	8	9	10	12	15	20	24	30	40	60	120	∞
1	5.83	7.50	8.20	8.58	8.82	8.98	9.10	9.19	9.26	9.32	9.41	9.49	9.58	9.63	9.67	9.71	9.76	9.80	9.85
2	2.57	3.00	3.15	3.23	3.28	3.31	3.34	3.35	3.37	3.38	3.39	3.41	3.43	3.43	3.44	3.45	3.46	3.47	3.48
3	2.02	2.28	2.36	2.39	2.41	2.42	2.43	2.44	2.44	2.44	2.45	2.46	2.46	2.46	2.47	2.47	2.47	2.47	2.47
4	1.81	2.00	2.05	2.06	2.07	2.08	2.08	2.08	2.08	2.08	2.08	2.08	2.08	2.08	2.08	2.08	2.08	2.08	2.08
5	1.69	1.85	1.88	1.89	1.89	1.89	1.89	1.89	1.89	1.89	1.89	1.89	1.88	1.88	1.88	1.88	1.87	1.87	1.87
6	1.62	1.76	1.78	1.79	1.79	1.78	1.78	1.78	1.77	1.77	1.77	1.76	1.76	1.75	1.75	1.75	1.74	1.74	1.74
7	1.57	1.70	1.72	1.72	1.71	1.71	1.70	1.70	1.69	1.69	1.68	1.68	1.67	1.67	1.66	1.66	1.65	1.65	1.65
8	1.54	1.66	1.67	1.66	1.66	1.65	1.64	1.64	1.63	1.63	1.62	1.62	1.61	1.60	1.60	1.59	1.59	1.58	1.58
9	1.51	1.62	1.63	1.63	1.62	1.61	1.60	1.60	1.59	1.59	1.58	1.57	1.56	1.56	1.55	1.54	1.54	1.53	1.53
10	1.49	1.60	1.60	1.59	1.59	1.58	1.57	1.56	1.56	1.55	1.54	1.53	1.52	1.52	1.51	1.51	1.50	1.49	1.48
11	1.47	1.58	1.58	1.57	1.56	1.55	1.54	1.53	1.53	1.52	1.51	1.50	1.49	1.49	1.48	1.47	1.47	1.46	1.45
12	1.46	1.56	1.56	1.55	1.54	1.53	1.52	1.51	1.51	1.50	1.49	1.48	1.47	1.46	1.45	1.45	1.44	1.43	1.42
13	1.45	1.55	1.55	1.53	1.52	1.51	1.50	1.49	1.49	1.48	1.47	1.46	1.45	1.44	1.43	1.42	1.42	1.41	1.40
14	1.44	1.53	1.53	1.52	1.51	1.50	1.49	1.48	1.47	1.46	1.45	1.44	1.43	1.42	1.41	1.41	1.40	1.39	1.38
15	1.43	1.52	1.52	1.51	1.49	1.48	1.47	1.46	1.46	1.45	1.44	1.43	1.41	1.41	1.40	1.39	1.38	1.37	1.36
16	1.42	1.51	1.51	1.50	1.48	1.47	1.46	1.45	1.44	1.44	1.43	1.41	1.40	1.39	1.38	1.37	1.36	1.35	1.34
17	1.42	1.51	1.50	1.49	1.47	1.46	1.45	1.44	1.43	1.43	1.41	1.40	1.39	1.38	1.37	1.36	1.35	1.34	1.33
18	1.41	1.50	1.49	1.48	1.46	1.45	1.44	1.43	1.42	1.42	1.40	1.39	1.38	1.37	1.36	1.35	1.34	1.33	1.32
19	1.41	1.49	1.49	1.47	1.46	1.44	1.43	1.42	1.41	1.41	1.40	1.38	1.37	1.36	1.35	1.34	1.33	1.32	1.30
20	1.40	1.49	1.48	1.47	1.45	1.44	1.43	1.42	1.41	1.40	1.39	1.37	1.36	1.35	1.34	1.33	1.32	1.31	1.29
21	1.40	1.48	1.48	1.46	1.44	1.43	1.42	1.41	1.40	1.39	1.38	1.37	1.35	1.34	1.33	1.32	1.31	1.30	1.28
22	1.40	1.48	1.47	1.45	1.44	1.42	1.41	1.40	1.39	1.39	1.37	1.36	1.34	1.33	1.32	1.31	1.30	1.29	1.28
23	1.39	1.47	1.47	1.45	1.43	1.42	1.41	1.40	1.39	1.38	1.37	1.35	1.34	1.33	1.32	1.31	1.30	1.28	1.27
24	1.39	1.47	1.46	1.44	1.43	1.41	1.40	1.39	1.38	1.38	1.36	1.35	1.33	1.32	1.31	1.30	1.29	1.28	1.26
25	1.39	1.47	1.46	1.44	1.42	1.41	1.40	1.39	1.38	1.37	1.36	1.34	1.33	1.32	1.31	1.29	1.28	1.27	1.25
26	1.38	1.46	1.45	1.44	1.42	1.41	1.39	1.38	1.37	1.37	1.35	1.34	1.32	1.31	1.30	1.29	1.28	1.26	1.25
27	1.38	1.46	1.45	1.43	1.42	1.40	1.39	1.38	1.37	1.36	1.35	1.33	1.32	1.31	1.30	1.28	1.27	1.26	1.24
28	1.38	1.46	1.45	1.43	1.41	1.40	1.39	1.38	1.37	1.36	1.34	1.33	1.31	1.30	1.29	1.28	1.27	1.25	1.24
29	1.38	1.45	1.45	1.43	1.41	1.40	1.38	1.37	1.36	1.35	1.34	1.32	1.31	1.30	1.29	1.27	1.26	1.25	1.23
30	1.38	1.45	1.44	1.42	1.41	1.39	1.38	1.37	1.36	1.35	1.34	1.32	1.30	1.29	1.28	1.27	1.26	1.24	1.23
40	1.36	1.44	1.42	1.40	1.39	1.37	1.36	1.35	1.34	1.33	1.31	1.30	1.28	1.26	1.25	1.24	1.22	1.21	1.19
60	1.35	1.42	1.41	1.38	1.37	1.35	1.33	1.32	1.31	1.30	1.29	1.27	1.25	1.24	1.22	1.21	1.19	1.17	1.15
120	1.34	1.40	1.39	1.37	1.35	1.33	1.31	1.30	1.29	1.28	1.26	1.24	1.22	1.21	1.19	1.18	1.16	1.13	1.10
∞	1.32	1.39	1.37	1.35	1.33	1.31	1.29	1.28	1.27	1.25	1.24	1.22	1.19	1.18	1.16	1.14	1.12	1.08	1.00

附表 B5

$F_{0.025, \nu 1, \nu 2}$（F 分配，使用 Excel 指令「Finv」產生）

ν2 \ ν1	分母 自由度（ν2）																		
分母自由度（ν2）	1	2	3	4	5	6	7	8	9	10	12	15	20	24	30	40	60	120	∞
1	647.8	799.5	864.2	899.6	921.8	937.1	948.2	956.7	963.3	968.6	976.7	984.9	993.1	997.2	1001	1006	1010	1014	1018
2	38.51	39.00	39.17	39.25	39.30	39.33	39.36	39.37	39.39	39.40	39.41	39.43	39.45	39.46	39.46	39.47	39.48	39.49	39.50
3	17.44	16.04	15.44	15.10	14.88	14.73	14.62	14.54	14.47	14.42	14.34	14.25	14.17	14.12	14.08	14.04	13.99	13.95	13.90
4	12.22	10.65	9.98	9.60	9.36	9.20	9.07	8.98	8.90	8.84	8.75	8.66	8.56	8.51	8.46	8.41	8.36	8.31	8.26
5	10.01	8.43	7.76	7.39	7.15	6.98	6.85	6.76	6.68	6.62	6.52	6.43	6.33	6.28	6.23	6.18	6.12	6.07	6.02
6	8.81	7.26	6.60	6.23	5.99	5.82	5.70	5.60	5.52	5.46	5.37	5.27	5.17	5.12	5.07	5.01	4.96	4.90	4.85
7	8.07	6.54	5.89	5.52	5.29	5.12	4.99	4.90	4.82	4.76	4.67	4.57	4.47	4.41	4.36	4.31	4.25	4.20	4.14
8	7.57	6.06	5.42	5.05	4.82	4.65	4.53	4.43	4.36	4.30	4.20	4.10	4.00	3.95	3.89	3.84	3.78	3.73	3.67
9	7.21	5.71	5.08	4.72	4.48	4.32	4.20	4.10	4.03	3.96	3.87	3.77	3.67	3.61	3.56	3.51	3.45	3.39	3.33
10	6.94	5.46	4.83	4.47	4.24	4.07	3.95	3.85	3.78	3.72	3.62	3.52	3.42	3.37	3.31	3.26	3.20	3.14	3.08
11	6.72	5.26	4.63	4.28	4.04	3.88	3.76	3.66	3.59	3.53	3.43	3.33	3.23	3.17	3.12	3.06	3.00	2.94	2.88
12	6.55	5.10	4.47	4.12	3.89	3.73	3.61	3.51	3.44	3.37	3.28	3.18	3.07	3.02	2.96	2.91	2.85	2.79	2.72
13	6.41	4.97	4.35	4.00	3.77	3.60	3.48	3.39	3.31	3.25	3.15	3.05	2.95	2.89	2.84	2.78	2.72	2.66	2.60
14	6.30	4.86	4.24	3.89	3.66	3.50	3.38	3.29	3.21	3.15	3.05	2.95	2.84	2.79	2.73	2.67	2.61	2.55	2.49
15	6.20	4.77	4.15	3.80	3.58	3.41	3.29	3.20	3.12	3.06	2.96	2.86	2.76	2.70	2.64	2.59	2.52	2.46	2.40
16	6.12	4.69	4.08	3.73	3.50	3.34	3.22	3.12	3.05	2.99	2.89	2.79	2.68	2.63	2.57	2.51	2.45	2.38	2.32
17	6.04	4.62	4.01	3.66	3.44	3.28	3.16	3.06	2.98	2.92	2.82	2.72	2.62	2.56	2.50	2.44	2.38	2.32	2.25
18	5.98	4.56	3.95	3.61	3.38	3.22	3.10	3.01	2.93	2.87	2.77	2.67	2.56	2.50	2.44	2.38	2.32	2.26	2.19
19	5.92	4.51	3.90	3.56	3.33	3.17	3.05	2.96	2.88	2.82	2.72	2.62	2.51	2.45	2.39	2.33	2.27	2.20	2.13
20	5.87	4.46	3.86	3.51	3.29	3.13	3.01	2.91	2.84	2.77	2.68	2.57	2.46	2.41	2.35	2.29	2.22	2.16	2.09
21	5.83	4.42	3.82	3.48	3.25	3.09	2.97	2.87	2.80	2.73	2.64	2.53	2.42	2.37	2.31	2.25	2.18	2.11	2.04
22	5.79	4.38	3.78	3.44	3.22	3.05	2.93	2.84	2.76	2.70	2.60	2.50	2.39	2.33	2.27	2.21	2.14	2.08	2.00
23	5.75	4.35	3.75	3.41	3.18	3.02	2.90	2.81	2.73	2.67	2.57	2.47	2.36	2.30	2.24	2.18	2.11	2.04	1.97
24	5.72	4.32	3.72	3.38	3.15	2.99	2.87	2.78	2.70	2.64	2.54	2.44	2.33	2.27	2.21	2.15	2.08	2.01	1.94
25	5.69	4.29	3.69	3.35	3.13	2.97	2.85	2.75	2.68	2.61	2.51	2.41	2.30	2.24	2.18	2.12	2.05	1.98	1.91
26	5.66	4.27	3.67	3.33	3.10	2.94	2.82	2.73	2.65	2.59	2.49	2.39	2.28	2.22	2.16	2.09	2.03	1.95	1.88
27	5.63	4.24	3.65	3.31	3.08	2.92	2.80	2.71	2.63	2.57	2.47	2.36	2.25	2.19	2.13	2.07	2.00	1.93	1.85
28	5.61	4.22	3.63	3.29	3.06	2.90	2.78	2.69	2.61	2.55	2.45	2.34	2.23	2.17	2.11	2.05	1.98	1.91	1.83
29	5.59	4.20	3.61	3.27	3.04	2.88	2.76	2.67	2.59	2.53	2.43	2.32	2.21	2.15	2.09	2.03	1.96	1.89	1.81
30	5.57	4.18	3.59	3.25	3.03	2.87	2.75	2.65	2.57	2.51	2.41	2.31	2.20	2.14	2.07	2.01	1.94	1.87	1.79
40	5.42	4.05	3.46	3.13	2.90	2.74	2.62	2.53	2.45	2.39	2.29	2.18	2.07	2.01	1.94	1.88	1.80	1.72	1.64
60	5.29	3.93	3.34	3.01	2.79	2.63	2.51	2.41	2.33	2.27	2.17	2.06	1.94	1.88	1.82	1.74	1.67	1.58	1.48
120	5.15	3.80	3.23	2.89	2.67	2.52	2.39	2.30	2.22	2.16	2.05	1.94	1.82	1.76	1.69	1.61	1.53	1.43	1.31
∞	5.02	3.69	3.12	2.79	2.57	2.41	2.29	2.19	2.11	2.05	1.94	1.83	1.71	1.64	1.57	1.48	1.39	1.27	1.00

附表 C

（Z 分配，使用 Excel 指令「Normdist」產生）

	0	0.01	0.02	0.03	0.04	0.05	0.06	0.07	0.08	0.09
0.0	0.50000	0.49601	0.49202	0.48803	0.48405	0.48006	0.47608	0.47210	0.46812	0.46414
0.1	0.46017	0.45620	0.45224	0.44828	0.44433	0.44038	0.43644	0.43251	0.42858	0.42465
0.2	0.42074	0.41683	0.41294	0.40905	0.40517	0.40129	0.39743	0.39358	0.38974	0.38591
0.3	0.38209	0.37828	0.37448	0.37070	0.36693	0.36317	0.35942	0.35569	0.35197	0.34827
0.4	0.34458	0.34090	0.33724	0.33360	0.32997	0.32636	0.32276	0.31918	0.31561	0.31207
0.5	0.30854	0.30503	0.30153	0.29806	0.29460	0.29116	0.28774	0.28434	0.28096	0.27760
0.6	0.27425	0.27093	0.26763	0.26435	0.26109	0.25785	0.25463	0.25143	0.24825	0.24510
0.7	0.24196	0.23885	0.23576	0.23270	0.22965	0.22663	0.22363	0.22065	0.21770	0.21476
0.8	0.21186	0.20897	0.20611	0.20327	0.20045	0.19766	0.19489	0.19215	0.18943	0.18673
0.9	0.18406	0.18141	0.17879	0.17619	0.17361	0.17106	0.16853	0.16602	0.16354	0.16109
1.0	0.15866	0.15625	0.15386	0.15151	0.14917	0.14686	0.14457	0.14231	0.14007	0.13786
1.1	0.13567	0.13350	0.13136	0.12924	0.12714	0.12507	0.12302	0.12100	0.11900	0.11702
1.2	0.11507	0.11314	0.11123	0.10935	0.10749	0.10565	0.10383	0.10204	0.10027	0.09853
1.3	0.09680	0.09510	0.09342	0.09176	0.09012	0.08851	0.08691	0.08534	0.08379	0.08226
1.4	0.08076	0.07927	0.07780	0.07636	0.07493	0.07353	0.07215	0.07078	0.06944	0.06811
1.5	0.06681	0.06552	0.06426	0.06301	0.06178	0.06057	0.05938	0.05821	0.05705	0.05592
1.6	0.05480	0.05370	0.05262	0.05155	0.05050	0.04947	0.04846	0.04746	0.04648	0.04551
1.7	0.04457	0.04363	0.04272	0.04182	0.04093	0.04006	0.03920	0.03836	0.03754	0.03673
1.8	0.03593	0.03515	0.03438	0.03362	0.03288	0.03216	0.03144	0.03074	0.03005	0.02938
1.9	0.02872	0.02807	0.02743	0.02680	0.02619	0.02559	0.02500	0.02442	0.02385	0.02330
2.0	0.02275	0.02222	0.02169	0.02118	0.02068	0.02018	0.01970	0.01923	0.01876	0.01831
2.1	0.01786	0.01743	0.01700	0.01659	0.01618	0.01578	0.01539	0.01500	0.01463	0.01426
2.2	0.01390	0.01355	0.01321	0.01287	0.01255	0.01222	0.01191	0.01160	0.01130	0.01101
2.3	0.01072	0.01044	0.01017	0.00990	0.00964	0.00939	0.00914	0.00889	0.00866	0.00842
2.4	0.00820	0.00798	0.00776	0.00755	0.00734	0.00714	0.00695	0.00676	0.00657	0.00639
2.5	0.00621	0.00604	0.00587	0.00570	0.00554	0.00539	0.00523	0.00508	0.00494	0.00480
2.6	0.00466	0.00453	0.00440	0.00427	0.00415	0.00402	0.00391	0.00379	0.00368	0.00357
2.7	0.00347	0.00336	0.00326	0.00317	0.00307	0.00298	0.00289	0.00280	0.00272	0.00264
2.8	0.00256	0.00248	0.00240	0.00233	0.00226	0.00219	0.00212	0.00205	0.00199	0.00193
2.9	0.00187	0.00181	0.00175	0.00169	0.00164	0.00159	0.00154	0.00149	0.00144	0.00139

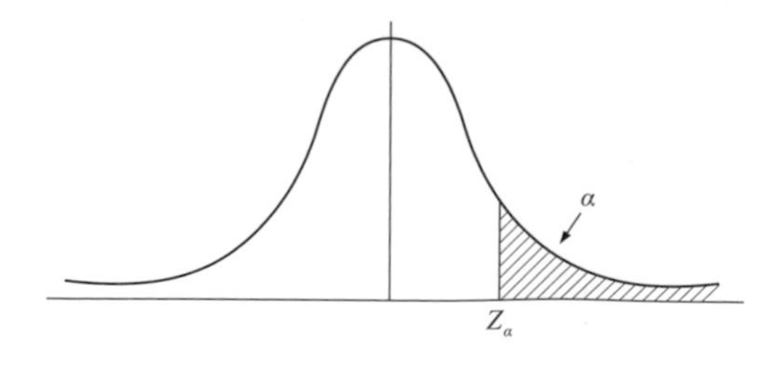

$$\Phi(z)=\int_{z}^{\infty}\frac{1}{\sqrt{2\pi}}e^{-u^{2}/2}du$$

附表 D

（t 分配，使用 Excel 指令「Tinv」產生）

ν \ α	0.4	0.25	0.1	0.05	0.025	0.01	0.005	0.0025	0.001	0.0005
1	0.325	1.000	3.078	6.314	12.706	31.821	63.657	127.32	318.31	636.62
2	0.289	0.816	1.886	2.920	4.303	6.965	9.925	14.089	22.327	31.599
3	0.277	0.765	1.638	2.353	3.182	4.541	5.841	7.453	10.215	12.924
4	0.271	0.741	1.533	2.132	2.776	3.747	4.604	5.598	7.173	8.610
5	0.267	0.727	1.476	2.015	2.571	3.365	4.032	4.773	5.893	6.869
6	0.265	0.718	1.440	1.943	2.447	3.143	3.707	4.317	5.208	5.959
7	0.263	0.711	1.415	1.895	2.365	2.998	3.499	4.029	4.785	5.408
8	0.262	0.706	1.397	1.860	2.306	2.896	3.355	3.833	4.501	5.041
9	0.261	0.703	1.383	1.833	2.262	2.821	3.250	3.690	4.297	4.781
10	0.260	0.700	1.372	1.812	2.228	2.764	3.169	3.581	4.144	4.587
11	0.260	0.697	1.363	1.796	2.201	2.718	3.106	3.497	4.025	4.437
12	0.259	0.695	1.356	1.782	2.179	2.681	3.055	3.428	3.930	4.318
13	0.259	0.694	1.350	1.771	2.160	2.650	3.012	3.372	3.852	4.221
14	0.258	0.692	1.345	1.761	2.145	2.624	2.977	3.326	3.787	4.140
15	0.258	0.691	1.341	1.753	2.131	2.602	2.947	3.286	3.733	4.073
16	0.258	0.690	1.337	1.746	2.120	2.583	2.921	3.252	3.686	4.015
17	0.257	0.689	1.333	1.740	2.110	2.567	2.898	3.222	3.646	3.965
18	0.257	0.688	1.330	1.734	2.101	2.552	2.878	3.197	3.610	3.922
19	0.257	0.688	1.328	1.729	2.093	2.539	2.861	3.174	3.579	3.883
20	0.257	0.687	1.325	1.725	2.086	2.528	2.845	3.153	3.552	3.850
21	0.257	0.686	1.323	1.721	2.080	2.518	2.831	3.135	3.527	3.819
22	0.256	0.686	1.321	1.717	2.074	2.508	2.819	3.119	3.505	3.792
23	0.256	0.685	1.319	1.714	2.069	2.500	2.807	3.104	3.485	3.768
24	0.256	0.685	1.318	1.711	2.064	2.492	2.797	3.091	3.467	3.745
25	0.256	0.684	1.316	1.708	2.060	2.485	2.787	3.078	3.450	3.725
26	0.256	0.684	1.315	1.706	2.056	2.479	2.779	3.067	3.435	3.707
27	0.256	0.684	1.314	1.703	2.052	2.473	2.771	3.057	3.421	3.690
28	0.256	0.683	1.313	1.701	2.048	2.467	2.763	3.047	3.408	3.674
29	0.256	0.683	1.311	1.699	2.045	2.462	2.756	3.038	3.396	3.659
30	0.256	0.683	1.310	1.697	2.042	2.457	2.750	3.030	3.385	3.646
40	0.255	0.681	1.303	1.684	2.021	2.423	2.704	2.971	3.307	3.551
60	0.254	0.679	1.296	1.671	2.000	2.390	2.660	2.915	3.232	3.460
120	0.254	0.677	1.289	1.658	1.980	2.358	2.617	2.860	3.160	3.373
∞	0.253	0.674	1.282	1.645	1.96	2.326	2.576	2.807	3.09	3.291

NOTE

第5章

改善階段（Improve Phase）

在「分析階段」我們藉由分析流程資料的穩定性、分佈的狀態、集中與分散的趨勢以及相關指標等後進行「製程能力分析」，也透過「標竿法」（Benchmarking）方式，建立適當的計畫性能目標。最後使用「假設與檢定」的手法找出有哪些「輸入」對重要的「輸出」有影響。在本章節，我們進一步導入及結合「變異數分析」與「實驗計畫法」來調整這些重要「輸入」參數以達到預計的品質目標。

學習目標

1. 藉由各種的工具來篩選出重要的輸入因子，並藉以改進設計或流程。
2. 透過實驗計畫法（Design of experiments）的方式，建立重要輸出因子與重要輸入因子之間的對應關係式。
3. 統計公差分析。
4. 最後規劃進行驗證實驗。

5.1 篩選重要輸入因子

對於大部分的計畫，假設因子之間「有很小的交互作用」時，我們只需要運用一些在「量測階段」或「分析階段」的基本工具，例如：柏拉圖、魚骨圖、散佈圖或線性迴歸分析、假設檢定、變異數分析、流程圖、失效模式與效應分析、阻助力分析圖等，便可篩選出「重要的輸入因子」，進而透過團隊討論的方式找出解決方案，達到改進的目標。

柏拉圖運用圖示的方法，你可以很容易地在眾多問題中，找出「重點」項目。魚骨圖可快速的呈現各輸入因子對重要輸出「品質特性」的影響力與各因子之間的關聯程度，且提供一個可供團隊討論與聚焦的工具。

經由散佈圖或線性迴歸分析，你可以測試二變數的關聯性。例如：如果你懷疑在魚骨圖中所討論得到的「輸入因子（Input，X）」與「重要輸出品性特性（Output，Y）」「可能」有關聯。你便可以使用散佈圖來檢驗此假設，你也可以藉由散佈圖檢查收集之資料是否有離群值（Outlier）來作爲剔除離群值的重要依據，它也適合做爲實驗設計規劃的前置篩選工具。

在進行實驗計劃法（Design of experiments）之前，可利用散佈圖檢查二輸入因子（Inputs）之間是否有關聯。如果確認二輸入因子間確實有關聯性（即高關聯度），在設計實驗時，僅須將其中一個因子排入實驗規劃中，以節省實驗次數及時間成本。

散佈圖也可以用來檢查「輸入因子」與「重要輸出品質特性（Output，Y）」間是否有關聯。如果並無明顯的關聯性，代表該輸出品質特性對該因子的變化並不敏感，故在實驗規劃時，「可能」可以忽略。可能可以忽略的原因是：如果選定的因子與其他的因子之間有交互作用，且該交互作用對輸出（Y）有顯著的影響時，就算該因子本身對輸出沒有顯著的影響效果，依照「階層原則」，該因子仍不可忽略。例如：AB 交互作用對輸出（Y）有顯著影響，但 A 因子卻無顯著影響，但依照「階層原則」，在找「輸入因子」與「重要輸出品質特性（Output，Y）」之間的關係式時，因子 A 仍須包含在式子中。

假設檢定與變異數分析則是透過統計的手法檢驗如果改變某個「輸入因子」的水準時是否對「重要輸出品質特性（Output，Y）」有顯著的影響。如果檢定的結果斷定該因子有影響，我們便應將該因子視為「重要的因子」，並選入實驗計劃法中的參數。

流程圖適合用於快速簡潔地呈現想要討論的流程，因此對於篩選重要因子為不可或缺的工具。失效模式與效應分析，使用者得以「事先」找出系統，設計或產品產生缺失的可能原因（即對重要輸出品質特性有可能影響力的重要輸入），再依據「風險優先係數」值的高低，決定是否選擇該原因（即輸入）為重要的因子。「阻助力分析圖」從一個討論的議題項目中，找出有那些「正向」的助力，有哪些是「負向」的阻力。而這些不論是「正向」或是「負向」的因子，可依照其強度的大小來決定是否為「重要的輸入因子」。

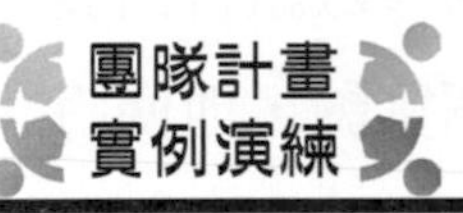

「篩選重要輸入因子」

1. 試針對「紙蜻蜓」計畫中所生產的「紙蜻蜓」進行空中時間的測試，瞭解現有設計所能達到的極限（Baseline study）。
2. 運用前述的工具，例如：魚骨圖等工具，找出影響紙蜻蜓空中停留時間的可能的重要因子。
3. 思考可能的改善方案。
4. 研擬進行實驗的規劃方案。
5. 討論時間：1 小時。
6. 完成討論後，各組準備上台進行 10 分鐘的簡報。

當團隊在思考改善方案時，一般有可能採用以下的方法：

1. 試誤法。
2. 一次一因子法。
3. 「勝者為王」法。

「試誤法」根據這一次試驗的結果而在下一次的試驗當中改變一個（或二個）因子的水準，這種方法的缺點是假如起始的猜測組合未產生想要的結果，則實驗者須對正確的水準組合做另一次「猜測」。若「最佳猜測」的結果是可接受的，則實驗者會傾向於終止實驗，因此無法保證所得的組合是最佳的結果。

「一次一因子法」一次僅改變一個因子，然後選擇將每一個因子水準中最佳的結果組合起來當成「最佳」的設計。例如有「A」與「B」兩個因子，每個因子各有「高」跟「低」兩個水準。如果「A」的高水準以「$A_{高}$」表示，「A」的低水準以「$A_{低}$」示之，同理，「B」的高水準以「$B_{高}$」表示，「B」的低水準以「$B_{低}$」表示。假設以 $A_{高}$所得到的實驗組合結果比 $A_{低}$所得的組合來的好，同時 $B_{低}$組合比 $B_{高}$組合的實驗結果好。「一次一因子法」便斷定最佳的因子組合爲「$A_{高}$」與「$B_{低}$」。這種方法的缺點是忽略了因子間的交互作用。

「勝者爲王」法則與「試誤法」相當接近。設計者由原始的參數組合出發，設法改變因子到一個新的數值，如果得到較佳的結果，在下一個實驗，他便將該因子保持在可得到較佳結果的水準，然後再進行改變下一個因子，直到所有的因子均被調整過爲止。這個手法與「試誤法」有類似的缺點，它無法保證可以得到最佳的組合。結果常與哪一個因子先調整有關。

然而正確的方法應當是透過「實驗設計」的方式來規劃與設計實驗。實驗者可參考以下的步驟：

1. 定義適當的「輸出」：「輸出」的選擇必須與「客戶」的需求有高關聯性，且所選擇的輸出必須是可以準確量測到的量，因此在量測資料前必須先進行「量測系統分析」以確保資料的可靠性。同時在這個階段確認所選定的「輸出」值它們的「品質目標」爲何：是越大越好、越小越好、還是希望它是一個定值。
2. 瞭解目前的狀況：運用現有的歷史資料，可先將資料進行適當的分組，例如針對不同的生產機器、不同的原料供應商、或不同的檢驗人員等。再利用「推移圖」（見第四章節）檢驗其「穩定性」。一個「不穩定的流程」並不適宜進行「實驗設計」的參數分析。使用者須先解決「穩定性」的問題之後，方可繼續「實驗設計」進行參數設計與分析。換言之，一個不穩定的流程，並不適合用實驗計畫法的方式進行參數最佳化的設計。

3. 著手進行分析的步驟

(1) 找出適當的「輸入」因子：一般可利用「魚骨圖」先找出可能的因子，其他的可用工具請參考本節的前半段。假設由迴歸分析中得知兩「輸入」因子之間呈現「線性」的關係，則只需考慮其中的一個因子爲輸入的因子。

(2) 選擇「輸入」因子的範圍與水準：在篩選階段，因爲所知的資訊有限，故因子的範圍越寬越好，且水準個數越少越好，以降低實驗的總次數與成本。原則上，第一階段的篩選所耗費的資源一般不要超過可用總資源的 25%。

(3) 選擇適當的「實驗」規劃：「實驗」規劃的選擇策略與實驗者的目的及當下的已知資訊的多寡有關。請參考圖 5-1：

當下的已知資訊多寡

少 → 多

實驗規劃類型	篩選實驗	部分因子實驗	全因子實驗	反應曲面法
目的	找出最重要的因子 找出簡單的改進方案	找出主效應及少數的因子交互作用	找出所有主效應與因子間的交互作用	用來找出最佳的因子組合
一般因子的個數	＞5	4～10	1～5	2～3

圖 5-1 實驗規劃的選擇策略

當已知的資訊較少，實驗者必須先由眾多的因子中篩選出適當的因子時，可考慮採用篩選實驗或部分因子實驗。實驗的規劃一般以「解析度」來表示。現就不同解析度及對應的特性整理如表 5-1：

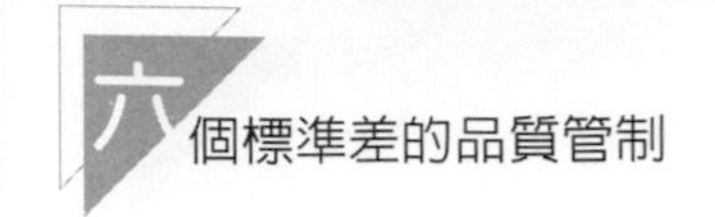

表 5-1　解析度及對應特性表

解析度	III	IV	V	全因子
特性	• 實驗次數最低。 • 主效應與二因子的交互作用及以上的高階因子的交互作用無法區隔。	• 主效應與二因子的交互作用可清楚區隔，但與三因子及以上的高階因子無法區隔。 • 各二因子的交互作用無法區隔。	• 主效應與四因子的交互作用可清楚區隔。 • 各二因子的交互作用可清楚區隔。 • 二因子的交互作用與三因子及四因子的交互作用無法區隔。	• 各因子與任意高階的交互作用均可清楚區隔。

由表 5-1 得知「全因子」實驗的規劃可獲得最多的資訊，但相對而言所付出的成本也最高。以五個因子爲例，且每個因子有兩個水準，假設每一個實驗因子的組合只作一次實驗，「全因子」法總共需進行 32 次實驗（2×2×2×2×2=32）。實驗的次數隨著因子的個數呈現指數性增加。因此全因子的設計，當實驗成本與時間爲重要的考量時，僅限於一至五個因子時使用。當解析度越高時，實驗的次數也相對的提高，所獲得的資訊也越完整。

一般使用的「田口式實驗計畫法」多屬於解析度III的實驗設計。目前市面上有許多有關「實驗設計」的軟體可供使用，例如：Minitab®，Design Expert® 等。由於「田口式實驗計畫法」多無法捕捉到「輸入」因子間的交互作用，因此實驗者在遇到可能有高交互作用的流程時，需儘量避免使用。同時一般的系統，三因子以上的交互作用很少存在（例如，ABC 三因子交互作用）。因此，運算上多不考慮。

(4) 依「實驗」的規劃「重複」且「隨機」進行實驗：「重複」是指在相同的「輸入」因子組合下重複的對「不同的試件」進行實驗，這個作法與在同一試件上進行重複的量測不同。經由「重複」實驗者可以度量流程的變異，同時也可以估計實驗的平均值與標準差，及達到降低不可控制因子或未知因子的影響力。

「隨機」是指進行實驗的先後順序遵循隨機的機制，一個典型的隨機例子爲樂透彩的開獎過程。假設每一個摸彩球的條件非常接近，所以當抽獎過程中每一個球被抽出的機率相近，則每一次被選出的號碼即遵循「隨機」程序。經由「隨機」的過程，實驗者可避免受到有「暖機」效應的因子、未被發現的重要因子或未包括在實驗中的因子所影響。

假設實驗者使用「兩水準」的設計，且經由一些方法例如：之前的實驗、管制圖、類似的流程等方式取得流程的標準差值，依據Wheeler（1974）的理論，假設欲偵測的變化量以「DES」代表，標準差以「σ」示之，在95%的檢定力之下，須要的最少實驗次數N爲：

$$N = \frac{64}{(\frac{DES}{\sigma})^2} \quad \text{（式 5-1）}$$

假設有三個因子且每個因子有兩個水準，且由過去的經驗得知流程的標準差爲「4」，欲偵測的變化量爲「3.5」，由以上的式子得知所須的最少實驗次數N爲84次。以三個因子且每個因子有兩個水準的全因子實驗而言，共有8種組合方式。但因爲最少實驗次數N爲84次，因此實驗者必須至少「重複」10次，才可達到欲偵測的變化量。如果實驗者想要降低實驗的次數，則必須著手降低流程的標準差。

(5) 蒐集資料：這個步驟包含準備蒐集資料的相關表格，安排實驗所須的機器、人員、及材料等；如果有必要需對相關人員進行訓練；如果有可能，將所有的實驗樣本編號並儲存；親自到實驗現場確實掌握實驗的進行並使用工作紀錄簿記錄所有的事件，尤其是任何的異常現象；檢視所收集的原始資料，如果有發現問題，即刻修正。

(6) 分析資料：首先試著將資料以不同繪圖的方式呈現。如果實驗有重複，計算其平均值與標準差。並呈現各因子的主效應圖與各因子的交互作用圖。如果有必要，找出重要輸出與各輸入因子的預測方程式，並計算實驗值與預測方程式所預測的輸出值的差異（殘差）。同時須檢查殘差是否符合以下的條件：

① 殘差必須呈現接近常態分配。

② 殘差必須與實驗順序無任何關聯。

③ 殘差必須與各輸入因子無任何關聯。

④ 殘差必須與任何其他的因子無任何關聯。

假設殘差違反以上的任何一個條件，代表尚有資訊隱藏在資料中，因此實驗者必須再進一步做分析。

(7) 由實驗結果中找出適當的結論：彙整以上的分析結果以簡單的語言陳述。

(8) 驗證結果：爲防止實驗設計過程因過度簡化方程式導致效應的無法區隔、進行實驗時有未知因素的干擾（如：室溫變化、量測設備隨時間的偏移、實驗材料的變異、流程的變更等）、或由實驗室的設計轉換至正式生產的差異性的誤差（如：實驗環境的差異、材料的管控方式等），實驗者必須規劃驗證實驗。在驗證實驗的方法上，可採用以下模式：

① 重複整個實驗。

② 選擇最有影響力的因子在其最佳化範圍附近進行實驗，以檢查其敏感度。

③ 驗證最佳組合因子的實驗數次，並在所選擇的最佳組合因子附近進行微小的變動來檢查因子的敏感度。

4. 訂定解決方案。
5. 紀錄實驗的最後結果。
6. 標準化並進入「控制階段」。

5.1.1 田口式實驗計畫法與部分因子實驗計畫法

「田口式實驗計畫法」利用「直交表」的方式來安排實驗的規劃，且運用「點線圖」呈現各因子間是否有交互作用。以兩個因子，每個因子有兩個水準（以「1」代表低水準，以「2」代表高水準）爲例，實驗的規劃如圖 5-2：

	行數		
Exp. 編號	1	2	3
1	1	1	1
2	1	2	2
3	2	1	2
4	2	2	1

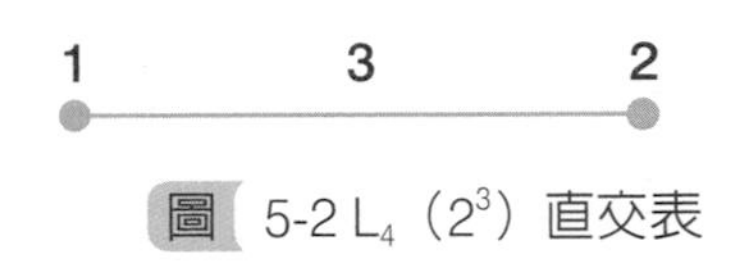

圖 5-2 L_4（2^3）直交表

在圖 5-2 裡，位於上方的表格代表共需要安排四次的實驗，每一次的實驗，則依照橫向的數字安排進行（「1」代表低水準，「2」代表高水準）。位於下方的「點線圖」說明當第一個因子放置在第一行，第二個因子可置於第二行，則第三行可用來代表因子一與因子二的交互作用（如「點線圖」所示），但是如果已知兩因子間並無交互作用的存在，則可以將第三個因子的水準變化放在第三行。以上的實驗安排被稱爲「L4（2^3）」直交表。其中「4」表示共需進行「4」個實驗，「2」表示每個因子有兩個水準，「3」表示此表最多可容納三個因子（但是如果因子一與因子二有交互作用時，只可容納兩個因子）。

藉由觀察直交表的四個實驗，第一個因子高與低的水準，各進行兩次（見第一行），第二個因子高與低的水準，也進行兩次（見第二行）。以上這種「均衡」的安排方式，可確保掌握各因子的主要效應。

另一個較爲常用的直交表是「L8（2^7）」直交表，其表格與點線圖如圖 5-3 所示。又點線圖得知，主要因子應配置在「1，2，4，7」行（以黑點示之），交互作用則在「3，5，6」行。如果已知無交互作用，「3，5，6」行可用在放置其他的因子。使用者需特別注意眞正進行實驗的順序並非依照「Exp. 編號」的順序，而是必須採用「隨機」的方式。有時爲了降低實驗的雜訊，可利用「重複」實驗的方式以提高「訊號雜訊比」。實驗者仍須確實遵照前述章節的實驗設計的規劃的步驟，以避免得到錯誤的結果。

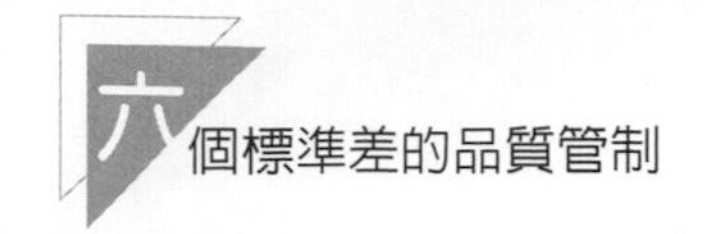

	行數						
Exp. 編號	1	2	3	4	5	6	7
1	1	1	1	1	1	1	1
2	1	1	1	2	2	2	2
3	1	2	2	1	1	2	2
4	1	2	2	2	2	1	1
5	2	1	2	1	2	1	2
6	2	1	2	2	1	2	1
7	2	2	1	1	2	2	1
8	2	2	1	2	1	1	2

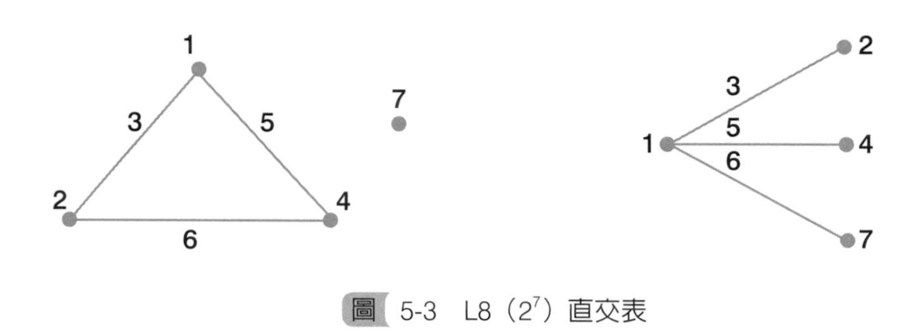

圖 5-3　L8（2^7）直交表

實例演練 1

利用田口式 L8 直交表規劃一工件之切削，並考慮三個控制因子分別爲：因子 A 爲切削深度（mm）；因子 B 爲進給率（mm/ 迴轉）；因子 C 爲切削速度（m/分鐘）；且每一個因子皆有二個水準，其表 5-2 如下：

表 5-2 因子與水準對照表

因子名稱	水準	
	低 (1)	高 (2)
A：切削深度	1.5	4.5
B：進給率	0.1	0.2
C：切削速度	160	240

實驗結果如表 5-3：因子之較低水準以「1」表示，較高水準以「2」示之。

表 5-3 實驗結果

實驗編號	A：切削深度	B：進給率	C：切削速度	工件尺寸誤差	表面粗糙度
	mm	mm/ 迴轉	m/ 分鐘	mm	μm
1	1	1	1	0.059	1.1267
2	1	1	2	0.058	1.0125
3	1	2	1	0.04	2.5405
4	1	2	2	0.042	2.3631
5	2	1	1	0.059	1.4358
6	2	1	2	0.06	1.1089
7	2	2	1	0.052	2.2872
8	2	2	2	0.036	2.6411

1. 請寫下針對「工件尺寸誤差」之因子反應表：計算至小數點後第三位。

表 5-4 因子反應表

	A	B	C
水準「1」			
水準「2」			
效應			

2. 依表 5-4，三個因子中，那一個因子影響「工件尺寸誤差」最大？
3. 若僅考量切削後之「工件尺寸誤差」為唯一之品質特性，且希望「工件尺寸誤差」為最小（即望小），你會選擇何種切削因子組合？
4. 在（c）題之分析與結論中，你作了何種假設？

解析

1.

表 5-5 針對工件尺寸誤差求得之反應表

	A	B	C
水準「1」	0.050	0.059	0.053
水準「2」	0.052	0.043	0.049
效應	0.002	-0.016	-0.004

就因子「A」水準「1」而言，所求得的平均「工件尺寸誤差」為：

$(0.059 + 0.058 + 0.04 + 0.042) / 4 = 0.050$

就因子「A」水準「2」而言，所求得的平均「工件尺寸誤差」為：

$(0.059 + 0.06 + 0.052 + 0.036) / 4 = 0.052$

因子「A」的效應＝（0.052 − 0.050）＝ 0.002

同理，就因子「B」水準「1」而言，所求得的平均「工件尺寸誤差」爲：
（0.059 + 0.058 + 0.059 + 0.060）/4 ＝ 0.059

就因子「B」水準「2」而言，所求得的平均「工件尺寸誤差」爲：
（0.04 + 0.042 + 0.052 + 0.036）/4 ＝ 0.043

因子「B」的效應＝（0.043 − 0.059）＝− 0.016
就因子「C」水準「1」而言，所求得的平均「工件尺寸誤差」爲：
（0.059 + 0.04 + 0.059 + 0.052）/4 ＝ 0.053

就因子「C」水準「2」而言，所求得的平均「工件尺寸誤差」爲：
（0.058 + 0.042 + 0.06 + 0.036）/4 ＝ 0.049

因子「C」的效應＝（0.049 − 0.053）＝− 0.004

2. 因子「B」（進給率），影響「工件尺寸誤差」最大，因爲「B」效應之「絕對值」最高。
3. 因爲僅考量切削後之「工件尺寸誤差」爲唯一之品質特性且希望「工件尺寸誤差」爲最小（即望小），所以最佳的切削因子組合爲 $A_1B_2C_2$，即切削深度（因子A）1.5mm，進給率（因子B）0.2 mm/迴轉，切削速度（因子C）240 m/分鐘。
4. 假設因子間無交互作用。

以上之實例演練中顯示，運用，「直交表」的方式進行實驗規劃，並將結果用來初步判定各輸入「因子」對「品質特性」的影響力的大小，在「篩選因子」階段已經足夠。在實例演練中，實驗者雖然「假設」因子間無交互作用，但眞實的世界裡，實驗者並不一定事先知道因子間是否有交互作用的存在。因此，一般而言，如果想要瞭解各因子與各因子間交互作用對品質特性的影響是否顯著，則需進行「變異數分析」。現以兩個因子（A與B因子），A因子有「a」水準，B因子有「b」水準，且每個實驗組合，重複「n」次爲例。其變異數分析表如下：

表 5-6 二因子實驗固定效應模型的變異數分析表（Montgomery, 2005）

變異來源	平方和	自由度	均方	F_0
A 處理	SS_A	$a-1$	$MS_A=\frac{SS_A}{a-1}$	$F_0=\frac{MS_A}{MS_E}$
B 處理	SS_B	$b-1$	$MS_B=\frac{SS_B}{b-1}$	$F_0=\frac{MS_B}{MS_E}$
交互作用	SS_{AB}	$(a-1)(b-1)$	$MS_{AB}=\frac{SS_{AB}}{(a-1)(b-1)}$	$F_0=\frac{MS_{AB}}{MS_E}$
誤差	SS_E	$ab(n-1)$	$MS_E=\frac{SS_E}{ab(n-1)}$	
總計	SS_T	$abn-1$		

總平方和的手算公式為：

$$SS_T=\sum_{i=1}^{a}\sum_{j=1}^{b}\sum_{k=1}^{n}y_{ijk}^2-\frac{y_{...}^2}{abn} \quad \text{（式 5-2）}$$

主效應平方和的手算公式如下：

$$SS_A=\frac{1}{bn}\sum_{i=1}^{a}y_{i..}^2-\frac{y_{...}^2}{abn} \quad \text{（式 5-3）}$$

$$SS_B=\frac{1}{an}\sum_{j=1}^{b}y_{.j.}^2-\frac{y_{...}^2}{abn} \quad \text{（式 5-4）}$$

$$SS_{Subtotals}=\frac{1}{n}\sum_{i=1}^{a}\sum_{j=1}^{b}y_{ij.}^2-\frac{y_{...}^2}{abn} \quad \text{（式 5-5）}$$

$$SS_{AB}=S_{Subtotals}-SS_A-SS_B \quad \text{（式 5-6）}$$

$$SS_E=SS_T-SS_{Subtotals} \quad \text{（式 5-7）}$$

SS_A = 來自因子 A 的平方和。

SS_B = 來自因子 B 的平方和。

SS_{AB} = 來自 A 和 B 之間交互作用的平方和。

SS_E = 來自誤差的平方和。

y_{ijk} = 因子 A 的第 i 個水準，因子 B 第 j 個水準，及第 k 個重複實驗的觀測值。

$y_{ij.}$ = 因子 A 的第 i 個水準，因子 B 第 j 個水準所有觀測值的總和。

$y_{i..}$ = 因子 A 第 i 個水準下所有觀測值的總和。

$y_{.j.}$ = 表示因子 B 第 j 個水準下所有觀測值的總和。

$y_{...}$ = 表示全部觀測值的總和。

來至「A」因子（A 處理）的影響百分比 $=\dfrac{SS_A}{SS_T}\times 100\%$（式 5-8）

來至「B」因子（B 處理）的影響百分比 $=\dfrac{SS_B}{SS_T}\times 100\%$（式 5-9）

來至「AB」交互作用的影響百分比 $=\dfrac{SS_{AB}}{SS_T}\times 100\%$（式 5-10）

來至雜訊（誤差）的影響百分比 $=\dfrac{SS_E}{SS_T}\times 100\%$（式 5-11）

爲了檢查「A」因子（A 處理）是否顯著（在顯著水準 $\alpha = 0.05$ 之下），可運用分析階段「假設與檢定」章節中的「表 4-3」及「附表 B2」作判斷。當 $F_0=\dfrac{MS_A}{MS_E}>F_{0.05\,,\,a-1\,,\,ab(n-1)}$ 時，「A」因子（A 處理）即爲顯著因子，當 $F_0=\dfrac{MS_B}{MS_E}>F_{0.05\,,\,b-1\,,\,ab(n-1)}$ 時，「B」因子（B 處理）即爲顯著因子，同理，當 $F_0=\dfrac{MS_{AB}}{MS_E}>F_{0.05\,,\,(a-1)(b-1)\,,\,ab(n-1)}$ 時，「AB」交互作用即爲顯著因子。現以下例進行演練。

一實驗運用「複晶矽參雜」的技術在基材中參雜離子並控制退火的溫度，並量測基極的電流。結果如下表：

表 5-7　實驗結果

複晶矽參雜	退火溫度 (°C)		
(ions)	900	950	1000
$1x10^{20}$	4.60	10.15	11.01
	4.40	10.20	10.58
$2x10^{20}$	3.20	9.38	10.81
	3.50	10.02	10.60

試利用「變異數分析」方法檢驗兩個因子水準的變化是否會影響基極的電流，並檢定兩因子的交互作用對於基極的電流有顯著的影響。

解析

因子 A 為「複晶矽參雜」，共有兩個水準，所以「a」＝ 2。

因子 B 為「退火溫度」，共有三個水準，所以「b」＝ 3。

每個實驗組合重複兩次，故「n」＝ 2。

首先計算總平方和：

$$SS_T = \sum_{i=1}^{a}\sum_{j=1}^{b}\sum_{k=1}^{n} y_{ijk}^2 - \frac{y_{...}^2}{abn}$$

$$= [(4.60)^2 + (4.40)^2 + \cdots + (10.60)^2] - (4.60 + 4.40 + \cdots + 10.60)^2/(2\times3\times2)$$

$$= 113.13$$

$$SS_A = \frac{1}{bn}\sum_{i=1}^{a} y_{i..}^2 - \frac{y_{...}^2}{abn}$$

$$= [(4.60 + 4.40 + \cdots + 11.01 + 10.58)^2 + (3.20 + 3.50 + \cdots + 10.81 + 10.60)^2]/(3\times2) - (4.60 + 4.40 + \cdots + 10.60)^2/(2\times3\times2)$$

$$= 0.98$$

$$SS_B = \frac{1}{an}\sum_{j=1}^{b} y_{.j.}^2 - \frac{y_{...}^2}{abn}$$

$$= [(4.60 + 4.40 + 3.20 + 3.50)^2 + (10.15 + 10.20 + 9.38 + 10.02)^2 + (11.01 + 10.58 + 10.81 + 10.60)^2]/(2 \times 2) - (4.60 + 4.40 + \cdots + 10.60)^2/(2 \times 3 \times 2)$$

$$= 111.19$$

$$SS_{Subtotals} = \frac{1}{n}\sum_{i=1}^{a}\sum_{j=1}^{b} y_{ij.}^2 - \frac{y_{...}^2}{abn}$$

$$= [(4.60 + 4.40)^2 + \cdots + (11.01 + 10.58)^2 + (3.20 + 3.50)^2 + \cdots + (10.81 + 10.60)^2]/2 - (4.60 + 4.40 + \cdots + 10.60)^2/(2 \times 3 \times 2)$$

$$= 112.74$$

$$SS_{AB} = S_{Subtotals} - SS_A - SS_B = 0.58$$

$$SS_E = SS_T - SS_{Subtotals} = 0.39$$

最後的變異數分析表如表 5-8：

表 5-8　例題變異數分析表

變異來源	平方和	自由度	均方	F_0
A 處理	0.98	1	$MS_A = \frac{SS_A}{a-1} = 0.98$	$F_0 = \frac{MS_A}{MS_E} = 15.26$
B 處理	111.19	2	$MS_B = \frac{SS_B}{b-1} = 55.59$	$F_0 = \frac{MS_B}{MS_E} = 865.16$
交互作用	0.58	2	$MS_{AB} = \frac{SS_{AB}}{(a-1)(b-1)} = 0.29$	$F_0 = \frac{MS_{AB}}{MS_E} = 4.48$
誤差	0.39	6	$MS_E = \frac{SS_E}{ab(n-1)} = 0.064$	
總計	113.13	11		

來至「A」因子（A 處理）的影響百分比$= \frac{SS_A}{SS_T} \times 100\% = 0.87\%$。

來至「B」因子（B 處理）的影響百分比$= \frac{SS_B}{SS_T} \times 100\% = 98.28\%$。

來至「AB」交互作用的影響百分比＝$\frac{SS_{AB}}{SS_T}\times 100\% = 0.51\%$。

來至雜訊（誤差）的影響百分比＝$\frac{SS_E}{SS_T}\times 100\% = 0.34\%$。

查表決定各變異對輸出的品質特性是否有顯著的影響。

$$F_{0.05,\, a\text{-}1,\, ab(n\text{-}1)} = F_{0.05,\, 2\text{-}1,\, 2\times 3\times(2\text{-}1)} = F_{0.05,\, 1,\, 6} = 5.99$$

$$F_{0.05,\, b\text{-}1,\, ab(n\text{-}1)} = F_{0.05,\, 3\text{-}1,\, 2\times 3\times(2\text{-}1)} = F_{0.05,\, 2,\, 6} = 5.14$$

$$F_{0.05,\, (a\text{-}1)(b\text{-}1),\, ab(n\text{-}1)} = F_{0.05,\, (2\text{-}1)\times(3\text{-}1),\, 2\times 3\times(2\text{-}1)} = F_{0.05,\, 2,\, 6} = 5.14$$

因子「A」（A 處理）所得之$F_0 > F_{0.05\,,\, a-1\,,\, ab(n-1)}$，因此因子「$A$」對基極的電流有顯著影響。同時，因子「$B$」（B 處理）所得之$F_0 > F_{0.05\,,\, b-1\,,\, ab(n-1)}$，因此因子「$B$」對基極的電流也有顯著影響。但是，「$AB$」交互作用的 F_0 並不大於 $F_{0.05\,,\, (a-1)(b-1)\,,\, ab(n-1)}$，故「$AB$」交互作用對輸出無顯著影響。因此將來建構輸入（「因子」）與輸出之間的關係式時，可不用包含「AB」交互作用項。

更多的相關例子，可參考（Montgomery, 2005）。當因子個數與水準數較多時，作者建議使用市面上的套裝軟體（如：Minitab® 或 Design Expert® 等）來協助分析以提高解決參數設計問題的效率。部分因子實驗計畫法可遵循與田口式實驗計畫法的模式進行分析，讀者若有興趣，也可參考（Montgomery, 2005），作者在此不做贅述。

其他常見的多因子兩或三水準的相關直交表可參考本章最後數頁（ASI, 1987 與 Box 等人，1978）。有時實驗者會使用兩水準因子與三水準因子的組合，這種運用在實際應用上，也普受歡迎。

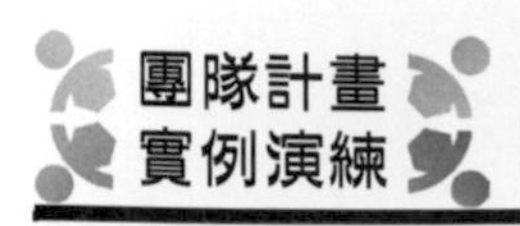

「田口式實驗計畫法」與「直交表」

1. 針對「紙蜻蜓」計畫，試利用田口式實驗計畫法及以下的「直交表」與「點線圖」規劃並完成一篩選實驗，找出重要的三個因子。
2. 討論時間：1.5 小時。
3. 完成討論後，各組準備上台進行 15 分鐘的簡報。

實例演練 3

1. 針對實例演練二的資料，利用 Minitab 分析並與實例演練二的結果比較。
2. 開啓 Minitab DOE 模組如圖 5-4 並進入「Designs」選項，見圖 5-5。

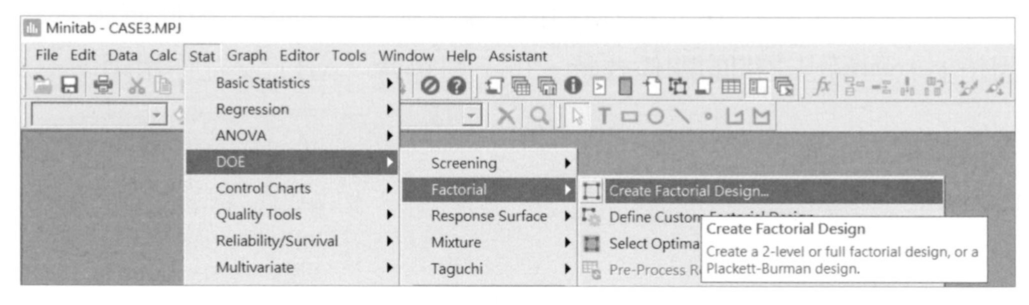

圖 5-4

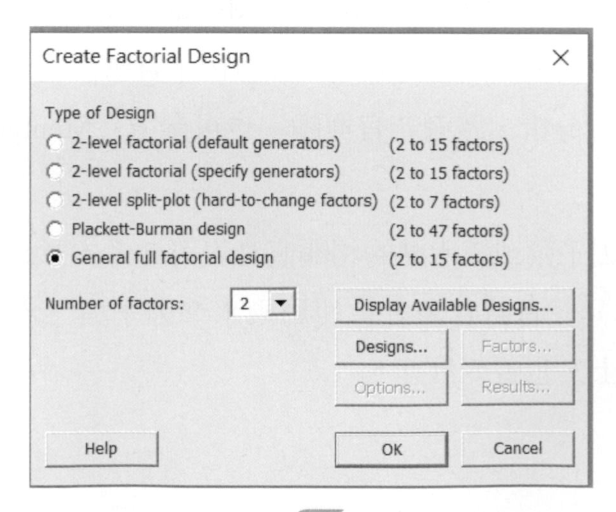

圖 5-5

3. 輸入因子名稱、水準數及重複次數，見圖 5-6。

Create Factorial Design: Designs

Factor	Name	Number of Levels
A	A	2
B	B	3

Number of replicates: 2

Block on replicates

Help　OK　Cancel

圖 5-6

4. 進入「Factors」選項，見圖 5-7；輸入因子之特性，並輸入數值，見圖 5-8。（因為「Minitab」的數字範圍有限制，故將「10^{20}」省略）

Create Factorial Design

Type of Design

- 2-level factorial (default generators) (2 to 15 factors)
- 2-level factorial (specify generators) (2 to 15 factors)
- 2-level split-plot (hard-to-change factors) (2 to 7 factors)
- Plackett-Burman design (2 to 47 factors)
- General full factorial design (2 to 15 factors)

Number of factors: 2

Display Available Designs...　Designs...　Factors...　Options...　Results...

Help　OK　Cancel

圖 5-7

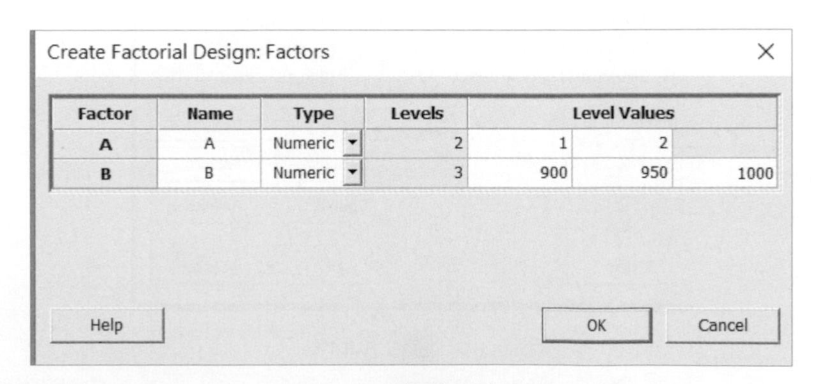

Create Factorial Design: Factors

Factor	Name	Type	Levels	Level Values		
A	A	Numeric	2	1	2	
B	B	Numeric	3	900	950	1000

Help　OK　Cancel

圖 5-8

5. 進入「Options」選項，見圖 5-9。

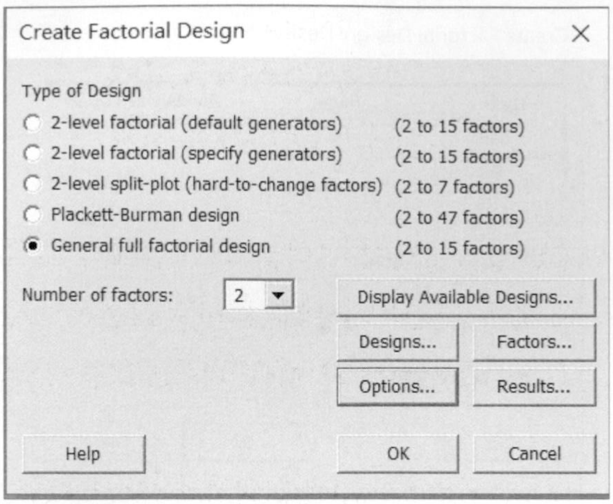

Create Factorial Design

Type of Design
- 2-level factorial (default generators) (2 to 15 factors)
- 2-level factorial (specify generators) (2 to 15 factors)
- 2-level split-plot (hard-to-change factors) (2 to 7 factors)
- Plackett-Burman design (2 to 47 factors)
- ● General full factorial design (2 to 15 factors)

Number of factors: 2

Display Available Designs... | Designs... | Factors... | Options... | Results...

Help | OK | Cancel

圖 5-9

6. 在進行實驗時，須將實驗順序「隨機化」，見圖 5-10。

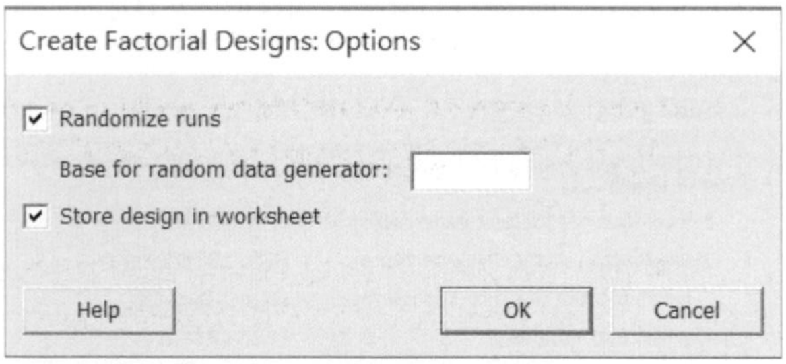

Create Factorial Designs: Options

☑ Randomize runs

Base for random data generator:

☑ Store design in worksheet

Help | OK | Cancel

圖 5-10

7. 進入「Results」選項見圖 5-11 與列出實驗規劃表及相關資訊，見圖 5-12。

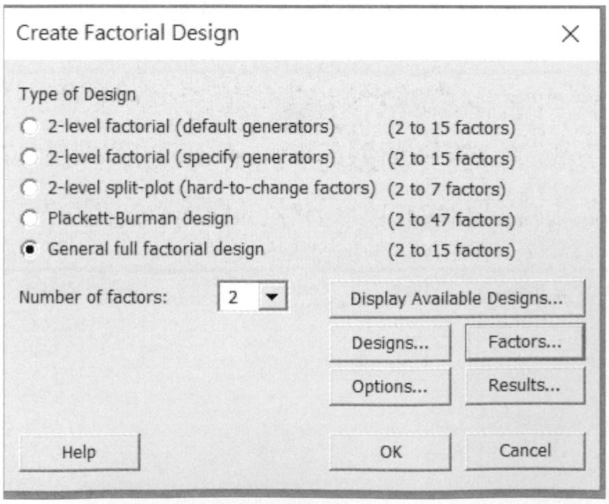

Create Factorial Design

Type of Design
- 2-level factorial (default generators) (2 to 15 factors)
- 2-level factorial (specify generators) (2 to 15 factors)
- 2-level split-plot (hard-to-change factors) (2 to 7 factors)
- Plackett-Burman design (2 to 47 factors)
- ● General full factorial design (2 to 15 factors)

Number of factors: 2

Display Available Designs... | Designs... | Factors... | Options... | Results...

Help | OK | Cancel

圖 5-11

Create Factorial Design: Results

Printed Results

- None
- Summary table
- Summary table and design table

Help　OK　Cancel

圖 5-12

8. 檢查實驗規劃表資訊，見圖 5-13。

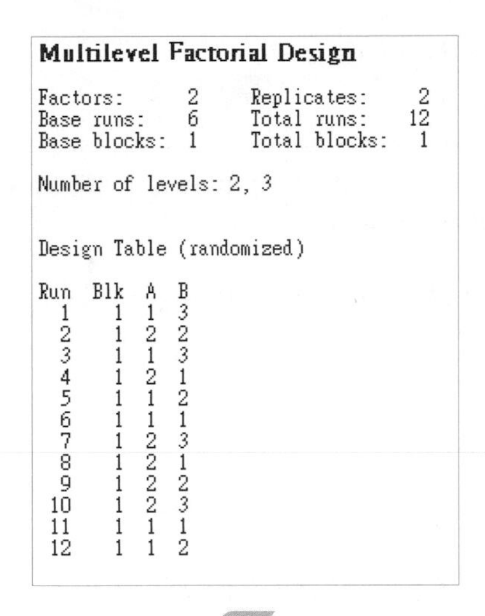

```
Multilevel Factorial Design

Factors:      2    Replicates:     2
Base runs:    6    Total runs:    12
Base blocks:  1    Total blocks:   1

Number of levels: 2, 3


Design Table (randomized)

Run  Blk  A  B
  1    1  1  3
  2    1  2  2
  3    1  1  3
  4    1  2  1
  5    1  1  2
  6    1  1  1
  7    1  2  3
  8    1  2  1
  9    1  2  2
 10    1  2  3
 11    1  1  1
 12    1  1  2
```

圖 5-13

9. 進行實驗並將結果塡入「C7」欄，見圖 5-14。注意：因爲實驗順序爲隨機排列，因此每一個人的順序會有所不同。輸入「Current」資料時可參考表 5-7。

↓	C1 StdOrder	C2 RunOrder	C3 PtType	C4 Blocks	C5 A	C6 B	C7 Current
1	2	1	1	1	1	950	10.15
2	7	2	1	1	1	900	4.60
3	4	3	1	1	2	900	3.20
4	3	4	1	1	1	1000	11.01
5	8	5	1	1	1	950	10.20
6	1	6	1	1	1	900	4.40
7	6	7	1	1	2	1000	10.81
8	10	8	1	1	2	900	3.50
9	11	9	1	1	2	950	9.38
10	12	10	1	1	2	1000	10.60
11	9	11	1	1	1	1000	10.58
12	5	12	1	1	2	950	10.02

圖 5-14

10. 進入「分析」模組，見圖 5-15。

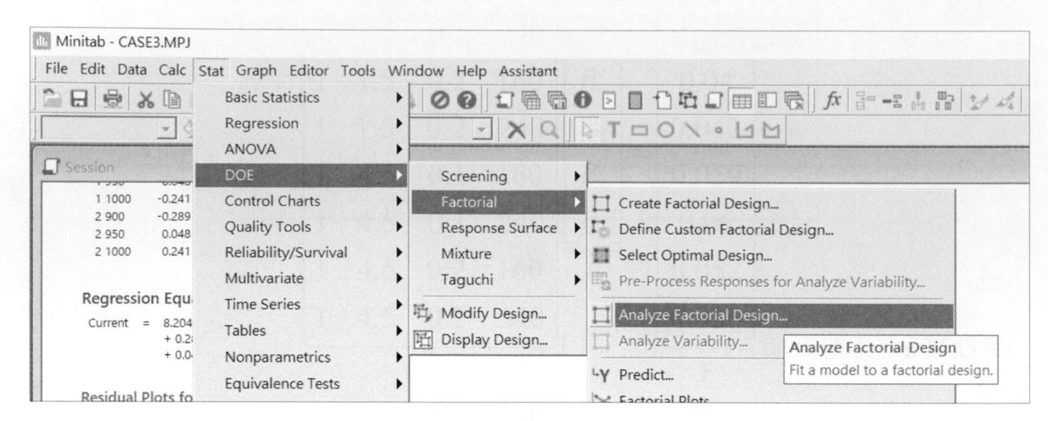

Minitab - CASE3.MPJ
File Edit Data Calc Stat Graph Editor Tools Window Help Assistant
Basic Statistics
Regression
ANOVA
DOE
Control Charts
Quality Tools
Reliability/Survival
Multivariate
Time Series
Tables
Nonparametrics
Equivalence Tests
Screening
Factorial
Response Surface
Mixture
Taguchi
Modify Design...
Display Design...
Create Factorial Design...
Define Custom Factorial Design...
Select Optimal Design...
Pre-Process Responses for Analyze Variability...
Analyze Factorial Design...
Analyze Variability...
Predict...
Analyze Factorial Design
Fit a model to a factorial design.

圖 5-15

11. 反應變數爲「Current」，並進入「Terms」選項，見圖 5-16。

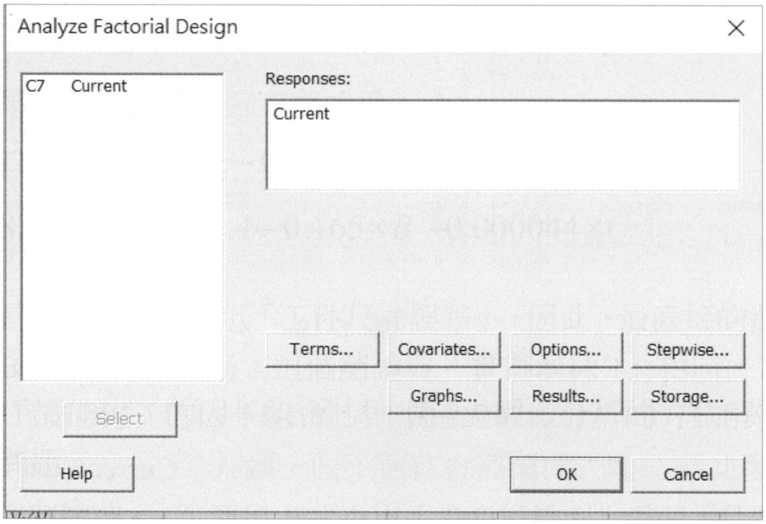

Analyze Factorial Design
C7 Current
Responses:
Current
Terms...
Covariates...
Options...
Stepwise...
Graphs...
Results...
Storage...
Select
Help
OK
Cancel

圖 5-16

12. 最初，分析者應選擇所有左邊項目，至右邊視窗，見圖 5-17。

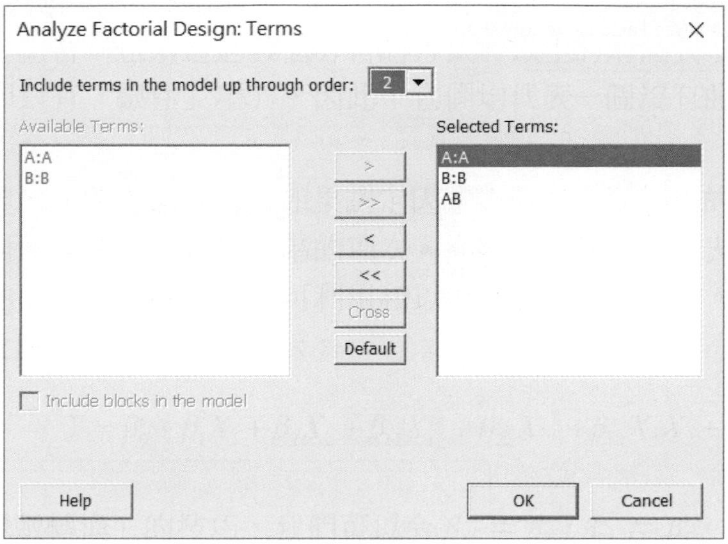

圖 5-17

13. 進入「Graphs」選項，見圖 5-18。

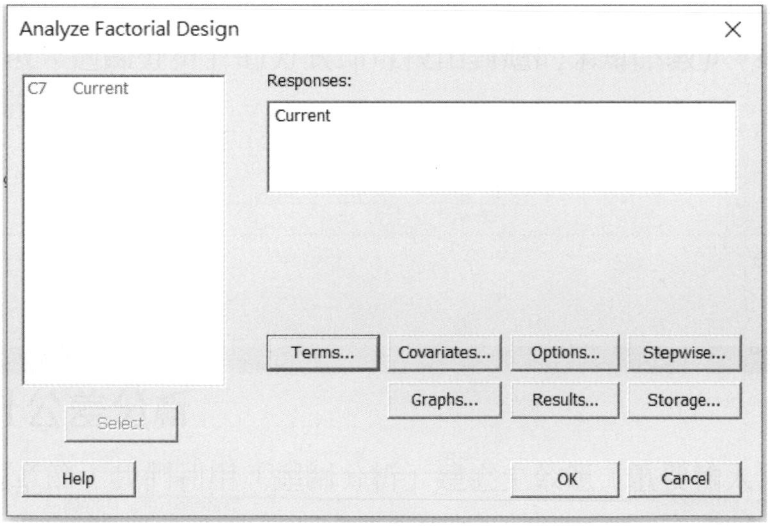

圖 5-18

14. 選擇有關「殘差」檢驗的所有圖，見圖 5-19。

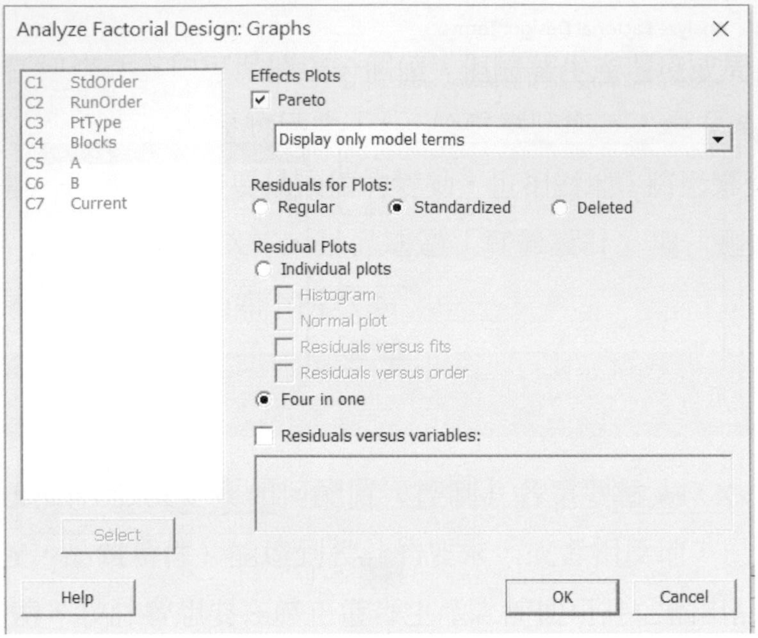

Analyze Factorial Design: Graphs

C1 StdOrder
C2 RunOrder
C3 PtType
C4 Blocks
C5 A
C6 B
C7 Current

Effects Plots
Pareto
Display only model terms
Residuals for Plots:
Regular Standardized Deleted
Residual Plots
Individual plots
Histogram
Normal plot
Residuals versus fits
Residuals versus order
Four in one
Residuals versus variables:
Select
Help OK Cancel

圖 5-19

15. 進入「Results」選項，見圖 5-20。

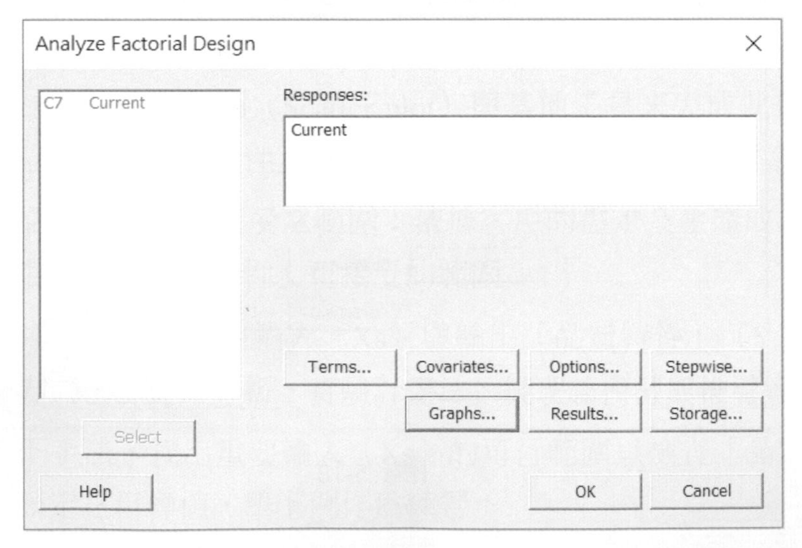

圖 5-20

16. 選擇「模型」（方程式）結果的呈現方式，見圖 5-21。

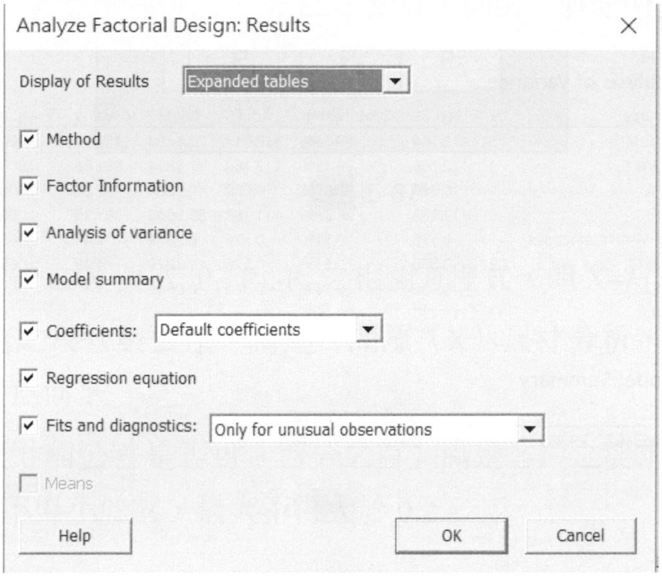

Analyze Factorial Design: Results

Display of Results: Expanded tables

- [x] Method
- [x] Factor Information
- [x] Analysis of variance
- [x] Model summary
- [x] Coefficients: Default coefficients
- [x] Regression equation
- [x] Fits and diagnostics: Only for unusual observations
- [ ] Means

Help OK Cancel

圖 5-21

17. 選擇「ok」進行運算，見圖 5-22。

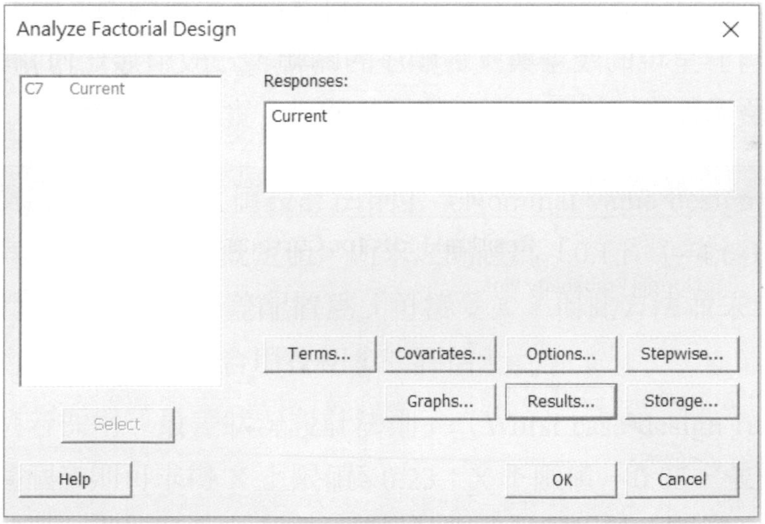

Analyze Factorial Design

C7 Current

Responses:

Current

Terms... Covariates... Options... Stepwise...

Graphs... Results... Storage...

Select

Help OK Cancel

圖 5-22

18. 假設 A，B，與 AB 項均選擇時，所得之「模型」可解釋「99.66%」的資料，且結果與實例演練二相同，見圖 5-23。

Analysis of Variance

Source	DF	Seq SS	Contribution	Adj SS	Adj MS	F-Value	P-Value
Model	5	112.744	99.66%	112.744	22.5488	350.91	0.000
Linear	3	112.168	99.15%	112.168	37.3894	581.86	0.000
A	1	0.980	0.87%	0.980	0.9804	15.26	0.008
B	2	111.188	98.28%	111.188	55.5940	865.16	0.000
2-Way Interactions	2	0.576	0.51%	0.576	0.2879	4.48	0.065
A*B	2	0.576	0.51%	0.576	0.2879	4.48	0.065
Error	6	0.386	0.34%	0.386	0.0643		
Total	11	113.130	100.00%				

Model Summary

S	R-sq	R-sq(adj)	PRESS	R-sq(pred)
0.253492	99.66%	99.38%	1.5422	98.64%

圖 5-23

19. 圖 5-24 中，「左上角」的常態機率圖上的「點」希望可在一直線附近來回震盪，但不得偏移過大。「左下角」的直條圖，我們希望至少呈現左右對稱。「右上角」所呈現的殘差與模型找出的「預測值」的關係，希望兩者毫無關聯。如出現趨勢則代表可能需對資料進行「座標轉換」後，再進行分析。「右下角」呈現的殘差與實驗順序的關聯，一般須無任何關聯，若有關聯代表實驗過程中可能已違反了隨機的假設，實驗必須重做。

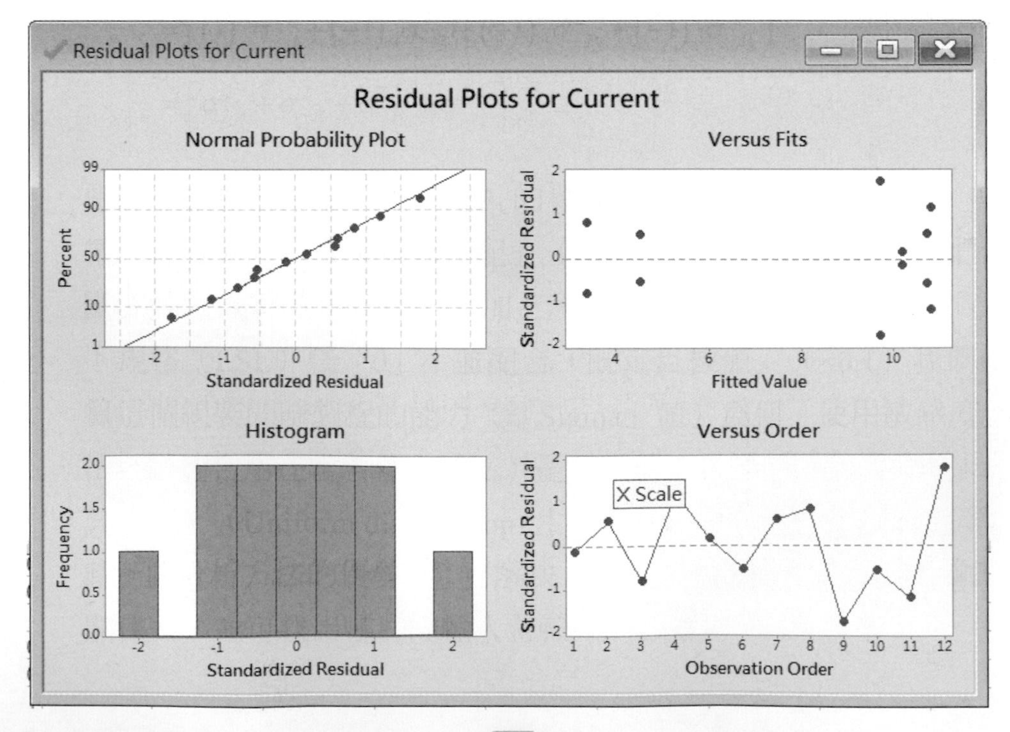

圖 5-24

20. 繪出「因子效應圖」，見圖 5-25。

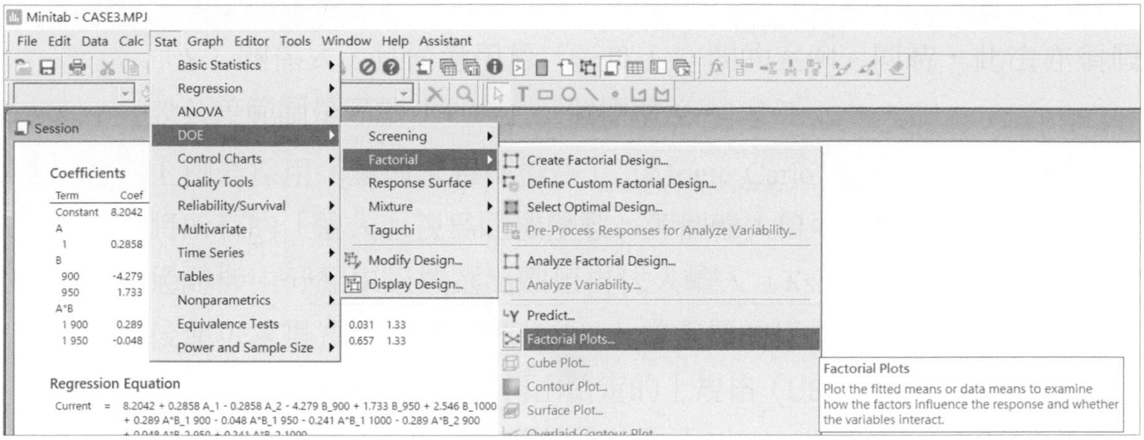

圖 5-25

21. 分別對「主效應」（Main effects-A 與 B 因子）及「交互作用效應」（Interaction-AB 交互作用）對輸出的影響程度進行評估，見圖 5-26。

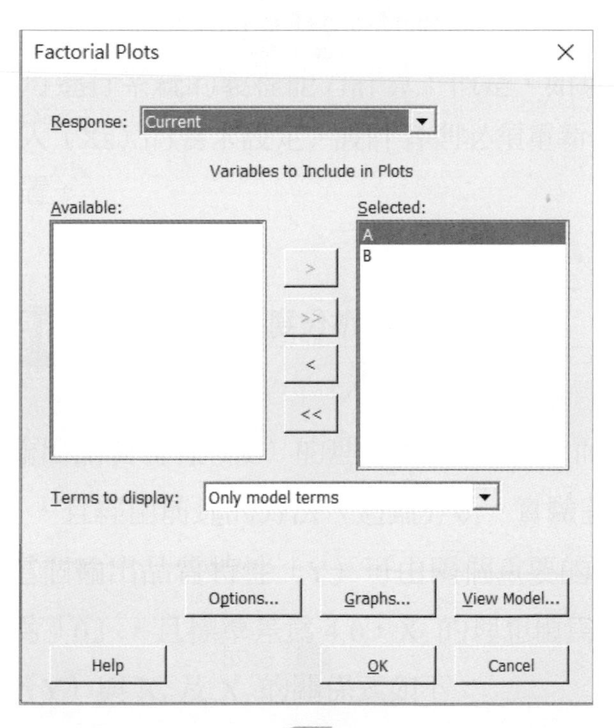

圖 5-26

22. 進入「Graphs」並選擇「Main effect plots」及「Interaction plots」，見圖 5-27。

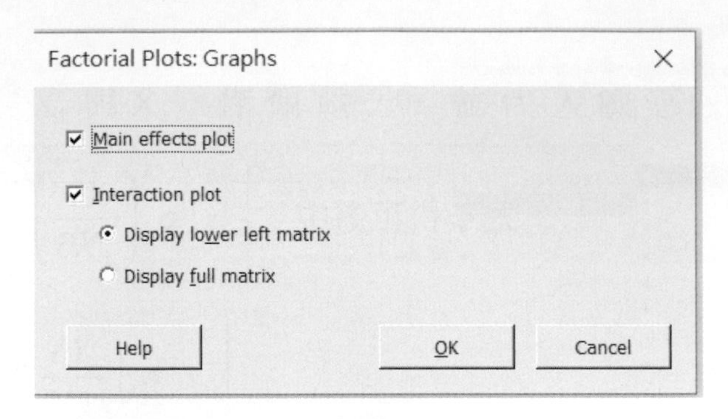

圖 5-27

23. 由「主效應」圖，見圖 5-28 可知，「B」因子對輸出的影響較大，圖內位於中間附近之水平線代表「所有實驗的輸出平均值」。

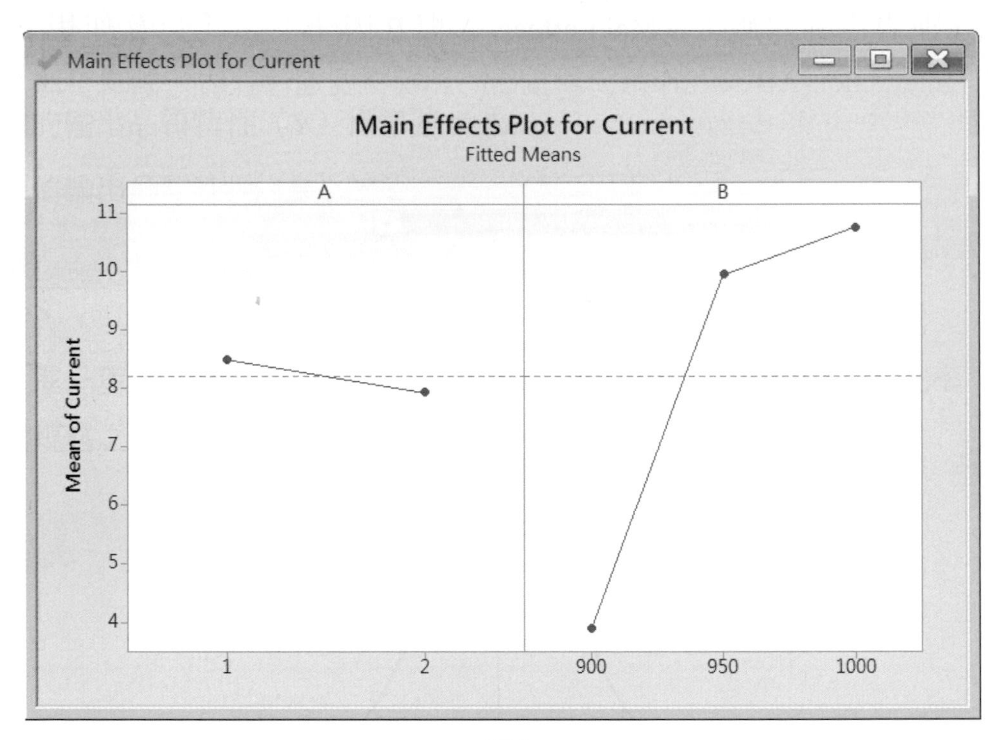

圖 5-28

24. 由「交互作用效應」圖，見圖 5-29，因為各線並未呈現交叉，因此「AB」的交互作用並不明顯。

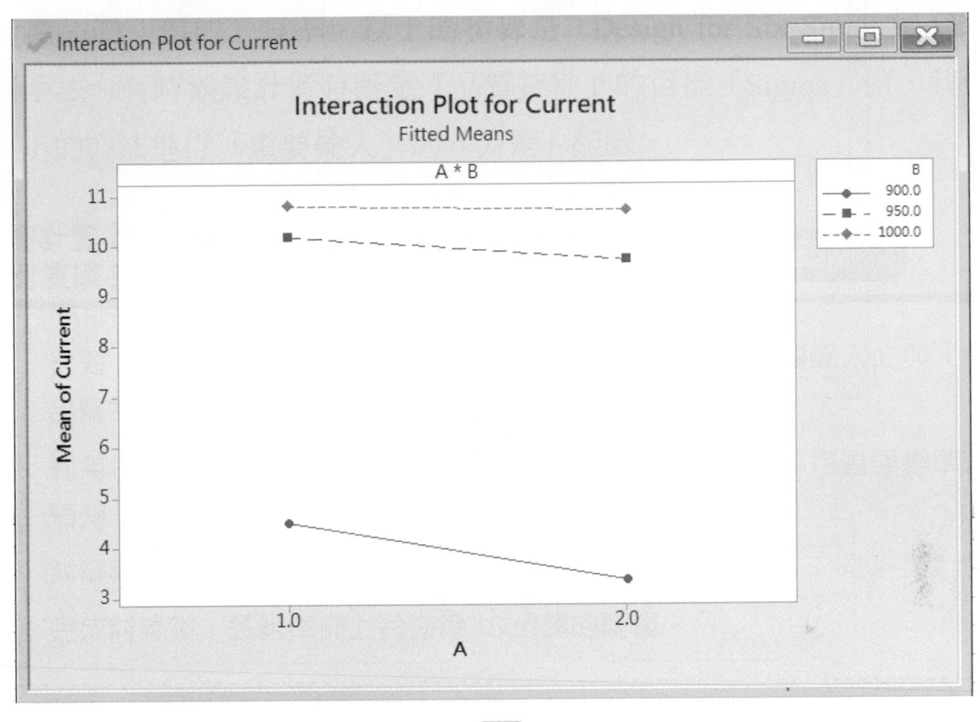

圖 5-29

25. 由變異數分析表，見圖 5-23，可知，在「α」值為 0.05 的條件下，「A*B」的交互作用並不顯著（P 值為 0.065 大於 0.05），故可忽略「A*B」的交互作用。

26. 可移除「AB」項後，再重新進行分析，見圖 5-30 ～圖 5-34。

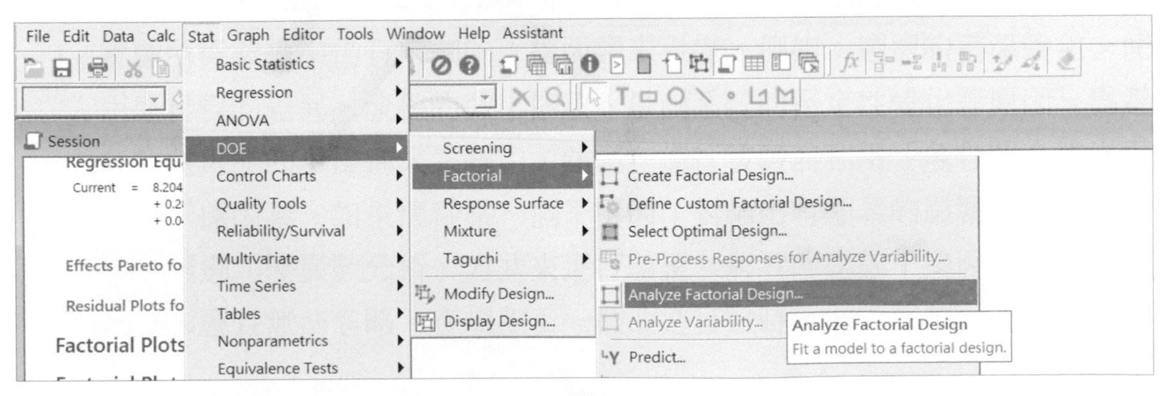

圖 5-30

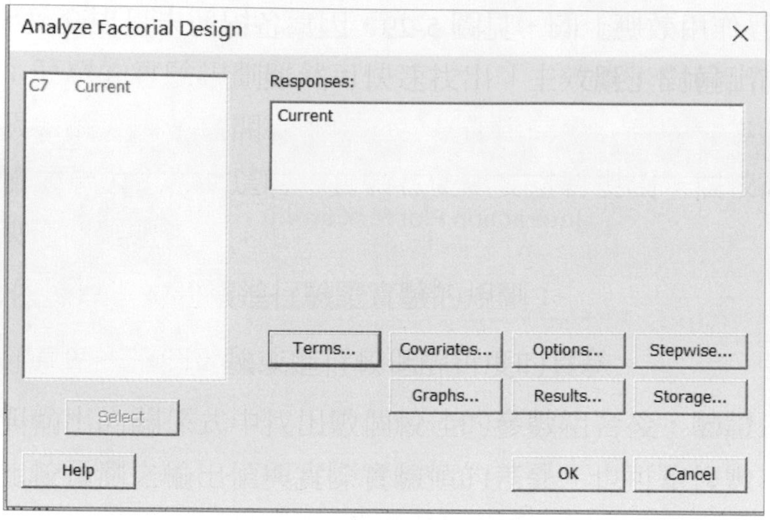

Analyze Factorial Design

C7 Current

Responses:

Current

Terms... Covariates... Options... Stepwise...

Graphs... Results... Storage...

Select

Help OK Cancel

圖 5-31

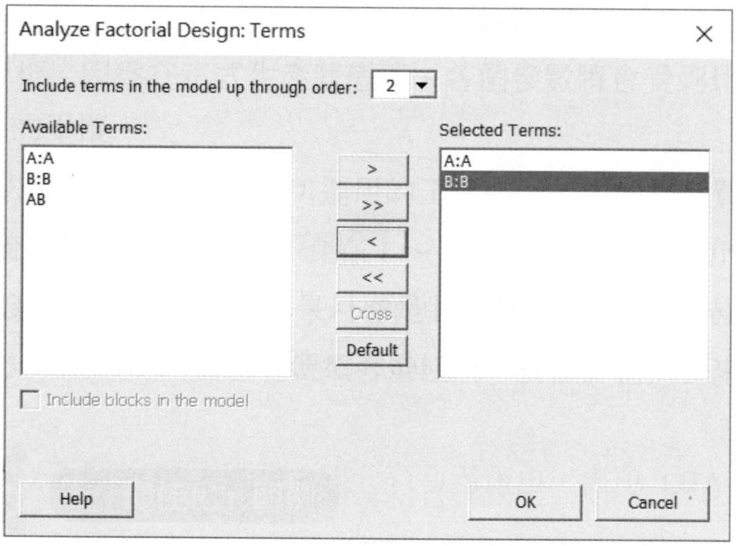

Analyze Factorial Design: Terms

Include terms in the model up through order: 2

Available Terms:

A:A
B:B
AB

> >> < << Cross Default

Selected Terms:

A:A
B:B

Include blocks in the model

Help OK Cancel

圖 5-32

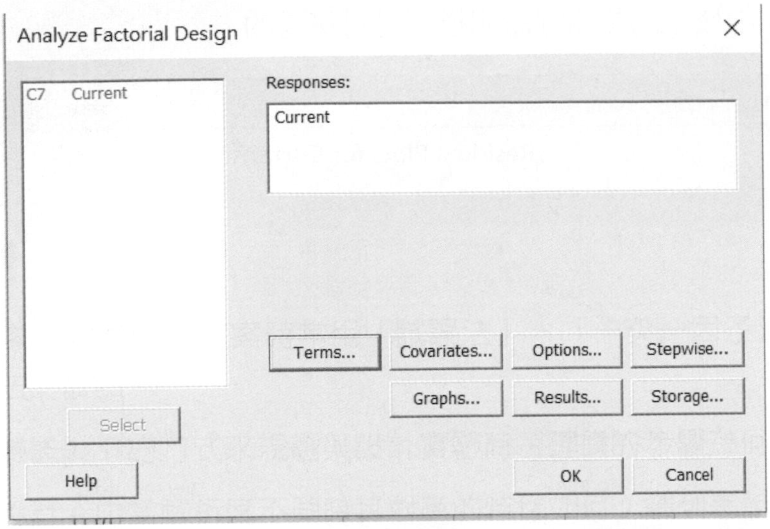

Analyze Factorial Design

C7 Current

Responses:

Current

Terms... Covariates... Options... Stepwise...

Graphs... Results... Storage...

Select

Help OK Cancel

圖 5-33

Analysis of Variance

Source	DF	Seq SS	Contribution	Adj SS	Adj MS	F-Value	P-Value
Model	3	112.168	99.15%	112.168	37.3894	311.14	0.000
Linear	3	112.168	99.15%	112.168	37.3894	311.14	0.000
A	1	0.980	0.87%	0.980	0.9804	8.16	0.021
B	2	111.188	98.28%	111.188	55.5940	462.62	0.000
Error	8	0.961	0.85%	0.961	0.1202		
Lack-of-Fit	2	0.576	0.51%	0.576	0.2879	4.48	0.065
Pure Error	6	0.386	0.34%	0.386	0.0643		
Total	11	113.130	100.00%				

Model Summary

S	R-sq	R-sq(adj)	PRESS	R-sq(pred)
0.346657	99.15%	98.83%	2.16308	98.09%

圖 5-34

27. 由圖 5-34 可知，所求得之模型可解釋「99.15%」資料。雖然較包含「AB」項時爲低，但在用來預測時，一般會比包含「AB」項來得好。

28. 圖 5-35 中殘差的相關圖證明模型是可接受的。

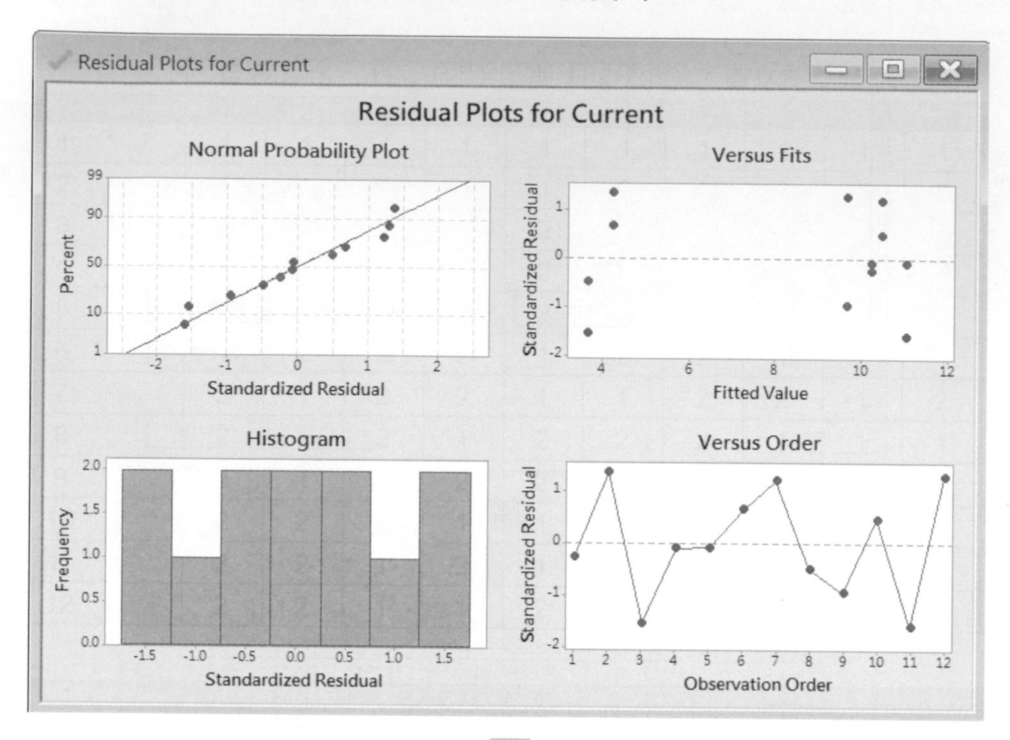

圖 5-35

實例演練 4

利用田口式 L8 直交表規劃一工件之切削，並考慮三個控制因子分別爲：因子 A 爲切削深度（mm）；因子 B 爲進給率（mm/ 迴轉）；因子 C 爲切削速度（m/分鐘）；且每一個因子皆有二個水準，如表 5-9：

表 5-9　因子與水準對照表

因子名稱	水準	
	低（1）	高（2）
A：切削深度	1.5	4.5
B：進給率	0.1	0.2
C：切削速度	160	240

實驗結果如表 5-10：因子之較低水準以「1」表示，較高水準以「2」示之。

表 5-10　實驗結果

實驗編號	A：切削深度	B：進給率	C：切削速度	工件尺寸誤差	表面粗糙度
	mm	mm/ 迴轉	m/ 分鐘	mm	μm
1	1	1	1	0.059	1.1267
2	1	1	2	0.058	1.0125
3	1	2	1	0.04	2.5405
4	1	2	2	0.042	2.3631
5	2	1	1	0.059	1.4358
6	2	1	2	0.06	1.1089
7	2	2	1	0.052	2.2872
8	2	2	2	0.036	2.6411

1. 請寫下針對「表面粗糙度」之因子反應表（表 5-11）：計算至小數點後第三位。

表 5-11　針對「表面粗糙度」之因子反應表

	A	B	C
水準「1」			
水準「2」			
效應			

2. 依上表，三個因子中，那一個因子影響「表面粗糙度」最大？
3. 若僅考量切削後之「表面粗糙度」爲唯一之品質特性且希望「表面粗糙度」爲最小（即望小），你會選擇何種切削因子組合？
4. 在 3. 題之分析與結論中，你作了何種假設？

解析

1.

表 5-12　針對「表面粗糙度」之因子反應表結果

	A	B	C
水準「1」	1.761	1.171	1.848
水準「2」	1.868	2.458	1.781
效應	0.107	1.287	-0.067

2. 因子 "B"（進給率），影響「表面粗糙度」最大，因爲效應之絕對值最高。
3. 當希望「表面粗糙度」爲最小時，可選擇 $A_1B_1C_2$ 切削因子組合，即切削深度（因子 A）1.5mm，進給率（因子 B）0.1 mm/ 迴轉，切削速度（因子 C）240 m/ 分鐘。
4. 假設因子間無交互作用。

5.2 如何找出輸入與輸出之對應關係式

之前的章節，團隊可透過討論及配合適當的工具找出有哪些重要的輸入因子（Xs）對「輸出品質特性」（Y）有影響力。如果有需要，可規劃簡單的篩選因子實驗（如利用田口式直交表）找出主效應（重要輸入因子）對「輸出品質特性」（Y）的影響力的大小。但就實驗者而言，有時必須求出主效應（重要輸入因子）與輸出（Y）的對應關係式，此時便可藉由「迴歸分析」建立如下的線性迴歸方程式：

$$Y = \beta_0 + \beta_1 X_1 + \beta_2 X_2 + ... + \beta_k X_k + \varepsilon \quad \text{（式 5-12）}$$

其中 X_k 爲自變數（重要輸入因子），β_0爲截距，$\beta_1 \cdots \beta_k$ 均爲未知的係數，ε 爲殘差，Y爲反應變數（輸出品質特性）。此線性方程式代表當 X 改變時，Y 會如何改變。見 5-42 圖（以一個自變數，X，與一個反應變數，Y，爲例）。

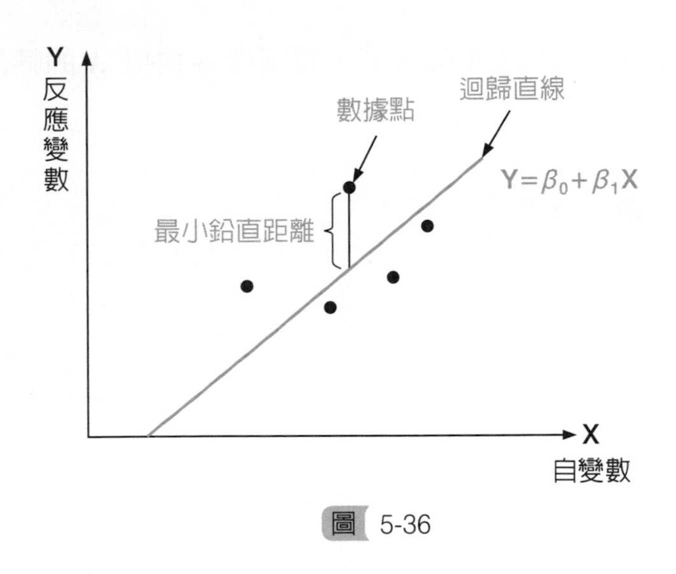

圖 5-36

假設共有「n」組實驗數值，並用以下的方式代表：

第一組實驗：X_{11}　X_{12}　X_{13} …… X_{1k}　Y_1

第二組實驗：X_{21}　X_{22}　X_{23} …… X_{2k}　Y_2

⋮

第 n 組實驗：X_{n1}　X_{n2}　X_{n3} …… X_{nk}　Y_n

其中 X_{ij} 表示第 i 組實驗中第 j 個輸入因子（X）的值，$i=1$、2 …… n；$j=1$、2、……k，Y_i 代表第 i 組實驗的「輸出品質特性」值。再將已知的實驗數值代入線性迴歸方程式中，可得以下的聯立方程組：

$$\beta_0+\beta_1X_{11}+\beta_2X_{12}+\ldots+\beta_kX_{1k}=Y_1$$

$$\beta_0+\beta_1X_{21}+\beta_2X_{22}+\ldots+\beta_kX_{2k}=Y_2$$

$$\vdots$$

$$\beta_0+\beta_1X_{n1}+\beta_2X_{n2}+\ldots+\beta_kX_{nk}=Y_n$$

若將聯立方程組以矩陣方式表示：

$$\begin{bmatrix}1 & X_{11} & X_{12} & \ldots\ldots & X_{1k}\\ 1 & X_{21} & X_{22} & \ldots\ldots & X_{2k}\\ \vdots & \vdots & \vdots & \ldots\ldots & \vdots\\ 1 & X_{n1} & X_{n2} & \ldots\ldots & X_{nk}\end{bmatrix}\begin{bmatrix}\beta_0\\ \beta_1\\ \vdots\\ \beta_k\end{bmatrix}=\begin{bmatrix}Y_1\\ Y_2\\ \vdots\\ Y_n\end{bmatrix} \qquad \text{(式 5-13)}$$

$$\rightarrow X\beta=Y \qquad \text{(式 5-14)}$$

想要找出β的最小平方誤差解，可先將兩邊各乘以 X 的轉置矩陣 X^T，詳細之推導如下：

$$X^TX\beta = X^TY \quad \text{（式 5-15）}$$

令 $X^TX = Z$

$$Z\beta = X^TY \quad \text{（式 5-16）}$$

$$Z^{-1}Z\beta = Z^{-1}X^TY \quad \text{（式 5-17）}$$

$$I\beta = Z^{-1}X^TY \quad (I\text{：單位矩陣}) \quad \text{（式 5-18）}$$

$$\beta = Z^{-1}X^TY \quad \text{（式 5-19）}$$

現在以實例演練 1 爲例，在實例演練中我們假設因子間的「交互作用」不存在，因此，輸入與輸出之間的關係式，可以用一個線性迴歸方程式代表。

利用田口式 L_8 直交表規劃一工件之切削，並考慮三個控制因子分別爲：因子 A 爲切削深度（mm）；因子 B 爲進給率（mm/ 迴轉）；因子 C 爲切削速度（m/分鐘）；且每一個因子皆有二個水準，如表 5-13：

表 5-13　因子與水準對照表

因子名稱	水準	
	低（1）	高（2）
A：切削深度	1.5	4.5
B：進給率	0.1	0.2
C：切削速度	160	240

實驗結果如表 5-14：因子之較低水準以「1」表示，較高水準以「2」示之。

表 5-14　實驗結果

實驗編號	A：切削深度	B：進給率	C：切削速度	工件尺寸誤差	表面粗糙度
	mm	mm/ 迴轉	m/ 分鐘	mm	μm
1	1	1	1	0.059	1.1267
2	1	1	2	0.058	1.0125
3	1	2	1	0.04	2.5405
4	1	2	2	0.042	2.3631
5	2	1	1	0.059	1.4358
6	2	1	2	0.06	1.1089
7	2	2	1	0.052	2.2872
8	2	2	2	0.036	2.6411

1. 請找出「工件尺寸誤差」這個「品質特性」（Y）與三個因子（主效應，Xs）的關係式。
2. 請找出「表面粗糙度」這個「品質特性」（Y）與三個因子（主效應，Xs）的關係式。

解析

1. 利用

$$\begin{bmatrix} 1 & X_{11} & X_{12} & \cdots\cdots & X_{1k} \\ 1 & X_{21} & X_{22} & \cdots\cdots & X_{2k} \\ \vdots & \vdots & \vdots & \cdots\cdots & \vdots \\ 1 & X_{n1} & X_{n2} & \cdots\cdots & X_{nk} \end{bmatrix} \begin{bmatrix} \beta_0 \\ \beta_1 \\ \vdots \\ \beta_k \end{bmatrix} = \begin{bmatrix} Y_1 \\ Y_2 \\ \vdots \\ Y_n \end{bmatrix}$$

$\rightarrow X\beta = Y$

及

$X^T X = Z$

$\beta = Z^{-1} X^T Y$ 求解。$n = 8$（8 個實驗），$k = 3$（3 個因子）。

本題中的矩陣運算可採用「Excel」相關指令如：「mmult」及「minverse」來協助。

$$\underbrace{\begin{bmatrix} 1 & 1.5 & 0.1 & 160 \\ 1 & 1.5 & 0.1 & 240 \\ 1 & 1.5 & 0.2 & 160 \\ 1 & 1.5 & 0.2 & 240 \\ 1 & 4.5 & 0.1 & 160 \\ 1 & 4.5 & 0.1 & 240 \\ 1 & 4.5 & 0.2 & 160 \\ 1 & 4.5 & 0.2 & 240 \end{bmatrix}}_{X} \underbrace{\begin{bmatrix} \beta_0 \\ \beta_1 \\ \beta_2 \\ \beta_3 \end{bmatrix}}_{\beta} = \underbrace{\begin{bmatrix} 0.059 \\ 0.058 \\ 0.04 \\ 0.042 \\ 0.059 \\ 0.06 \\ 0.052 \\ 0.036 \end{bmatrix}}_{Y}$$

$$\beta = \begin{bmatrix} 0.0823 \\ 0.00067 \\ -0.165 \\ -0.000044 \end{bmatrix}$$

因此如果所得之線性迴歸方程式爲：

$$Y = 0.0823 + 0.00067 \times X_1 - 0.165 \times X_2 - 0.000044 \times X_3$$

$$= 0.0823 + 0.00067 \times A - 0.165 \times B - 0.000044 \times C$$

一般而言，我們想要降低「工件尺寸誤差」，因此，最直接的選擇爲將「A」降低，將「B」與「C」提高。這個結論與「實例演練 1」相同。當然如果想要進一步找出「最佳化」的因子組合，則須透過數值分析的方式解有限制邊界條件的最佳化問題。

2. 同理見實例演練 6，可運用上式求出「表面粗糙度」這個「品質特性」（Y）與三個因子（主效應，X_s）的關係式。

$$\beta = \begin{bmatrix} -0.0582 \\ 0.0359 \\ 12.87 \\ -0.000827 \end{bmatrix}$$

$$Y = -0.0582 + 0.0359 \times X_1 + 12.87 \times X_2 - 0.000827 \times X_3$$
$$= -0.0582 + 0.0359 \times A + 12.87 \times B - 0.000827 \times C$$

由於我們想要降低「表面粗糙度」，因此，最直接的選擇爲將「A」與「B」降低，將「C」提高。這個結論與「實例演練4」相同。如果想要進一步找出「最佳化」的因子組合，也須透過數值分析的方式。以上的兩個式子，只有一階的項次存在（即只有「線性」項），因此，它們均代表一個沒有曲率的超平面方程式。

但是，經由「變異數分析」如果認定因子之間有交互作用的存在，導致輸入與輸出的對應關係式中會有高階的項次，那對應方程式所代表的將是一個有曲率的反應曲面。在求解上一樣可利用和以上所述類似的技巧。假設考慮兩個變數的二階反應曲面模型如下所示：

$$Y = \beta_0 + \beta_1 X_1 + \beta_2 X_2 + \beta_{11} X_1^2 + \beta_{22} X_2^2 + \beta_{12} X_1 X_2 + \varepsilon \quad \text{（式 5-20）}$$

利用「變數轉換」的技巧，我們可以令 $\beta_{11} = \beta_3$，$\beta_{22} = \beta_4$，$\beta_{12} = \beta_5$，$X_1^2 = X_3$，$X_2^2 = X_4$，$X_1 X_2 = X_5$。則上式可改寫成：

$$Y = \beta_0 + \beta_1 X_1 + \beta_2 X_2 + \beta_3 X_3 + \beta_4 X_4 + \beta_5 X_5 + \varepsilon \quad \text{（式 5-21）}$$

之後再依「迴歸分析」的方式即可找出對應的未知係數 β。最後再進行參數的最佳化設計。

5.3 統計公差分析

在前一個章節，我們利用「迴歸分析」建立主效應（重要輸入因子）與輸出（Y）之間的線性迴歸方程式。而當「變異數分析」認定因子之間有交互作用時，也可以透過「變數轉換」的技巧，找出正確的方程式。此章節，將專注如何利用統計公差分析的技巧，協助設計者進行「六個標準差的設計」。

一般設計所遭遇的最大難題是——在實驗室的階段所找出的參數組合可達到預期的目標，可是一旦進入大量生產階段，所得之結果卻不如預期。這其中之關鍵在於在自然的製造環境下，所認定的重要輸出因子（Xs）不可能永遠保持在

「既定值」（Nominal value），舉例而言，一重要的尺寸設計者決定將其設定爲「A+/-a」，「A」即爲一「既定值」（Nominal value）。在最理想狀態下，設計者雖然希望在任何條件下均可保持這一個值，但隨著生產環境或周遭環境的雜訊的變動與干擾，使得這個重要的尺寸「A」於眞實狀態下，會在希望值「A」的附近上下來回震盪。而這些重要輸入值的變動，也相對地，將影響到輸出（Y）。假設共有「n」個重要輸入（X），且已透過「實驗設計」與「迴歸分析」的方式找出輸入與輸出之間的關係如下所示：

$$Y = f(X_1, X_2, \ldots, X_n) \quad \text{（式 5-22）}$$

本章節的重點在於決定要如何配置（控制）各重要輸入（Xs）的標準差，來使得輸出（Y，品質特性）能達到設計的要求，或者相反地，已知各重要輸入（Xs）的標準差，設計者想要在眞正進行生產之前便可評估輸出品質（Y）可達到幾個「標準差」的水準。爲達成以上的任務，學習者可參考以下的步驟：

1. 將客戶之需求轉換成可「準確」度量之需求「品質特性」：可利用在「量測階段」所述之工具如：柏拉圖（Pareto Chart）、魚骨圖（Fishbone）、品質機能展開圖（QFD）、失效模式與效應分析（FMEA）、流程圖（Flowchart）、散佈圖（Scatter plot）與其他工具來完成此任務。因爲必須可準確度量「品質特性」，故在量測之前必須執行「量測系統」分析。
2. 建立「品質特性」可接受之範圍：依據客戶的需求及生產成本的考量，設計者必須制訂「品質特性」可接受的範圍。
3. 運用各種方法建立重要輸入（Xs）與輸出「品質特性」（Y）的關係式：可行的方式包含迴歸分析、實驗計畫法、純理論模型與推導等。
4. 運用以下手法，找出重要輸入（Xs）的可行範圍以檢查「品質特性」是否可達到既定之目標值，舉下例作爲練習：

須將 P1, P2, 與 P3 三個元件組裝在 A 槽內，且客戶要求間隙（X）最小不得小於零，最大不得大於 0.2；已知相關尺寸如下，見圖 5-37。

$A = 4.6 \pm 0.05$；$P_1 = 1.8 \pm 0.03$；$P_2 = 1.8 \pm 0.03$；$P_3 = 0.9 \pm 0.02$

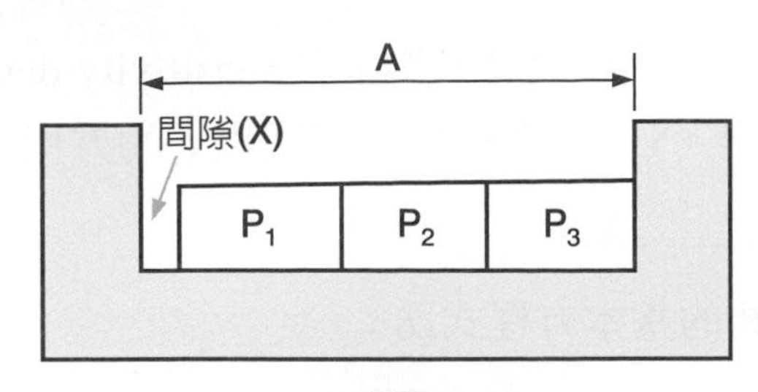

圖 5-37

1. 請寫出組合後之 X 與 A, P_1, P_2, P_3 之相關方程式，即 $X=f(A, P_1, P_2, P_3)$。
2. 依目前給定之尺寸與公差，請進行間隙（X）尺寸分析，其上限值爲何？其下限值又爲何？
3. 所訂定之尺寸與公差是否可「百分之百」滿足客戶之要求？客戶要求間隙（X）最小不得小於零，最大不得大於 0.2。

解析

1. $X = A - (P_1 + P_2 + P_3)$
2. $X = (4.6 \pm 0.05) - [(1.8 \pm 0.03) + (1.8 \pm 0.03) + (0.9 \pm 0.02)]$

   $= 0.1 \pm (0.05 + 0.03 + 0.03 + 0.02) = 0.1 \pm 0.13$

   $X_{上限值} = 0.23$；$X_{下限值} = -0.03$
3. 無法「百分之百」滿足客戶之要求。

   (1) 上例若採用「既定值設計法則」（Nominal value design rule）：如果所有的尺寸均使用既定值，所求之間隙爲「0.1」（=4.6-1.8-1.8-0.9），我們會斷定這個公差配置爲「可接受」。但此方法並未考慮到製程本身的變異，故只適合用在初步的評估。

   (2) 上例若採用「最差狀況設計法則」（Worst case design rule）：如果運用這個法則可求得 X 上限值 =0.23；X 下限值 =-0.03，並斷定無法「百分之百」滿足客戶之要求。該設計方法只適用於「關鍵」系統的設計。此方法並沒有考慮到製程之變動（即未考慮到製程標準差），故容易造成太緊的公差設計而導致生產成本的增加。

(3) 上例若採用「敏感度設計法則」（Sensitivity design rule）：假設輸入（Xs）與輸出（Y）之間的關係可用以下的方程式表示

$Y = f(X_1, X_2, ..., X_n)$

則敏感度分析的基本方程式為：

$$S_y = \left[\left(\frac{\partial Y}{\partial X_1}\right)^2 \sigma^2{}_{X_1} + \left(\frac{\partial Y}{\partial X_2}\right)^2 \sigma^2{}_{X_2} + \ldots + \left(\frac{\partial Y}{\partial X_n}\right)^2 \sigma^2{}_{X_n}\right]^{1/2} \quad \text{（式 5-23）}$$

其中$\sigma^2{}_{Xi}$為第 i個輸入值的變異數，S_y 為輸出值的標準差。拿以上的例子做敏感度分析：

$X = A - (P_1 + P_2 + P_3)$

$$\frac{\partial X}{\partial A} = 1; \frac{\partial X}{\partial P_1} = -1; \frac{\partial X}{\partial P_2} = -1; \frac{\partial X}{\partial P_3} = -1$$

因此，間隙（X）的標準差可用下式表示：

$$S_X = \left[\left(\frac{\partial X}{\partial A}\right)^2 \sigma^2{}_A + \left(\frac{\partial X}{\partial P_1}\right)^2 \sigma^2{}_{P_1} + \left(\frac{\partial X}{\partial P_2}\right)^2 \sigma^2{}_{P_2} + \left(\frac{\partial X}{\partial P_3}\right)^2 \sigma^2{}_{P_3}\right]^{1/2}$$

$$= \left[(1)^2 \sigma^2{}_A + (-1)^2 \sigma^2{}_{P_1} + (-1)^2 \sigma^2{}_{P_2} + (-1)^2 \sigma^2{}_{P_3}\right]^{1/2}$$

$$= \left[\sigma^2{}_A + \sigma^2{}_{P_1} + \sigma^2{}_{P_2} + \sigma^2{}_{P_3}\right]^{1/2}$$

假設製程中 A，P_1，P_2，與 P_3 的標準差為已知且 A，P_1，P_2，與 P_3 遵循「常態分配」或「均勻分配」（Uniform distribution），我們便可推斷間隙的標準差為「Sx」。加上所給定的上規格（USL）為「0.2」及下規格（LSL）為「0」，並配合「既定目標值」（=0.1）我們便可計算這個組裝間隙製程的能力（「Sigma」值）為何。使用敏感度分析手法，僅適合用在當各輸入（Xs）是互相獨立且遵循「常態分配」或「均勻分配」（Uniform distribution- 生產過程中每個尺寸出現的機率均等）時。此分析方法的優勢為：可解決「非線性」的輸入（Xs）與輸出（Y）關係式，並可找出哪些的輸入有較大的影響力。

(4) 上例若採用「均方根設計法則」（Squared-root design rule）：這個方法是敏感度分析法的特例。它只可解決「線性」的輸入（Xs）與輸出（Y）關係式，且僅適用於「一度」空間的案例。同時，此法亦須假設公差範圍是等於「+ / –」三個標準差。

(5) 上例若採用「蒙地卡羅模擬法」（Monte Carlo simulation method）：將所有的「輸入」視爲隨機變數，各個輸入值可以是任意的分配，透過隨機由分配中隨機選出數值再代入輸入（Xs）與輸出（Y）關係式後便可求得預測的輸出值（Y）。當選擇的樣本個數夠大時，輸出值便形成一個分配。設計者再由給定的上規格（USL），下規格（LSL），及「既定目標值」便可計算該設計的「Sigma」值爲何。這個方法的缺點是：較難找出哪些的輸入有較大的影響力，且一旦「操作點」有變動時，需要重新跑程式，因此較爲不便。參考軟體爲 Crystal Ball®。

4. 最後，檢查現有之製程能力並與「計算」出重要輸入（Xs）的可行範圍。比較並進行「公差」配置，如果現有之製程能力可滿足重要輸入（Xs）的要求設定，便可進行系統的製程能力計算；但是，如果現有之製程能力無法滿足重要輸入（Xs）的要求設定，設計者則必須重新調整重要輸入（Xs）的「公差」配置。

實例演練 6　敏感度分析案例

已知一系統的輸出品質特性（Y）的理想值爲「0」，而客戶允許的上極限值（USL）爲「10」，且經由前述的方法（迴歸分析、實驗計畫法、純理論模型與推導等）得知，這個輸出品質特性（Y）可由兩個重要的輸出（X_1 與 X_2）所決定。X_1 的理想值爲「0」，且標準差爲 4.0，X_2 的理想值爲「0」，且標準差爲 2.0。輸出品質特性（Y）與 X_1 及 X_2 的關係式如下：

$$Y=X_1+2\times X_2+3\times X_1\times X_2 \qquad \text{（式 5-24）}$$

試使用「敏感度分析」手法評估輸出品質特性（Y）的標準差爲何？且評估輸出品質特性（Y）的「Sigma」值爲何？

解析

首先將已知的關係式（$Y = X_1 + 2\times X_2 + 3\times X_1 \times X_2$）分別對兩個重要的輸出（$X_1$ 與 X_2）作偏微分，並代入敏感度分析的基本式 $S_y = \left[\left(\frac{\partial Y}{\partial X_1}\right)^2 \sigma^2{}_{X_1} + \left(\frac{\partial Y}{\partial X_2}\right)^2 \sigma^2{}_{X_2}\right]^{1/2}$ 中後可得下式：

$$
\begin{aligned}
S_y &= \left[\left(\frac{\partial Y}{\partial X_1}\right)^2 \sigma^2{}_{X_1} + \left(\frac{\partial Y}{\partial X_2}\right)^2 \sigma^2{}_{X_2}\right]^{1/2} \\
&= \left[(1+3\times X_2)^2 \sigma^2{}_{X_1} + (2+3\times X_1)^2 \sigma^2{}_{X_2}\right]^{1/2} \\
&= \left[(1+3\times 0)^2 \times (4)^2 + (2+3\times 0)^2 \times (2)^2\right]^{1/2} \\
&= [16+16]^{1/2} \\
&= [32]^{1/2} = 5.7
\end{aligned}
$$

故預測的輸出品質特性（Y）標準差＝ 5.7

想要評估輸出品質特性（Y）的「sigma」值可用下式：

$$
Z = \frac{X\text{-}Y_{理想值}}{S_y} = \frac{10\text{-}0}{5.7} = 1.75 \text{（單邊）}
$$

再進一步查「標準常態分配表」（表 5-19）可知，有「0.04」的比率（4%）會超出規格之外。

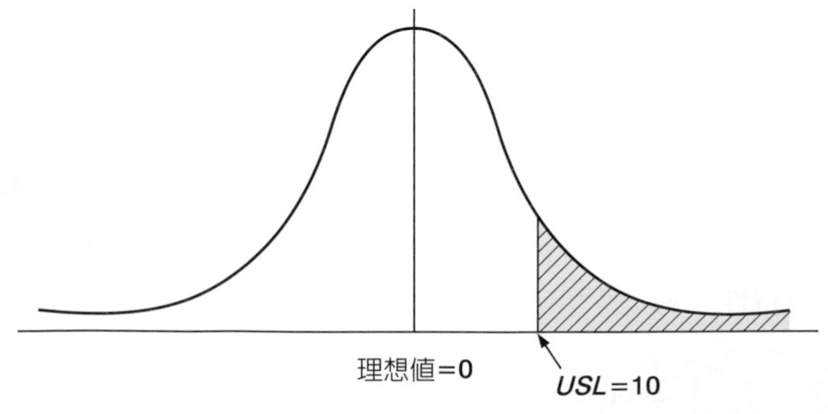

圖 5-38　Sigma 計算示意圖

從以上的例子得知，只要知道「重要輸入」的基本統計資料或公差配置與「輸出品質特性（Y）及重要輸入的關係式」，設計者在產品實際生產之前即可評估所設計產品的「預估」良率。以上的步驟是「Design for Six Sigma」（DFSS）的慣用手法。有時候設計者有既定「品質特性」的目標「Sigma」值，我們也可利用以上的方法進行「重要輸入」的「公差」配置。

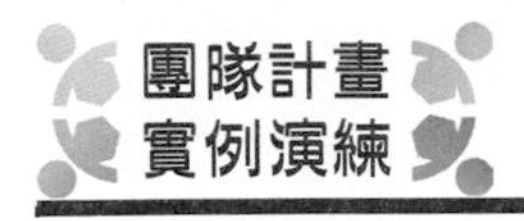

「重要輸入」與「重要品質特性」關係式範例」

1. 針對「紙蜻蜓」計畫，試利用實驗計畫法方式找出「重要輸入」與「重要品質特性」的關係式。
2. 利用找出之關係式與已知（或假設）重要輸入（Xs）的平均值與標準差來預測「紙蜻蜓」的平均空中停留時間。
3. 討論與進行實驗時間：3 小時。
4. 完成討論後，各組準備上台進行 15 分鐘的簡報。

5.4 驗證實驗

對於任何參數設計，設計者務必在導入正式製程之前規劃驗證實驗以確保設計之品質。以下的一些原因可能導致實驗室實驗所得結果無法導入於正式生產過程：

1. 實驗所得結論中仍有未知的干擾因素未考慮，例如：週遭的室溫變化、使用原材料的差異、流程的微小修改、量測系統的穩定性變化等原因。爲避免這些可能的干擾進入系統中，建議在進行實驗前利用「魚骨圖」找出可能的干擾因素。如果懷疑某一個干擾因子對輸出有顯著的影響，實驗者也可以透過「變異數分析」方式來進行驗證。假設確認該干擾因子確實對輸出有影響且無法忽略，在規劃下一個改進實驗時，便須將該因子包括在實驗中。
2. 實驗室與正式生產環境的差異性過大：一般實驗者在實驗室進行實驗時，常常將所有的因子管控的「十分」完美，導致當要將實驗室找出的參數組合導入正式的製程時無法得到令人滿意的結果。

3. 實驗室的實驗設計規劃可能過於簡化以致無法正確找出輸入與輸出之間的關係式：簡單的實驗規劃雖然可快速找出「主效應」對輸出品質特性的影響，但假如輸入因子之間有強烈的交互作用時，有時便會無法正確地找出最佳的輸入參數組合。這時，實驗者便須要重新規劃一個較高解析度的實驗來解決這個難題。

實驗者可依據以下的建議進行驗證實驗的規劃：

1. 重新進行原先的整個實驗或進行較低解析度的實驗。
2. 由輸入與輸出的關係式中找出數個較佳的參數組合後，驗證這幾個操作條件，並比較預測之輸出值與實際實驗值的差異。也可重複數次這些條件以評估在這些條件下所產生輸出值的穩定性。如果可行，運用「管制圖」觀察在這些條件下操作時，是否有非隨機的干擾因素。
3. 進行敏感度分析：在最佳的參數組合值的附近選擇數個點進行實驗以進行敏感度分析。因爲在正式生產狀態下，各個參數將會受到比實驗室管控條件下更多的干擾。

實驗計畫法是在改善階段眾多可運用的工具之一，由於需耗費較多的資源，如果設計者對流程的短期「Sigma」介在 1 ～ 2（長期「Sigma」介在 2.5 ～ 3.5）時，其他的工具便已足夠，但是如果目標是將短期「Sigma」提昇至 3 以上（長期「Sigma」4.5 以上）時，實驗者便須考量使用「實驗計畫法」來改善流程。

團隊計畫 實例演練 「最佳化」範例

1. 針對「紙蜻蜓」計畫，試利用實驗計畫法方式所找出的「重要輸入」與「重要品質特性」的關係式，求出「最佳化」組合。
2. 規劃驗證實驗並比較預測空中停留時間與實驗值的差異。
3. 討論與進行實驗時間：3 小時。
4. 完成討論後，各組準備上台進行 15 分鐘的簡報。

問題與討論

1. 寫出團隊在思考改善方案時常用「試誤法」、「一次一因子法」與「勝者為王」法的缺點。
2. 以「實驗設計」的方式來規劃與設計實驗時，建議的步驟為何？
3. 「實驗設計」中當解析度不同時其對應的特性如何？請列表說明之。
4. 當計算實驗值與預測方程式所預測的輸出值的差異時（殘差），殘差必須符合的條件為何？

其他附表

表 5-15 「$L_{12}(2^{11})$」與「$L_{16}(2^{15})$」直交表

Exp.	1	2	3	4	5	6	7	8	9	10	11
1	1	1	1	1	1	1	1	1	1	1	1
2	1	1	1	1	1	2	2	2	2	2	2
3	1	1	2	2	2	1	1	1	2	2	2
4	1	2	1	2	2	1	2	2	1	1	2
5	1	2	2	1	2	2	1	2	1	2	1
6	1	2	2	2	1	2	2	1	2	1	1
7	2	1	2	2	1	1	2	2	1	2	1
8	2	1	2	1	2	2	2	1	1	1	2
9	2	1	1	2	2	2	1	2	2	1	1
10	2	2	2	1	1	1	1	2	2	1	2
11	2	2	1	2	1	2	1	1	1	2	2
12	2	2	1	1	2	1	2	1	2	2	1

Exp.	1	2	3	4	5	6	7	8	9	10	11	12	13	14	15
1	1	1	1	1	1	1	1	1	1	1	1	1	1	1	1
2	1	1	1	1	1	1	1	2	2	2	2	2	2	2	2
3	1	1	1	2	2	2	2	1	1	1	1	2	2	2	2
4	1	1	1	2	2	2	2	2	2	2	2	1	1	1	1
5	1	2	2	1	1	2	2	1	1	2	2	1	1	2	2
6	1	2	2	1	1	2	2	2	2	1	1	2	2	1	1
7	1	2	2	2	2	1	1	1	1	2	2	2	2	1	1
8	1	2	2	2	2	1	1	2	2	1	1	1	1	2	2
9	2	1	2	1	2	1	2	1	2	1	2	1	2	1	2
10	2	1	2	1	2	1	2	2	1	2	1	2	1	2	1
11	2	1	2	2	1	2	1	1	2	1	2	2	1	2	1
12	2	1	2	2	1	2	1	2	1	2	1	1	2	1	2
13	2	2	1	1	2	2	1	1	2	2	1	1	2	2	1
14	2	2	1	1	2	2	1	2	1	1	2	2	1	1	2
15	2	2	1	2	1	1	2	1	2	2	1	2	1	1	2
16	2	2	1	2	1	1	2	2	1	1	2	1	2	2	1

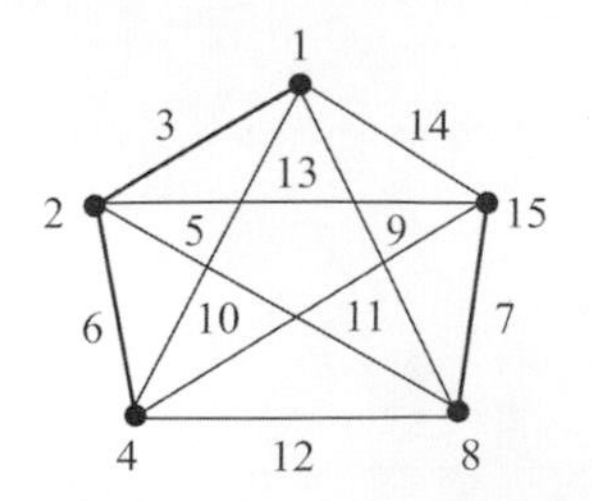

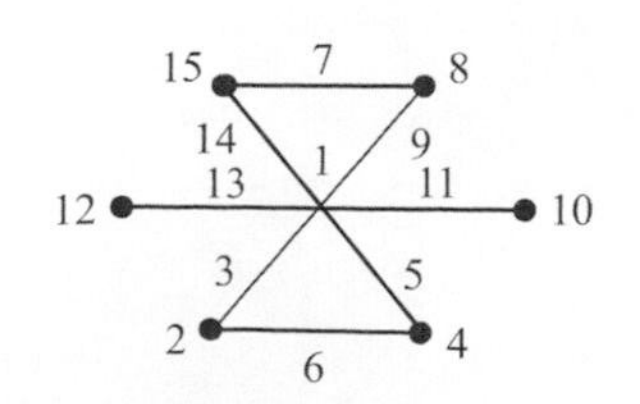

表 5-16 「$L_9(3^4)$」與「$L_{18}(2^1 x 3^7)$」直交表

Exp.	1	2	3	4
1	1	1	1	1
2	1	2	2	2
3	1	3	3	3
4	2	1	2	3
5	2	2	3	1
6	2	3	1	2
7	3	1	3	2
8	3	2	1	3
9	3	3	2	1

1 3, 4 2

Exp.	1	2	3	4	5	6	7	8
1	1	1	1	1	1	1	1	1
2	1	1	2	2	2	2	2	2
3	1	1	3	3	3	3	3	3
4	1	2	1	1	2	2	3	3
5	1	2	2	2	3	3	1	1
6	1	2	3	3	1	1	2	2
7	1	3	1	2	1	3	2	3
8	1	3	2	3	2	1	3	1
9	1	3	3	1	3	2	1	2
10	2	1	1	3	3	2	2	1
11	2	1	2	1	1	3	3	2
12	2	1	3	2	2	1	1	3
13	2	2	1	2	3	1	3	2
14	2	2	2	3	1	2	1	3
15	2	2	3	1	2	3	2	1
16	2	3	1	3	2	3	1	2
17	2	3	2	1	3	1	2	3
18	2	3	3	2	1	2	3	1

1 2 3 4 5 6 7 8

表 5-17 「$L_{27}(3^{13})$」直交表

Exp.	1	2	3	4	5	6	7	8	9	10	11	12	13
1	1	1	1	1	1	1	1	1	1	1	1	1	1
2	1	1	1	1	2	2	2	2	2	2	2	2	2
3	1	1	1	1	3	3	3	3	3	3	3	3	3
4	1	2	2	2	1	1	1	2	2	2	3	3	3
5	1	2	2	2	2	2	2	3	3	3	1	1	1
6	1	2	2	2	3	3	3	1	1	1	2	2	2
7	1	3	3	3	1	1	1	3	3	3	2	2	2
8	1	3	3	3	2	2	2	1	1	1	3	3	3
9	1	3	3	3	3	3	3	2	2	2	1	1	1
10	2	1	2	3	1	2	3	1	2	3	1	2	3
11	2	1	2	3	2	3	1	2	3	1	2	3	1
12	2	1	2	3	3	1	2	3	1	2	3	1	2
13	2	2	3	1	1	2	3	2	3	1	3	1	2
14	2	2	3	1	2	3	1	3	1	2	1	2	3
15	2	2	3	1	3	1	2	1	2	3	2	3	1
16	2	3	1	2	1	2	3	3	1	2	2	3	1
17	2	3	1	2	2	3	1	1	2	3	3	1	2
18	2	3	1	2	3	1	2	2	3	1	1	2	3
19	3	1	3	2	1	3	2	1	3	2	1	3	2
20	3	1	3	2	2	1	3	2	1	3	2	1	3
21	3	1	3	2	3	2	1	3	2	1	3	2	1
22	3	2	1	3	1	3	2	2	1	3	3	2	1
23	3	2	1	3	2	1	3	3	2	1	1	3	2
24	3	2	1	3	3	2	1	1	3	2	2	1	3
25	3	3	2	1	1	3	2	3	2	1	2	1	3
26	3	3	2	1	2	1	3	1	3	2	3	2	1
27	3	3	2	1	3	2	1	2	1	3	1	3	2

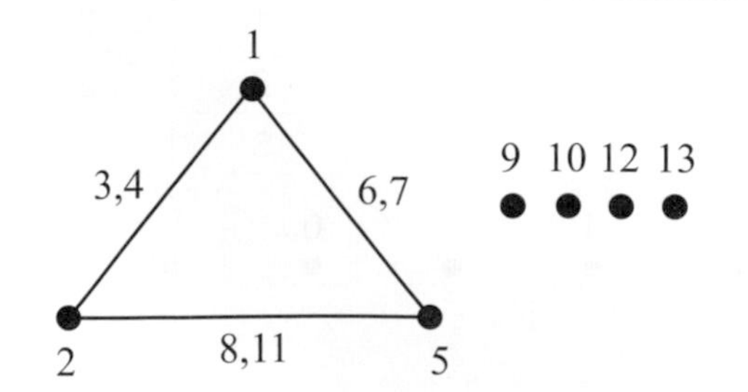

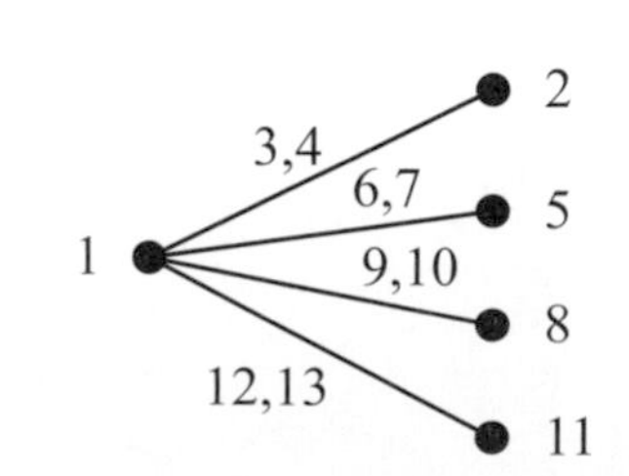

表 5-18 「L_{36}（2^3x3^{13}）直交表

Exp.	1	2	3	4	5	6	7	8	9	10	11	12	13	14	15	16
1	1	1	1	1	1	1	1	1	1	1	1	1	1	1	1	1
2	1	1	1	1	2	2	2	2	2	2	2	2	2	2	2	2
3	1	1	1	1	3	3	3	3	3	3	3	3	3	3	3	3
4	1	2	2	1	1	1	1	1	2	2	2	2	3	3	3	3
5	1	2	2	1	2	2	2	2	3	3	3	3	1	1	1	1
6	1	2	2	1	3	3	3	3	1	1	1	1	2	2	2	2
7	2	1	2	1	1	1	2	3	1	2	3	3	1	2	2	3
8	2	1	2	1	2	2	3	1	2	3	1	1	2	3	3	1
9	2	1	2	1	3	3	1	2	3	1	2	2	3	1	1	2
10	2	2	1	1	1	1	3	2	1	3	2	3	2	1	3	2
11	2	2	1	1	2	2	1	3	2	1	3	1	3	2	1	3
12	2	2	1	1	3	3	2	1	3	2	1	2	1	3	2	1
13	1	1	1	2	1	2	3	1	3	2	1	3	3	2	1	2
14	1	1	1	2	2	3	1	2	1	3	2	1	1	3	2	3
15	1	1	1	2	3	1	2	3	2	1	3	2	2	1	3	1
16	1	2	2	2	1	2	3	2	1	1	3	2	3	3	2	1
17	1	2	2	2	2	3	1	3	2	2	1	3	1	1	3	2
18	1	2	2	2	3	1	2	1	3	3	2	1	2	2	1	3
19	2	1	2	2	1	2	1	3	3	3	1	2	2	1	2	3
20	2	1	2	2	2	3	2	1	1	1	2	3	3	2	3	1
21	2	1	2	2	3	1	3	2	2	2	3	1	1	3	1	2
22	2	2	1	2	1	2	1	3	3	1	2	1	1	3	3	2
23	2	2	1	2	2	3	2	1	1	2	3	2	2	1	1	3
24	2	2	1	2	3	1	3	2	2	3	1	3	3	2	2	1
25	1	1	1	3	1	3	2	1	2	3	3	1	3	1	2	2
26	1	1	1	3	2	1	3	2	3	1	1	2	1	2	3	3
27	1	1	1	3	3	2	1	3	1	2	2	3	2	3	1	1
28	1	2	2	3	1	3	2	2	2	1	1	3	2	3	1	3
29	1	2	2	3	2	1	3	3	3	2	2	1	3	1	2	1
30	1	2	2	3	3	2	1	1	1	3	3	2	1	2	3	2
31	2	1	2	3	1	3	3	3	2	3	2	2	1	2	1	1
32	2	1	2	3	2	1	1	1	3	1	3	3	2	3	2	2
33	2	1	2	3	3	2	2	2	1	2	1	1	3	1	3	3
34	2	2	1	3	1	3	1	2	3	2	3	1	2	2	3	1
35	2	2	1	3	2	1	2	3	1	3	1	2	3	3	1	2
36	2	2	1	3	3	2	3	1	2	1	2	3	1	1	2	3

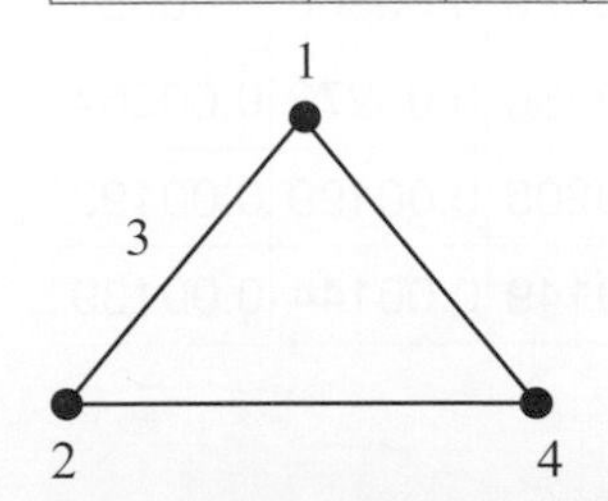

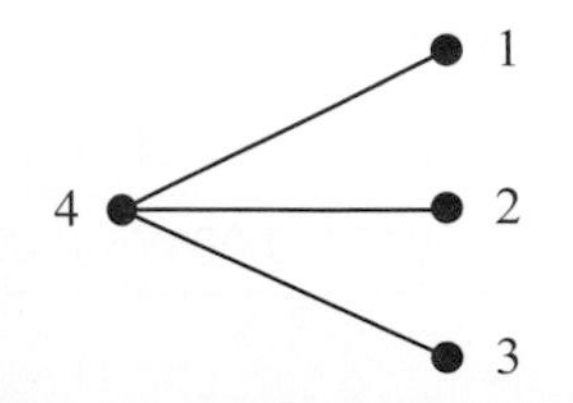

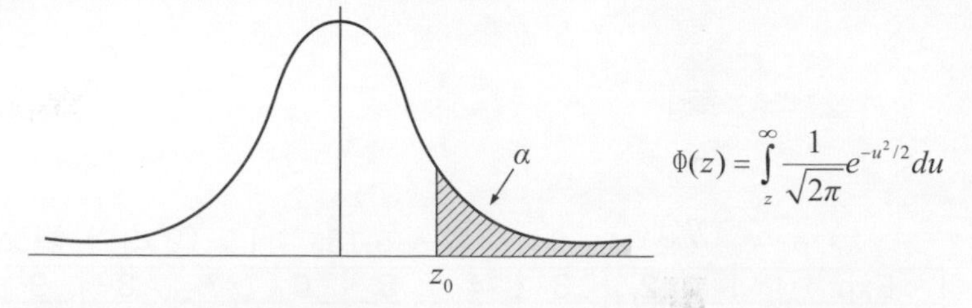

表 5-19　標準常態分配表

	0	0.01	0.02	0.03	0.04	0.05	0.06	0.07	0.08	0.09
0.0	0.50000	0.49601	0.49202	0.48803	0.48405	0.48006	0.47608	0.47210	0.46812	0.46414
0.1	0.46017	0.45620	0.45224	0.44828	0.44433	0.44038	0.43644	0.43251	0.42858	0.42465
0.2	0.42074	0.41683	0.41294	0.40905	0.40517	0.40129	0.39743	0.39358	0.38974	0.38591
0.3	0.38209	0.37828	0.37448	0.37070	0.36693	0.36317	0.35942	0.35569	0.35197	0.34827
0.4	0.34458	0.34090	0.33724	0.33360	0.32997	0.32636	0.32276	0.31918	0.31561	0.31207
0.5	0.30854	0.30503	0.30153	0.29806	0.29460	0.29116	0.28774	0.28434	0.28096	0.27760
0.6	0.27425	0.27093	0.26763	0.26435	0.26109	0.25785	0.25463	0.25143	0.24825	0.24510
0.7	0.24196	0.23885	0.23576	0.23270	0.22965	0.22663	0.22363	0.22065	0.21770	0.21476
0.8	0.21186	0.20897	0.20611	0.20327	0.20045	0.19766	0.19489	0.19215	0.18943	0.18673
0.9	0.18406	0.18141	0.17879	0.17619	0.17361	0.17106	0.16853	0.16602	0.16354	0.16109
1.0	0.15866	0.15625	0.15386	0.15151	0.14917	0.14686	0.14457	0.14231	0.14007	0.13786
1.1	0.13567	0.13350	0.13136	0.12924	0.12714	0.12507	0.12302	0.12100	0.11900	0.11702
1.2	0.11507	0.11314	0.11123	0.10935	0.10749	0.10565	0.10383	0.10204	0.10027	0.09853
1.3	0.09680	0.09510	0.09342	0.09176	0.09012	0.08851	0.08691	0.08534	0.08379	0.08226
1.4	0.08076	0.07927	0.07780	0.07636	0.07493	0.07353	0.07215	0.07078	0.06944	0.06811
1.5	0.06681	0.06552	0.06426	0.06301	0.06178	0.06057	0.05938	0.05821	0.05705	0.05592
1.6	0.05480	0.05370	0.05262	0.05155	0.05050	0.04947	0.04846	0.04746	0.04648	0.04551
1.7	0.04457	0.04363	0.04272	0.04182	0.04093	0.04006	0.03920	0.03836	0.03754	0.03673
1.8	0.03593	0.03515	0.03438	0.03362	0.03288	0.03216	0.03144	0.03074	0.03005	0.02938
1.9	0.02872	0.02807	0.02743	0.02680	0.02619	0.02559	0.02500	0.02442	0.02385	0.02330
2.0	0.02275	0.02222	0.02169	0.02118	0.02068	0.02018	0.01970	0.01923	0.01876	0.01831
2.1	0.01786	0.01743	0.01700	0.01659	0.01618	0.01578	0.01539	0.01500	0.01463	0.01426
2.2	0.01390	0.01355	0.01321	0.01287	0.01255	0.01222	0.01191	0.01160	0.01130	0.01101
2.3	0.01072	0.01044	0.01017	0.00990	0.00964	0.00939	0.00914	0.00889	0.00866	0.00842
2.4	0.00820	0.00798	0.00776	0.00755	0.00734	0.00714	0.00695	0.00676	0.00657	0.00639
2.5	0.00621	0.00604	0.00587	0.00570	0.00554	0.00539	0.00523	0.00508	0.00494	0.00480
2.6	0.00466	0.00453	0.00440	0.00427	0.00415	0.00402	0.00391	0.00379	0.00368	0.00357
2.7	0.00347	0.00336	0.00326	0.00317	0.00307	0.00298	0.00289	0.00280	0.00272	0.00264
2.8	0.00256	0.00248	0.00240	0.00233	0.00226	0.00219	0.00212	0.00205	0.00199	0.00193
2.9	0.00187	0.00181	0.00175	0.00169	0.00164	0.00159	0.00154	0.00149	0.00144	0.00139

第6章

控制階段（Control Phase）

「控制階段」為六個標準差的品質管制中最後的一個階段。本章節中將較常用的幾個手法並配合團隊的實例演練，及相關圖表或思考流程圖的匯整，希望學習者能以系統化方式進行「控制階段」。

學習目標

1. 藉由「風險管理」手法保持改善階段之成果。
2. 透過「防誤策略」控制設計或流程。
3. 運用「統計流程管制」（SPC）確保品質。

之前我們運用了六個標準差的手法設法改進設計或流程，但如果不在現有系統中持續加入動能，系統有可能漸漸地失去改進的成果。因此，在這個階段的主要目標在於透過適當的手法與工具，確保團隊的成果，且假設當有「特殊原因」變異發生並進而導致設計或流程可能失控之前，我們可透過本階段的一些方法進行預防。目前有許多的手法可用在「控制階段」，例如：

1. 風險管理。
2. 防誤策略。
3. 統計製程管制。
4. 審核與追蹤機制。
5. 產品圖。
6. 標準化的操作手冊。
7. 生產線上對產品之即時量測。
8. 指定流程的負責單位或人。
9. 製訂適當的資料收集計畫。
10. 其他方法等。

規劃一個有效的控制流程，大致上，可遵循以下之步驟：

1. 完成一套方案管控所有重要的輸入「Xs」及變異的來源。
2. 透過適當的資料蒐集計畫，確認所產生重要的輸出「Ys」能滿足當初計畫所設定的目標，且當「Ys」不符合預設目標時，能採取適當的行動方案。
3. 經由相關文件或流程的標準化，讓團隊認同所規劃之品質改進策略。
4. 訓練相關人員。
5. 全面執行新的改善方案，並蒐集資料以確認方案的結果能滿足預設的計畫目標。

本章針對三種在「控制階段」較常用的機制介紹給學習者。第一個機制為「風險管理」，它用來評估，當要執行新的改善方案時，其相關風險發生的機率與當風險產生時影響的層面有多大，進而找出因應措施，並決定必要之負責改善人員與預計的完成日期。第二個機制爲「防誤策略」，透過此種手法，不僅可降低重要的輸入「Xs」落在預期範圍外的機率，並可事先警告相關人員在錯誤發生之前採取適當的預防措施，此手法，亦可結合「風險管理」或「統計製程管制」以達到最大的效果。最後「統計製程管制」透過監控重要的輸出「Ys」 來偵測流程或製程中是否有因爲「特殊原因」變異導致流程或製程的改變，這個機制對於無法利用「防誤策略」控制的重要輸入「Xs」尤其有效。

6.1 風險管理

在本章節，將介紹風險管理的觀念，如何運用風險管理的工具及步驟來追蹤及降低在執行計畫時的風險。風險管理的價值與理念，在於有系統地找出任何對計畫中設計或流程改善俱有威脅或致使它們失去控制的元素，進而利用「避險計畫」防止元素的發酵導致影響結果。同時，風險管理也注重周期性的檢視風險及如何將風險有效的量化以提供管理階層進行決策。

在此「風險」定義爲：任何對計畫中設計或流程改善俱有威脅之元素，而風險的高低與發生的機率，及當事件發生時影響計畫層面的深度及廣度呈正比關係。在以下的時機可考慮運用「風險管理」的手法：

1. 執行六個標準差品質管制計畫時，爲了確保改善的流程可隨時保持在預計的狀態下。
2. 進行重大商業決策時。
3. 當正式執行一個全新或建議改善的設計或流程之前。
4. 當團隊想持續評估及降低，如：成本、安裝、行銷、規格、或技術風險時
5. 當團隊認定須進行時。

進行風險管理的步驟如下：

1. 找出可能的風險因子與類型：團隊可透過以下手法得到風險相關的重要資訊
   (1) 經由相關專長成員的腦力激盪。

(2) 從已知的類似案例中擷取經驗。

(3) 由工作檢核表中尋找「未完成」之項目。

(4) 透過「失效模式與效應分析」（FMEA）。

(5) 之前設計或流程的問題。

(6) 其他，諸如新科技執行風險、高成本或不確定成本部分、新製程、執行時程延誤、規格的缺失、未經測試之組合方式、較複雜設計問題等。

2. 依據風險發生的機率及發生後影響的程度進行評分

(1) 選擇風險的種類：常用的風險分類包含

① 成本風險。

② 技術上的風險。

③ 製程上的風險。

④ 市場的風險。

⑤ 環境、健康及安全上的風險。

⑥ 時程上的風險。

⑦ 其他類風險。

(2) 依據風險發生之機率（Occ）給予 1 至 5 分的評分：發生該項目的機率最低時給 1 分，當發生機率非常高時，給 5 分（見表 6-1）。

(3) 依據當事件發生時影響計畫層面的深度及廣度（Impact）給予評分：當事件發生時影響較低時給 1 分，如果當事件發生時影響極大時，給予 5 分（見表 6-2）。

(4) 計算風險評分值：風險評分值 = Occ × Impact

3. 依據上述之評分將風險區分成高、中、低三個風險等級

(1) 高風險（紅色警戒）：風險評分介於 16 至 25 之間。

(2) 中風險（黃色警戒）：風險評分介於 9 至 15 之間。

(3) 低風險（綠色警戒）：風險評分介於 1 至 8 之間。

團隊的目標是透過有效的行動方案將高與中風險降至低風險，當評分接近「8」時，亦須謹慎評估。

表 6-1 風險發生機率與風險分類表

風險發生機率 風險分類	高：5分	顯著：4分	中等：3分	中低：2分	低：1分
成本風險	無任何類似計畫之成本評估經驗	與類似計畫之成本評估20%~30%相似	與類似計畫之成本評估40%~60%相似	與類似計畫之成本評估70%~90%相似	與類似計畫之成本評估 > 90%相似
製程上的風險	無任何類似製程之經驗	有限類似製程之經驗，且經新產品研發部門進行成本評估	一般類似製程之經驗，且成本評估在可接受範圍內	有相當類似製程之經驗，且製程已經由製造部門評估認可	風險評估與因應對策已完成，製程已就位成本達到團隊預定目標
市場的風險	產品或製程對市場有顯著的負面影響	產品或製程對市場可能有負面影響	產品或製程對市場尚未被發現有負面影響	產品或製程對市場可能有正面影響	類似產品或製程之前對市場有正面影響
技術上的風險	全新或唯一的技術且少有分析的方法	新技術的相關分析已完成且滿足基本的物理原則	新技術的相關詳細分析已完成且經測試過	技術已經由類似客戶操作條件下測試過	技術已成熟，相關風險已經由團隊討論找出
環境、健康及安全（EHS）的風險	環境、健康及安全問題未考量非常有可能影響成本與計畫時程	環境、健康及安全問題未被完全考量有可能影響成本與計畫時程	環境、健康及安全問題已經由團隊討論與考量，但仍有可能影響成本與計畫時程	環境、健康及安全問題已經由團隊詳細討論與考量，可能影響成本與計畫時程已設法降低，但仍有些項目未處理	環境、健康及安全問題已經由團隊詳細討論與考量，可能影響成本與計畫時程已降低，且對產品之品質、成本與產能有正面之影響
時程上的風險	高於70%機率時程會被延遲	高於50%機率時程會被延遲	50%左右的機率時程會被延遲	高於30%機率時程會被延遲	非常低的機率時程會被延遲

表 6-2 影響計畫層面的深度及廣度風險評分表

影響計畫層面 高：5分	影響計畫層面 顯著：4分	影響計畫層面 中等：3分	影響計畫層面 中低：2分	影響計畫層面 低：1分
導致產品的整體品質嚴重下降，若無適當應變方案將導致計畫的失敗	導致產品的整體品質顯著下降，若無適當應變方案將對計畫產生嚴重的影響	導致產品的整體品質降低但仍在可接受範圍內，若無適當應變方案將對計畫產生有限的影響	導致產品的整體品質些許下降但仍在可接受範圍內，若無適當應變方案將對計畫產生小的影響	對計畫目標毫無影響

4. 針對高、中風險因子找出因應之對策以降低風險：團隊須隨時思考到底有哪些可行對策能有效降低風險。一般而言，行動方案只能降低風險發生之機率，卻無法降低發生後影響的程度。可能之因應對策包含：
   (1) 在研發雛形時早期即進行實際測試或模擬。
   (2) 運用強固性設計（Robust design）手法。
   (3) 邀請顧客、供應商、製造商等在早期即參與設計與流程。
   (4) 進行週期性計畫風險評估。
   (5) 在早期即完成工程分析工作。
   (6) 確認適當的資源使用：對的人在對的時間執行對的計畫。
   (7) 提供電腦與技術並應用分析軟體來提升產能。
   (8) 如果測試與分析爲團隊認定的行動方案，須考量當該方案萬一失敗時，是否有足夠的時間與資源進行補救。
   (9) 導入之前所學的經驗。
   (10) 要包含實際的行動及追蹤計劃機制並指定項目負責人及必須完成的日期。
5. 利用表 6-3 追蹤並確認因應之對策是否可有效降低風險：追蹤風險評分與時間軸的關係，風險需要在團隊預定時間內降低至可接受的範圍。
6. 持續更新與尋找可能之新風險因子並設法降低高、中風險項目，同時須針對既有的中高風險項目，進行持續改善。

表 6-3　風險管理表

風險項目	風險種類	Occ	Impact	風險評分	因應對策	負責人	對策成功的量化標準	預期完成日期	對策完成後重新計算的風險評分	對策完成後是否可接受
XXXX	技術上的風險	3	4	12	進行詳細分析	John	分析通過 YY 標準	9/2010	4	可

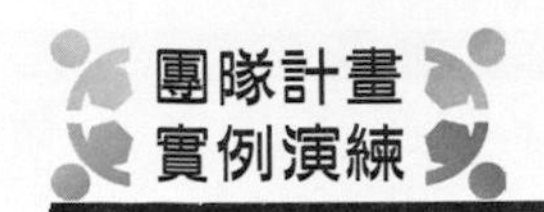

1. 試針對「紙蜻蜓」計畫中，找出一至兩個風險。
2. 討論風險的種類。
3. 依據風險發生之機率（Occ）給予 1 至 5 分的評分。
4. 依據當事件發生時影響計畫層面的深度及廣度（Impact）給予評分。
5. 計算風險評分值。
6. 將風險評分區分成高、中、低三個風險等級。
7. 針對高、中風險因子找出因應之對策以降低風險。
8. 找出因應對策的負責人並定義「對策」是否成功的量化標準。
9. 預估因應對策的預計完成日期。
10. 在完成因應對策後，重新計算風險評分值。
11. 製作一個如表 6-3 的表格。
12. 討論時間：1 小時。
13. 完成討論後，各組準備上台進行 10 分鐘的簡報。

6.2 防誤策略

在本章節，將介紹防誤策略的觀念，及如何運用防誤策略來降低在執行計畫時的風險。防誤策略的目標在於了解錯誤與缺失之間的關係、找出可能產生缺失的原因、如何應用重要的防誤手法、及如何結合「防誤策略」於「六個標準差品質管制」的方法中。防誤策略著重降低錯誤，使設計或流程「無法」因爲錯誤而產生缺失。一般人認定「錯誤」與「缺失」是相同，但實際上，「錯誤」是因而「缺失」是果。換言之，當設計或流程中有錯誤時，才會導致最後品質的缺失。在日常生活中有關「防誤」的設施，包含：自動上鎖的汽車安全帶、自動斷溫的熨斗、自動沖洗的便斗、汽車門未緊閉之警告鈴、與汽車速度超過一個特定時速即自動上鎖裝置等。

訂定防誤策略的一些基本原則如下：

1. 將防誤策略的目標訂爲零缺失。
2. 尊重工作者的智慧。
3. 移除須持續運用記憶及重複性動作的項目。
4. 鼓勵工作者把時間與精力用在有建設性的思考與行動上。

實例演練 1

1. 試針對日常生活中找出幾個有關「防誤策略」的應用。
2. 完成討論後，各組準備上台進行 5 分鐘的簡報。

一般「錯誤」可能來自於：人為導致的錯誤、不正確的步驟、不正確的量測系統、過多之輸入及流程變異等。當錯誤發生時，如果能及時運用適當的「防誤策略」便能預防由「錯誤」轉變成「缺失」。以下我們條列出常見的人為錯誤：

1. 忘記。
2. 來自誤解導致的錯誤。
3. 來自辨識不正確導致的錯誤。
4. 因訓練不足。
5. 刻意不遵守規定。
6. 因疲勞或分心。
7. 非預期之機械故障。
8. 人類反應不及。
9. 因缺乏判斷標準。
10. 其他如刻意破壞等。

為了防止人為的錯誤，設計者應盡量減少讓操作者處於下列之狀態：

1. 持續要求調整工具、步驟或流程。
2. 快速的重複性動作。
3. 對稱性或非對稱性的元件、系統或組裝等。
4. 過多或混合的元件置於相同環境。
5. 過多的步驟。
6. 缺少或沒有標準的作業程序。
7. 產品的生產間隔過久，導致操作者分心。
8. 生產量過高。
9. 外圍環境的影響，諸如：光線不足、外來異物進入流程、工作平台雜亂等因素。

為了儘速找出可能導致錯誤的原因，我們可運用魚骨圖，見圖 6-1。首先，將「缺失」放置在魚頭的位置，再依據下列之建議方向思考可能導致缺失的原因。

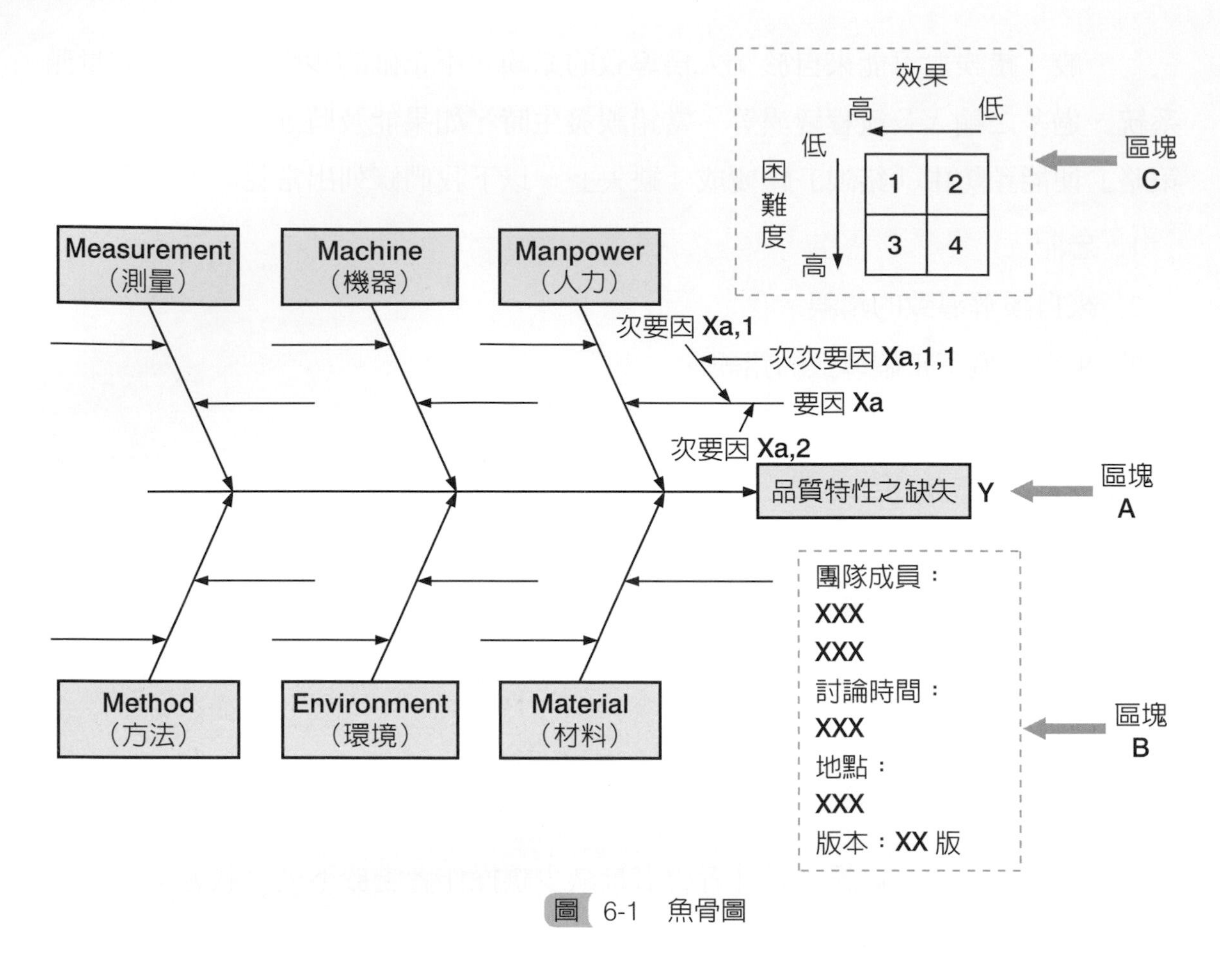

圖 6-1 魚骨圖

一般傳統的思維認爲：人非聖賢，錯誤是無法避免的，而且運用「檢驗」是百分之百必要的；而在「六個標準差品質管制」的觀念中：雖然錯誤是無法百分之百避免，但是可以透過適當的手法降低發生的機率，而且我們不僅可以降低「檢驗」的頻率，有時甚至可以完全不需透過檢驗的步驟來確認是否有錯誤。在錯誤發生前，我們可先透過方法預測或預防。當有錯誤發生時，我們須有能力立即偵測到錯誤的產生，防誤策略進一步透過「立即回饋」的機制，立即找出對策因應，而不讓錯誤擴散至下一個層面，因此可以避免錯誤轉爲缺失。

因此最佳的「防誤策略」爲：當錯誤「即將發生之前」，有預測或預防機制，「當錯誤發生時」，能即時偵測，並找出適當的應對策略防止因爲錯誤導致品質的缺失，如果「缺失無法及時避免」，則須將該有缺失的流程完全停止以降低損失。

特將「防誤策略」的三大基本技術（警告、控制及停止）與相關應用範例整理如表 6-4：

表 6-4　防誤策略三大基本技術與應用範例

基本技術	預測或預防	應用範例	偵測	應用範例
警告	有對品質影響的事情即將發生	*車上駕駛未繫上安全帶的警告聲響	有對品質影響的事情發生的那一刻	*煙霧偵測器用於火災預防
控制	讓錯誤無法產生	*刻意將牆上的電插座設計成一大一小防止插頭插錯方向	讓缺失無法擴散至下一個流程	*果園中果子的尺寸篩選裝置預防過小果實運出
停止	當錯誤即將發生	*相機當電量不足時自動關機	當錯誤或缺失已發生	*洗衣機震動過大時，自動關機

而在執行方法上建議可結合極限開關、引導插銷、計數（量）裝置等，並配合採用以下的三種方式來執行：

1. 接觸法：運用與元件直接接觸或非直接接觸來感測是否有錯誤產生。例如：刻意將牆上的電插座設計成一大一小防止插頭插錯方向；在鑽孔前爲了確保孔位與被鑽孔面垂直，利用與被鑽孔面平行之引導插銷與鑽孔機直接接觸導引孔位；堆高機在最高允許作動垂直高度處安裝極限開關；其他各類接觸型及非直接接觸型感測器之運用等。
2. 定數（值）法：經由計算與比對元件的個數與預設數（值）的差異來偵測錯誤。例如：在運送包裹上預計一定要貼上四個重要標籤，設計將四個標籤同時印在一捲標籤上，而避免印在分別四捲標籤上，便可方便操作人員檢視該流程是否有誤；堆高機當載重超過設計極限時，自動下降堆高架以保護駕駛安全；電腦自動拼字檢查；車輛進隧道前的限高柵欄；網頁中預設的下拉式選項表；任何可偵測物理量（如：溫度、壓力、電流、震動）感測器之運用等。
3. 逐步作動法：透過感測物件是否有移動或變動來偵測錯誤。例如：在生產線上，操作人員須一次組裝數個元件於系統上，在完成組裝所有元件之前，輸送帶不作動。

其他可行的方法包含：

1. 檢核表。
2. 結合及運用不同顏色、不規則形狀、特殊符號等來引導操作人員。
3. 立即破壞或切斷廢料或報廢品以防止流至下一個製程。

實例演練 2

1. 試針對以下的問題找出「防誤策略」。
   (1) 如何協助用藥者在對的時間用對的藥量。
   (2) 如何確保工具使用者有戴上護目鏡。
   (3) 飲料製造商如何正確控制飲料填充量。
   (4) 如何確保產品運出前使用手冊有隨產品運出。
2. 完成討論後，各組準備上台進行 5 分鐘的簡報。

有效的「防誤策略」能當錯誤即將發生之前，有預測或預防機制，當錯誤發生時，能即時偵測，並找出適當的應對策略防止因爲錯誤導致品質的缺失，如果缺失無法及時避免，則須將該有缺失的流程完全停止以降低損失。同時「防誤策略」也可降低正式訓練的需求及成本，減少或完全移除檢驗成本，提昇工作人員的創造力與價值，因此，「防誤策略」在六個標準差的品質管制中的「控制階段」極爲重要。

6.3 統計流程管理

即使流程中，我們可透過不同的手法想要將流程的變異降至最低，但是由於可能來至人爲或非人爲，自然或非自然，變異本身不可能完全消失，因此修華特（W. A. Stewhart）與品管大師戴明（W. Edwards Deming）分別針對流程中的變異以表 6-5 區分：

表 6-5　修華特與戴明對變異的看法

修華特	戴明
可控制變異	一般原因變異
1. 穩定且一致性高 2. 遵循隨機原則 3. 可預測	1. 來自系統本身 2. 只能透過管理的方式控制與解決
不可控制變異	特殊原因變異
1. 不穩定且一致性低 2. 不遵循隨機原則 3. 無法可預測	1. 來自局部的問題 2. 只要解決局部的問題，即可控制與解決

因此，只要透過了解流程，找出變異的原因並設法移除，即可將改進流程的品質。一般而言，流程可利用「管制圖」的方式來觀察及管控：當流程在控制下（只有一般原因變異存在時），我們並不需要採取任何的行動，不必要的措施反而會增加流程的變異；相反地，當流程受到「特殊原因」的干擾時，我們須要採取必要的行動，來設法降低流程的變異。

藉由管制圖，可適時提供操作者診斷重要流程參數（包含輸出與輸入）相對於時間軸的資料，以便可採取必要之措施，免除不必要之調整，因此可預防與降低缺失，減少重工與產生廢料的機率，進而提升整體產品之品質。當有特殊原因干擾時，操作者雖然可觀察到重要流程參數的變化，但卻「無法」由管制圖中直接找出或移除這些特殊原因，也「無法」得知當下之流程是否有超過產品規格。

一般人常常將管制圖中的管制上下限（Upper and Lower control limit-UCL 與 LCL）與規格上下限（Upper and Lower specification limit-USL 與 LSL）兩者混爲一談，而就觀念而言，兩者實有差異。管制上下限藉由流程所取得樣本中找出樣本「品質特性平均値」的預期變異範圍。而規格上下限，則是屬於流程外部的規範，例如可能來至於工程部門對品質的要求或客戶的需求等。

統計流程管理（Statistical Process Control, SPC）被 IATF 16949 視爲重要的核心工具，因此被廣泛應用在汽車相關產業。

一個典型的管制圖如圖 6-2。

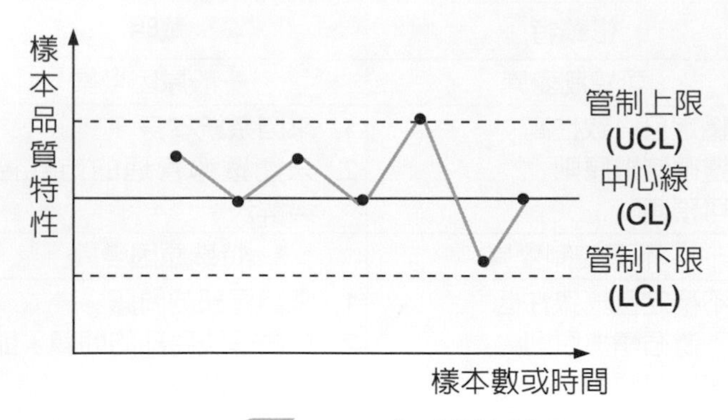

圖 6-2　典型的管制圖

如前所述，圖中包含了中心線、管制上下限（Upper and Lower control limit-UCL 與 LCL）及樣本點。當樣本點落在管制上下限範圍之內且不呈現任何特殊之排列狀態時，我們即可斷定流程在穩定的狀態，反之，若樣本點有特殊的排列狀況（或稱「非隨機」狀況）時，由分析階段中的「穩定性檢查」章節得知，代表有「特殊原因」的干擾流程，而這些多來至局部的問題，只要解決局部的問題，即可控制與解決流程的問題。

有關穩定性的檢查共包含了五個部分：

1. 串集（Clustering）。
2. 混合（Mixture）。
3. 趨勢（Trend）。
4. 震盪（Oscillation）。
5. 循環週期（Cycling pattern）。

學習者可參閱分析階段「穩定性檢查」章節中所述的方法檢查流程的穩定性，故在此將不重複贅述。在找出「不穩定」的「特殊原因」後，若有需要降低「一般原因」所導致的變異，只能由改變控制流程的系統作根本改變，例如：更換機台設備、更換材料供應商、重新設計等。因此所費成本也較高。

6.3.1 管制圖一般模型

管制圖的一般模型如下（Montgomery, 2005）：

$$UCL = \mu + L\sigma \quad \text{（式 6-1）}$$

$$CL = \mu \quad \text{（式 6-2）}$$

$$LCL = \mu - L\sigma \quad \text{（式 6-3）}$$

其中，μ 爲流程集中趨勢的特性值（如：平均值），σ 流程分散趨勢的特性值（如：標準差，全距等），L 值（界限係數）一般取 3，就常態分配曲線的觀點，延著平均值，正負 3 個標準差的範圍內，共涵蓋了常態分配曲線面積的 99.73%，對於穩定的流程，樣本點落在此區間之機率應該相當高，因此依據管制圖做出錯誤判斷的機率僅有 0.27%。

6.3.2 管制圖分類

管制圖一般可分爲兩大類：計量值及計數值。這兩類之差異性以表 6-6 呈現。

表 6-6　計量值管制圖與計數值管制圖的比較

計量值管制圖	計數值管制圖
使用直接量測之數值，如：長度、直徑、工時等	僅提供通過 / 不通過、好或壞等的資訊
一般每張圖只呈現一個品質特性	一般每張圖可同時呈現多個品質特性
收集成本較高，但可提供較多資訊	收集成本較低，但提供較少資訊
樣本平均數和全距管制圖（$\bar{x}-R$） 樣本平均數和標準差管制圖（$\bar{x}-s$） 個別值和移動全距管制圖（$x - MR$）	不合格率管制圖（p） 不合格品數管制圖（np） 缺點數管制圖（c） 單位缺點數管制圖（u）

在資源允許的範圍內，多建議使用計量值管制圖。由於須要透過量測取得資料，因此在進行量測之前務必確認量測系統已通過「量測系統分析」（見分析階段之相關章節），以確保所量測到的資料是可靠的。

同時在收集資料時，須注意以下事項：

1. 樣本數在資源允許範圍內，在接近的時間內，收集 3~5 個樣本來構成群組（Subgroup）。

2. 取樣頻率：可以是每小時、每天、每月、每批或是每一工作班別等，當流程能力較佳時，可選擇較久才取樣一次（低頻率取樣）。目前，業界使用上多傾向於使用「高頻率低樣本」方式。

6.3.3 選用流程

爲方便使用者選用適當的管制圖，我們可參考 Evans and Lindsay 於 2005 年提出之管制圖挑選流程圖如圖 6-3。

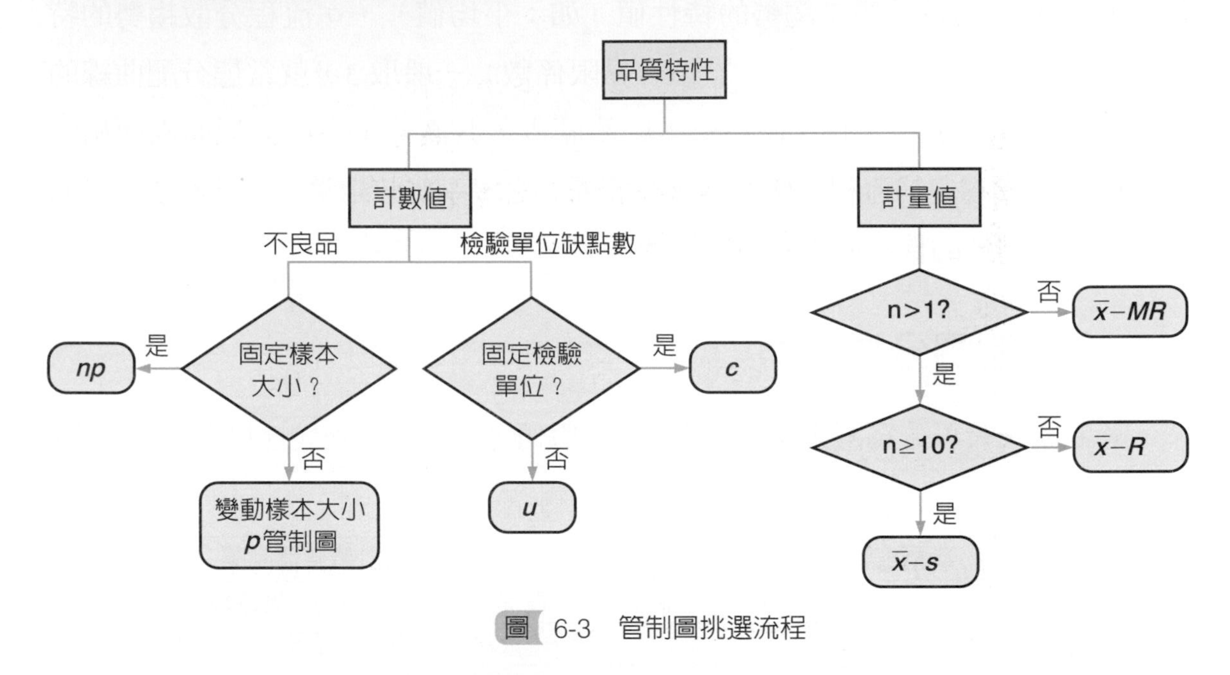

圖 6-3 管制圖挑選流程

本章節亦將相關之公式整理如表 6-7 以方便查閱，表中之參數請參考「管制係數表」（表 6-8）。

表 6-7　管制圖相關公式

<table>
<tr><th colspan="3">計量值管制圖</th></tr>
<tr><td rowspan="2">$\overline{x}-R$
管制圖</td><td colspan="2">當抽樣樣本數 n 小於「10」
$\overline{x_i}=\frac{x_{i1}+x_{i2}+......+x_{in}}{n}$
$R_i=\max(x_{i1},x_{i2},\cdots,x_{in})-\min(x_{i1},x_{i2},\cdots,x_{in})$
$\overline{\overline{x}}=\frac{\overline{x}_1+\overline{x}_2+\cdots\cdots+\overline{x}_m}{m}$ ；$\overline{x}_i$ ：第 i 組樣本平均值
$\overline{R}=\frac{R_1+R_2+\cdots+R_m}{m}$ ；R_i ：第 i 組樣本全距
$\overline{x}$ 管制圖管制界限
$UCL=\overline{\overline{x}}+A_2\overline{R}$
$CL=\overline{\overline{x}}$
$LCL=\overline{\overline{x}}-A_2\overline{R}$
R 管制圖管制界限
$UCL=D_4\overline{R}$
$CL=\overline{R}$
$LCL=D_3\overline{R}$</td></tr>
<tr><td>Minitab 指令</td><td>Stat>Control Charts>Variables Charts for Subgroups>Xbar-R</td></tr>
</table>

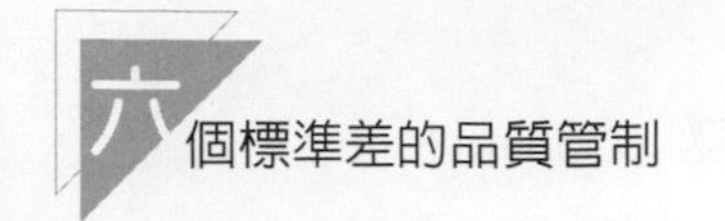

$\bar{x}-s$ 管制圖	**當抽樣樣本數 n 大於等於「10」時** $s=\sqrt{\dfrac{\sum_{i=1}^{n}\left(x_i-\bar{x}\right)^2}{n-1}}$ $\bar{s}=\dfrac{s_1+s_2+\cdots s_m}{m}$ ；s_j ：第 j 組樣本標準差 $\bar{x}$ 管制圖管制界限 $UCL=\bar{\bar{x}}+A_3\bar{s}$ $CL=\bar{\bar{x}}$ $LCL=\bar{\bar{x}}-A_3\bar{s}$ s 管制圖管制界限 $UCL=B_4\bar{s}$ $CL=\bar{s}$ $LCL=B_3\bar{s}$	
	Minitab 指令	Stat>Control Charts>Variables Charts for Subgroups>Xbar-S
x-MR 管制圖	**當抽樣取得不易、生產速率低或樣本成本高，導致樣本數 n 相當小時（例如： $n=1$ 或 2 時）** x 管制圖管制界限 $UCL=\bar{x}+3\dfrac{\overline{MR}}{d_2}$ ；移動全距 $MR_i=\left\|x_i-x_{i-1}\right\|$ ；$\overline{MR}=\dfrac{\sum_{i=2}^{n}MR_i}{n-1}$ $CL=\bar{x}$ $LCL=\bar{x}-3\dfrac{\overline{MR}}{d_2}$ MR 管制圖管制界限 $UCL=D_4\overline{MR}$ $CL=\overline{MR}$ $LCL=D_3\overline{MR}$	
	Minitab 指令	Stat>Control Charts>Variables Charts for Individuals>I-MR

<table>
<tr><th colspan="3">計數值管制圖</th></tr>
<tr><td rowspan="2">p
管制圖</td><td colspan="2">當每次抽樣樣本的大小（n_i）不一致時
n_i： 每次抽樣樣本的大小；i=1，2，...，m
$\hat{p}_i = \frac{B_i}{n_i}$ ；隨機抽取 n_i中有 B_i 個不合格
$\bar{p} = \frac{\hat{p}_1 + \hat{p}_2 + \cdots + \hat{p}_m}{m}$ ； $\hat{p}_i$ ：第 i樣本組中不合格率
利用平均樣本數管制界限方式
$\bar{n} = \frac{n_1 + n_2 + \cdots + n_m}{m}$
$UCL = \bar{p} + 3\sqrt{\frac{\bar{p}(1-\bar{p})}{\bar{n}}}$
$CL = \bar{p}$
$LCL = \bar{p} - 3\sqrt{\frac{\bar{p}(1-\bar{p})}{\bar{n}}}$ ；當小於零時，以（零）視之
利用變動管制界限方式
$UCL = \bar{p} + 3\sqrt{\frac{\bar{p}(1-\bar{p})}{n_i}}$
$CL = \bar{p}$
$LCL = \bar{p} - 3\sqrt{\frac{\bar{p}(1-\bar{p})}{n_i}}$ ；當小於零時，以（零）視之
利用標準化管制界限方式
先標準化 $\hat{p}_i$ ： $Z_i = \frac{\hat{p}_i - \bar{p}}{\sqrt{\frac{\bar{p}(1-\bar{p})}{n_i}}}$
UCL=3
CL=0
LCL=-3</td></tr>
<tr><td>Minitab 指令</td><td>Stat>Attributes Charts>P</td></tr>
</table>

<table>
<tr><td rowspan="2">np
管制圖</td><td colspan="2">**與 p 管制圖類似，但當每次抽樣樣本的大小（n）一致時**
$UCL = n\bar{p} + 3\sqrt{n\bar{p}\left(1-\bar{p}\right)}$
$CL = n\bar{p}$
$LCL = n\bar{p} - 3\sqrt{n\bar{p}\left(1-\bar{p}\right)}$；當小於零時，以「零」視之</td></tr>
<tr><td>Minitab 指令</td><td>Stat>Attributes Charts>NP</td></tr>
<tr><td rowspan="2">c
管制圖</td><td colspan="2">**當被檢驗單位（分組大小）固定不變時，例如： 檢驗同一型式之元件缺失的多寡**
每一個被檢驗單位（分組大小）之缺點數 X 符合 Poisson 分配
$f\left(X=x\right) = \dfrac{c^x e^{-c}}{x!}$；$c$： 檢驗單位內之平均缺點數
$\bar{c} = \dfrac{c_1 + c_2 + \cdots + c_m}{m}$；共 m 組樣本，每組樣本缺點數為 c_i
$UCL = \bar{c} + 3\sqrt{\bar{c}}$
$CL = \bar{c}$
$LCL = \bar{c} - 3\sqrt{\bar{c}}$；當小於零時，以「零」視之</td></tr>
<tr><td>Minitab 指令</td><td>Stat>Attributes Charts>C</td></tr>
</table>

<table>
<tr><td rowspan="2">u
管制圖</td><td colspan="2">當被檢驗單位（分組大小）並非固定不變時，例如：生產布料時，每次出料長度不一定一致，而欲檢視缺失的多寡時

$u=\frac{c}{n}$；u：每檢驗單位的平均缺點數；n：檢驗單位數；c：樣本缺失數
$\bar{u}=\frac{c_1+c_2+\cdots+c_m}{n_1+n_2+\cdots+n_m}$；$\bar{u}$：樣本檢驗單位的平均缺點數；$n_i$：第 i 組樣本檢驗單位數；
c_i：第 i組樣本之樣本缺失數；$i=1$，2，⋯，m
利用平均檢驗單位數管制界限方式
$UCL=\bar{u}+3\sqrt{\frac{\bar{u}}{\bar{n}}}$；$\bar{n}=\frac{n_1+n_2+\cdots+n_m}{m}$（$m$組檢驗單位數之平均）
$CL=\bar{u}$
$LCL=\bar{u}-3\sqrt{\frac{\bar{u}}{\bar{n}}}$
利用變動管制界限方式
$UCL=\bar{u}+3\sqrt{\frac{\bar{u}}{n_i}}$
$CL=\bar{u}$
$LCL=\bar{u}-3\sqrt{\frac{\bar{u}}{n_i}}$
利用標準化管制界限方式
先標準化u_i：$Z_i=\frac{u_i-\bar{u}}{\sqrt{\frac{\bar{u}}{n_i}}}$

$UCL=3$
$CL=0$
$LCL=-3$</td></tr>
<tr><td>Minitab 指令</td><td>Stat>Attributes Charts>U</td></tr>
</table>

■表 6-8　管制圖係數表（蘇朝墩，2009）

樣本大小 n	平均值管制圖			標準差管制圖						全距管制圖						
	管制界限係數			中心線係數		管制界限係數				中心線係數		管制界限係數				
	A	A_2	A_3	C_4	$1/C_4$	B_3	B_4	B_5	B_6	d_2	$1/d_2$	d_3	D_1	D_2	D_3	D_4
2	2.121	1.880	2.659	0.7979	1.2533	0	3.267	0	2.606	1.128	0.8865	0.853	0	3.686	0	3.267
3	1.732	1.023	1.954	0.8862	1.1284	0	2.568	0	2.276	1.693	0.5907	0.888	0	4.358	0	2.575
4	1.500	0.729	1.628	0.9213	1.0854	0	2.266	0	2.088	2.059	0.4857	0.880	0	4.698	0	2.282
5	1.342	0.577	1.427	0.9400	1.0638	0	2.089	0	1.964	2.326	0.4299	0.864	0	4.918	0	2.115
6	1.225	0.483	1.287	0.9515	1.0510	0.030	1.970	0.029	1.874	2.534	0.3946	0.848	0	5.078	0	2.004
7	1.134	0.419	1.182	0.9594	1.0423	0.118	1.882	0.113	1.806	2.704	0.3698	0.833	0.204	5.204	0.076	1.924
8	1.061	0.373	1.099	0.9650	1.0363	0.185	1.815	0.179	1.751	2.847	0.3512	0.820	0.388	5.306	0.136	1.864
9	1.000	0.337	1.032	0.9693	1.0317	0.239	1.761	0.232	1.707	2.970	0.3367	0.808	0.547	5.393	0.184	1.816
10	0.949	0.308	0.975	0.9727	1.0281	0.284	1.716	0.276	1.669	3.078	0.3249	0.797	0.687	5.469	0.223	1.777
11	0.905	0.285	0.927	0.9754	1.0252	0.321	1.679	0.313	1.637	3.173	0.3152	0.787	0.811	5.535	0.256	1.744
12	0.866	0.266	0.886	0.9776	1.0229	0.354	1.646	0.346	1.610	3.258	0.3069	0.778	0.922	5.594	0.283	1.717
13	0.832	0.249	0.850	0.9794	1.0210	0.382	1.618	0.374	1.585	3.336	0.2998	0.770	1.025	5.647	0.307	1.693
14	0.802	0.235	0.817	0.9810	1.0194	0.406	1.594	0.399	1.563	3.407	0.2935	0.763	1.118	5.696	0.328	1.672
15	0.775	0.223	0.789	0.9823	1.0180	0.428	1.572	0.421	1.544	3.472	0.2880	0.756	1.203	5.741	0.347	1.653
16	0.750	0.212	0.763	0.9835	1.0168	0.448	1.552	0.440	1.526	3.532	0.2831	0.750	1.282	5.782	0.363	1.637
17	0.728	0.203	0.739	0.9845	1.0157	0.466	1.534	0.458	1.511	3.588	0.2787	0.744	1.356	5.820	0.378	1.622
18	0.707	0.194	0.718	0.9854	1.0148	0.482	1.518	0.475	1.496	3.640	0.2747	0.739	1.424	5.826	0.391	1.608
19	0.688	0.187	0.698	0.9862	1.0140	0.497	1.503	0.490	1.483	3.689	0.2711	0.734	1.487	5.891	0.403	1.597
20	0.671	0.180	0.680	0.9869	1.0133	0.510	1.490	0.504	1.470	3.735	0.2677	0.729	1.549	5.921	0.415	1.585
21	0.655	0.173	0.663	0.9876	1.0126	0.523	1.477	0.516	1.459	3.778	0.2647	0.724	1.605	5.951	0.425	1.575
22	0.640	0.167	0.647	0.9882	1.0119	0.534	1.466	0.528	1.448	3.819	0.2618	0.720	1.659	5.979	0.434	1.566
23	0.626	0.162	0.633	0.9887	1.0114	0.545	1.455	0.539	1.438	3.858	0.2592	0.716	1.710	6.006	0.443	1.557
24	0.612	0.157	0.619	0.9892	1.0109	0.555	1.445	0.549	1.429	3.895	0.2567	0.712	1.759	6.031	0.451	1.548
25	0.600	0.153	0.606	0.9896	1.0105	0.565	1.435	0.559	1.420	3.931	0.2544	0.708	1.806	6.056	0.459	1.541

若 $n>25$，則依下列公式計算各係數：

$$A=\frac{3}{\sqrt{n}},A_3=\frac{3}{c_4\sqrt{3}},c_4\cong\frac{4(n-1)}{4n-3},B_3=1-\frac{3}{c_4\sqrt{(2n-1)}},B_4=1+\frac{3}{c_4\sqrt{2n-1}},B_5=c_4-\frac{3}{\sqrt{(2n-1)}},B_6=c_4+\frac{3}{\sqrt{(2n-1)}}$$

6.3.4 判讀原則

美國西屋電器公司（1956 年）提供以下之原則，來判別流程是否失控，當有以下任何一點滿足即代表流程失控：

1. 一點超出 3σ 管制界限。
2. 每連續 3 點中有 2 點在同邊且超出 2σ 界限。
3. 每連續 5 點中有 4 點在同邊且超出 1σ 界限。
4. 連續 9 點在中心線（CL）的同一邊。

Minitab® 也提供類似的法則，見表 6-9，當有以下任何一個法則滿足即代表流程失控：

表 6-9 Minitab 決定流程失控之判斷法則

法則	K
1 點離中心線（CL）K 個標準偏差之外	3
K 點連續位在中心線的同一側	9
K 點連續增加或減少	6
K 點連續上下交替	14
（K+1）點中有（K）點，大於離中心線 2 個標準差的位置（且位於同側）	2
（K+1）點中有（K）點，大於離中心線 1 個標準差的位置（且位於同側）	4
K 點連續位在離中心線（+/-）1 個標準差內的位置	15
K 點連續位在離中心線（+/-）1 個標準差之外的位置	8

6.3.5 建議行動方案

站在整體流程觀點來考量，我們可遵循以下之思考邏輯來改進流程：

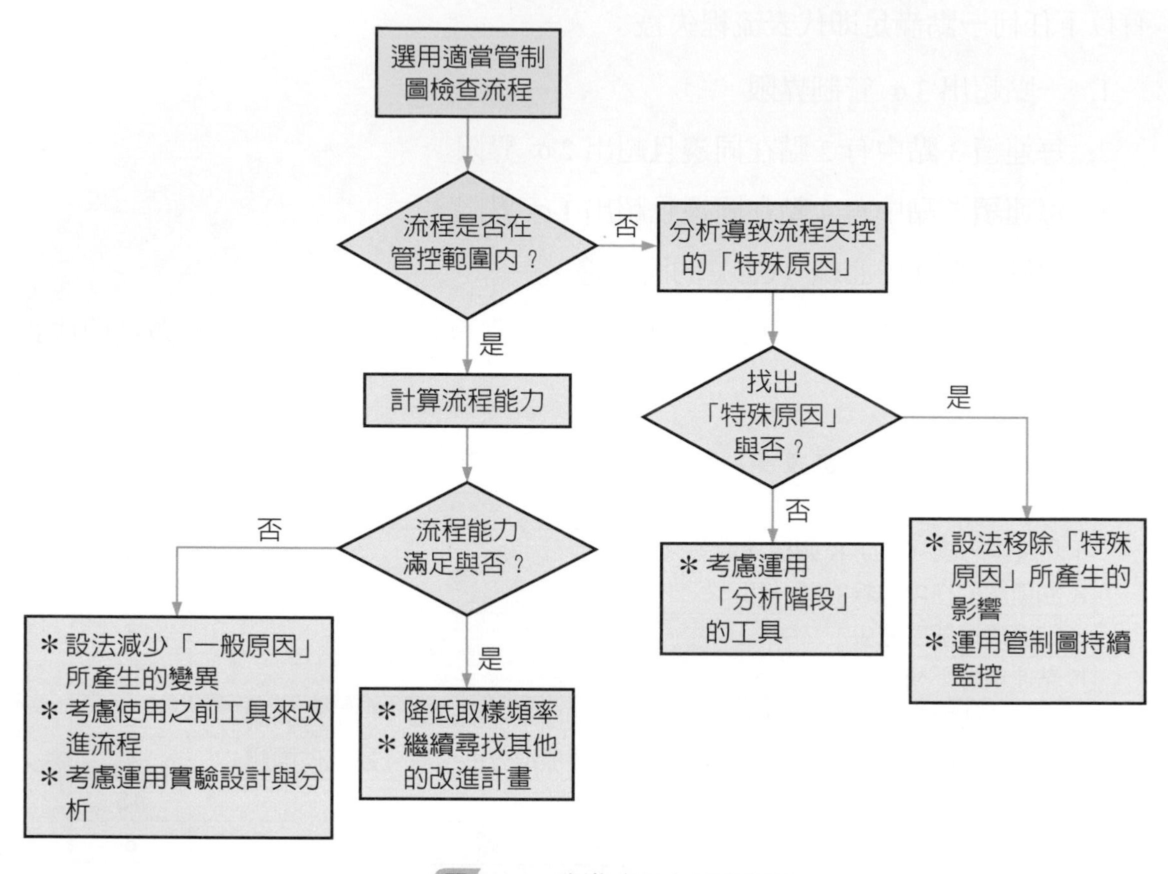

圖 6-4 改進流程之思考邏輯

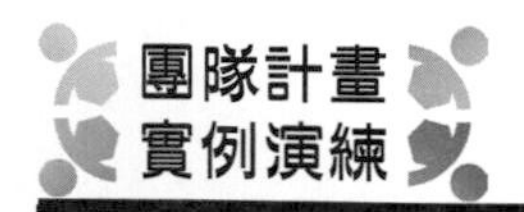

1. 針對「紙蜻蜓」計畫，試利用本章節所述之手法，找出可行之品質控制方案。
2. 討論與進行實驗時間：1 小時。
3. 完成討論後，各組準備上台進行 15 分鐘的簡報。

問題與討論

1. 列出至少五個「控制階段」的手法。
2. 在風險管理中如何計算風險評分值。風險等級中，高、中、低風險的評分值範圍各為何？
3. 列出防誤策略的三大基本技術。
4. 修華特（W. A. Stewhart）與品管大師戴明（W. Edwards Deming）對流程中的變異的看法為何？
5. 畫出一般管制圖的選用流程。
6. 畫出改進流程之建議思考邏輯。

APPENDIX

1. 蘇朝墩（2009），《六標準差》，前程文化事業公司。
2. American Supplier Institute （ASI）, http://wwwamsup.com
3. American Supplier Institute, Inc., “Orthogonal Arrays and Linear Graphs：Tools for Quality Engineering”, ASI, 1987.
4. Box, G.E.P, Hunter, W.G., Hunter, J.S., “Statistics for Experimenters, An Introduction to Design, Data Analysis, and Model Building”, John Wiley & Sons, Inc., New York, USA., 1978.
5. Evans, J.R. and Lindsay, W.M., 2005, The Management and Control of Quality, Thomson.
6. Kane, V. E., 1986, “Process Capability Indices,” Journal of Quality Technology, Vol. 181., pp. 41-52.
7. Kotz, S. and Lovelace, C.R., 1998, Process Capability Indices in Theory and Practice, Armold, London.
8. Montgomery, D.C., 2005, Introduction to Statistical Quality Control, 5th ed., John Wieley, Co.
9. Montgomery, D.C., 2005, “Design and Analysis of Experiments”, John Wiley & Sons, Inc., New York, USA.
10. Patton, G.L., Bravman, J.C., and Plummer, J.D., “Physics, technology, and modeling of polysilicon emitter contacts for VLSI bipolar transistors”, IEEE Transaction on Electron Devices, Vol. 33, Issue 11: 1754-1768, 1986.
11. Shie, Jie-Ren, “Optimization of dry machining parameters for high-purity graphite in end milling process by artificial neural networks: a case study”, Materials and Manufacturing Processes, 21: 838–845, 2006.
12. Wheeler, R.E., “Portable power”, Technometrics, Vol. 16, No. 2, May, 1979.

NOTE

NOTE

NOTE

國家圖書館出版品預行編目資料

六個標準差的品質管制：六十小時學會實務應用的手冊 / 謝傑任著. -- 二版. -- 新北市：全華圖書, 2018.10
面；　公分
ISBN 978-986-463-955-7(平裝)
1.品質管理 2.生產管理 3.標準差

494.56　　107016226

六個標準差的品質管制－六十小時學會實務應用的手冊(第二版)

作者 / 謝傑任
發行人 / 陳本源
執行編輯 / 王　鈞
封面設計 / 楊昭琅
出版者 / 全華圖書股份有限公司
郵政帳號 / 0100836-1 號
印刷者 / 宏懋打字印刷股份有限公司
圖書編號 / 0812001
二版三刷 / 2024 年 01 月
定價 / 新台幣 320 元
ISBN / 978-986-463-955-7
全華圖書 / www.chwa.com.tw
全華網路書店 Open Tech / www.opentech.com.tw
若您對書籍內容、排版印刷有任何問題，歡迎來信指導 book@chwa.com.tw

臺北總公司(北區營業處)
地址：23671 新北市土城區忠義路 21 號
電話：(02) 2262-5666
傳真：(02) 6637-3695、6637-3696

南區營業處
地址：80769 高雄市三民區應安街 12 號
電話：(07) 381-1377
傳真：(07) 862-5562

中區營業處
地址：40256 臺中市南區樹義一巷 26 號
電話：(04) 2261-8485
傳真：(04) 3600-9806(高中職)
(04) 3601-8600(大專)

OpenTech.com.tw
全華網路書店

讀者回函卡

填寫日期：　/　/

姓名：＿＿＿＿ 生日：西元＿＿年＿＿月＿＿日 性別：□男 □女

電話：（ ）＿＿＿＿ 傳真：（ ）＿＿＿＿ 手機：＿＿＿＿

e-mail：（必填）

註：數字零，請用 Φ 表示，數字 1 與英文 L 請另註明並書寫端正，謝謝。

通訊處：□□□□□

學歷：□博士 □碩士 □大學 □專科 □高中・職

職業：□工程師 □教師 □學生 □軍・公 □其他

學校／公司：＿＿＿＿ 科系／部門：＿＿＿＿

・需求書類：

□A. 電子 □B. 電機 □C. 計算機工程 □D. 資訊 □E. 機械 □F. 汽車 □I. 工管 □J. 土木

□K. 化工 □L. 設計 □M. 商管 □N. 日文 □O. 美容 □P. 休閒 □Q. 餐飲 □B. 其他

・本次購買圖書為：＿＿＿＿ 書號：＿＿＿＿

・您對本書的評價：

封面設計：□非常滿意 □滿意 □尚可 □需改善，請說明

內容表達：□非常滿意 □滿意 □尚可 □需改善，請說明

版面編排：□非常滿意 □滿意 □尚可 □需改善，請說明

印刷品質：□非常滿意 □滿意 □尚可 □需改善，請說明

書籍定價：□非常滿意 □滿意 □尚可 □需改善，請說明

整體評價：請說明

・您在何處購買本書？

□書局 □網路書店 □書展 □團購 □其他

・您購買本書的原因？（可複選）

□個人需要 □幫公司採購 □親友推薦 □老師指定之課本 □其他

・您希望全華以何種方式提供出版訊息及特惠活動？

□電子報 □DM □廣告（媒體名稱＿＿＿＿）

・您是否上過全華網路書店？（www.opentech.com.tw）

□是 □否 您的建議

・您希望全華出版那方面書籍？

・您希望全華加強那些服務？

～感謝您提供寶貴意見，全華將秉持服務的熱忱，出版更多好書，以饗讀者。

全華網路書店 http://www.opentech.com.tw　客服信箱 service@chwa.com.tw

2011.03 修訂

親愛的讀者：

感謝您對全華圖書的支持與愛護，雖然我們很慎重的處理每一本書，但恐仍有疏漏之處，若您發現本書有任何錯誤，請填寫於勘誤表內寄回，我們將於再版時修正，您的批評與指教是我們進步的原動力，謝謝！

全華圖書　敬上

勘誤表

書號		書名		作者	
頁數	行數	錯誤或不當之詞句		建議修改之詞句	

我有話要說：（其它之批評與建議，如封面、編排、內容、印刷品質等・・・）